Gminder · Böhning Welcher Pilz ist das?

Wie ist die Seite aufgebaut? 4
Wie bestimme ich Pilze 6
Pilze richtig sammeln 14
Was tun bei Pilzvergiftung 15

Die Pilzgruppen

Röhrenpilze oder Röhrlinge
Röhrenpilze oder Röhrlinge 18

Lamellen- oder Blätterpilze
Hellblättler und Rötlingsartige 40
Freiblättler, Champignons und Tintlingsartige 113
Dunkelblättler (Braunsporer) 157
Täublinge und Milchlinge (Sprödblättler) 206

Sonstige Pilze
Korallen-, Leisten- und Stachelpilze 242
Rindenpilze und Porlinge 257
Gallertpilze 277
Bauchpilze und Rutenpilze 281
Schlauchpilze 289

Register der Pilzarten 308

Zur Benutzung des Buches

Zu jeder beschriebenen Pilzart finden Sie Angaben zum Vorkommen sowie Interessantes zu Lebensweise, Biologie und Speisewert. Informative Abbildungen mit Hinweisen auf die wichtigen Merkmale erleichtern das Erkennen. Das große Hauptfoto zeigt dabei das typische Erscheinungsbild des vorgestellten Pilzes. Weitere Abbildungen zeigen zur Bestimmung wichtige Details oder ähnliche Arten. Die Randspalte enthält mit Text und Bildern Angaben zum Vorkommen, wichtige Merkpunkte und zeigt einen Querschnitt durch den Pilz oder in seltenen Fällen auch den vollständigen Pilz. Bei Pilzen, die auf einer Seite beschrieben werden, erfahren Sie in dem **„Schon gewusst?"**-Kasten Kurioses und Verwunderliches zu dieser Art, der **„Vorsicht giftig!"**-Kasten weist noch einmal besonders auf einen ungenießbaren oder giftigen Doppelgänger hin. Dies ist vor allem bei den beliebten Speisepilzen besonders wichtig.

Deutscher Name

Wissenschaftlicher Name
Familie

Größenangabe (Hutdurchmesser)

Wuchszeit
bei normalem Witterungsverlauf

Wissenswertes
Hier finden Sie Interessantes zur betreffenden Art.

Kasten
Bei ganzseitigen Portaits finden Sie hier wichtige Hinweise auf giftige Doppelgänger („Vorsicht giftig!") oder interessante Zusatzinformationen („Schon gewusst?").

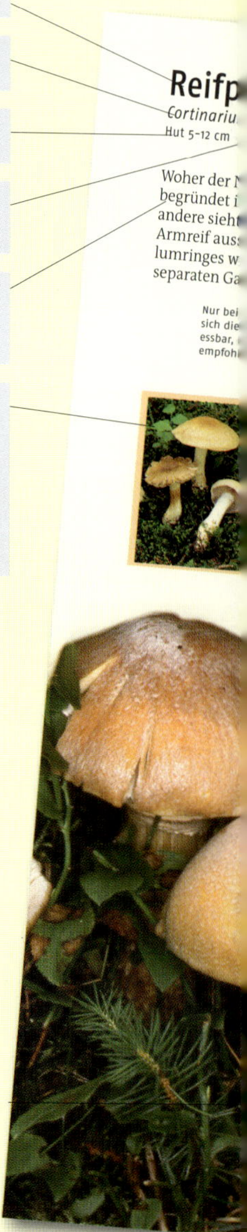

Angabe zum Speisewert

…, Zigeuner

…eratus (Schleierlingsartige)

…st–Oktober

… Reifpilz kommt, ist umstritten. Eine Version …urch den bereiften Hut jüngerer Exemplare, eine …in den häutigen Ring, der wie ein …. Aufgrund dieses häutigen Ve… … der Zigeuner früher in einer …g *(Rozites)* geführt.

…gürtelten Wasserkopf *(C. armillatus)* finden …chtig roten Velumbänder. Er gilt zwar als …aber aufgrund seiner Inhaltsstoffe nicht …erden.

Vorsicht giftig!

Der Reifpilz kann mit zahlreichen Schleierlingsarten verwechselt werden, wenn man die Struktur der Velumzone nicht beachtet. Zwei Beispiele sind der Braungefleckte Schleimkopf (C. patibilis, li.) und der Hygrophane Dickfuß (C. malachius, re.)

***Vorkommen** in Nadelwäldern, besonders Kiefernheiden, auf trockenen, sauren, nährstoffarmen Böden, selten unter Laubbäumen.*

> ***Ring häutig und stabil***
> ***Sporenpulver rostbraun***
> ***Verbreitung in Europa häufig, vielerorts rückläufig***
> ***Doppelgänger andere Schleierlinge***

Lamellen bräunlich

Fleisch blass bräunlich

201

Hut ockerbraun, mit leicht violettem Reif in der Mitte

Stiel gleichfarben, stark längsfaserig

Lebensraumfoto
Das Foto zeigt den Pilz in einem seiner typischen Lebensräume. Der Text beschreibt die weiteren Lebensräume in denen die Art gefunden werden kann.

Zusatzillustration
Hier werden meist ähnliche Arten oder Varietäten gezeigt, bisweilen auch zusätzliche Merkmale oder Detailvergrößerungen.

Wichtige Merkmale
Wissenswerte Kurzinformationen zu der vorgestellten Pilzart sowie deren Verbreitung in Europa. Bei ganzseitigen Portaits von Speisepilzen ist hier der wichtigste giftige Doppelgänger erwähnt.

Detailillustration
Weitere Details der Art, die am Hauptbild nicht erkennbar sind, beispielsweise ein Schnittbild.

Farbcode und Silhouette
Jede der 3 Hauptgruppen ist durch den für sie stehenden Farbcode gekennzeichnet (Seite 1).

Hauptfoto
Zeigt typische Exemplare des jeweiligen Pilzes im natürlichen Lebensraum.

Aufbau eines Pilzes

Das, was wir als Pilz betrachten und sammeln, ist nur der (zumeist) oberirdisch sichtbare „Fruchtkörper", während der eigentliche Pilz ein im Boden wachsendes Geflecht dünner Fäden darstellt, das Myzel. Obwohl es botanisch nicht richtig ist, diese Sporenträger als „Fruchtkörper" zu bezeichnen, weil es sich ja nicht um aus Fruchtknoten entstandene Früchte handelt, wollen wir diesen Begriff hier zugunsten einer besseren Verständlichkeit beibehalten. Der ganze Fruchtkörper dient nur dem Zweck, die winzigen Sporen freizusetzen, damit diese mit dem Luftstrom verbreitet werden und an hoffentlich geeigneter Stelle niedergehen und auskeimen können. Diese Sporen werden in der Fruchtschicht (Hymenium) gebildet. Diese überzieht die Außenseite der Lamellen, Leisten oder Stacheln, die Innenseite der Röhren und Poren oder wird einfach auf einer mehr oder weniger unstrukturierten Außenseite gebildet. Der Fruchtkörper wird in der Regel von einem Stiel entsprechend hochgehoben, damit die ausfallenden Sporen vom Wind mitgenommen werden können. Ausnahmen hiervon bilden die Bauch- und die Schlauchpilze, die ihre Sporen aktiv oder passiv nach oben in den Luftraum schleudern, die Rindenpilze, sowie die Trüffeln und Stinkmorcheln, die ihre Sporenverbreitung Tieren überlassen.

Blätterpilz/Röhrenpilz

Aufbau anderer Fruchtkörperformen

Porlinge und Rindenpilze

Porlinge bilden im Allgemeinen konsolenförmige Fruchtkörper. Als Ausnahme gibt es hier auch mehrjährige Pilzarten, die jedes Jahr eine neue Schicht Poren über der vorjährigen bilden. Rindenpilze dagegen wachsen flächig, sodass nur die Fruchtschicht sichtbar ist. Manchmal bilden sie am Rand aber Hutkanten aus, sodass es Übergänge von flächig wachsend bis zu konsolenförmig geben kann.

Korallen- und Keulenpilze

Hier liegt die Fruchtschicht undifferenziert auf der Außenseite des Fruchtkörpers, ähnlich wie bei den Rindenpilzen.

Bauchpilze

Sie bilden ihre Fruchtschicht im Innern eines mehr oder weniger kugelförmigen Fruchtkörpers aus. Sie zerfällt schon früh, sodass bei Reife nur eine pulvrige Masse übrig bleibt, die bei Druck auf den Fruchtkörper ausstäubt.

Schlauchpilze (Becherlinge)

Die vorwiegende, namensgebende Form dieser Pilze ist schüssel- bis becherförmig. Es kommen aber auch kugelige geschlossene Fruchtkörper vor (Trüffeln), sowie in Kopf- und Stielteil gegliederte Arten (Lorcheln, Morcheln).

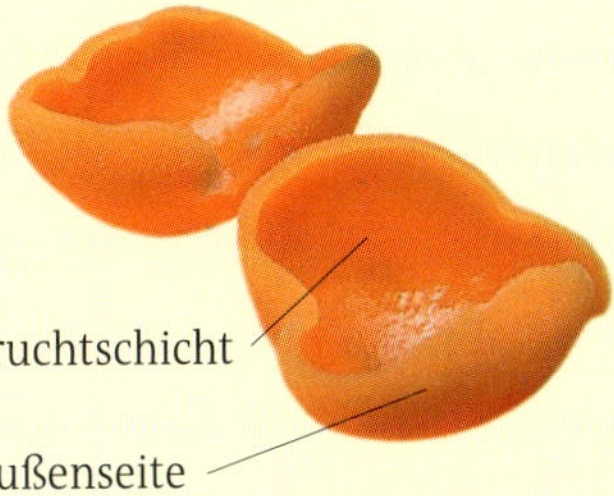

Weitere Fruchtkörperformen

Die Gliederung in einen deutlich getrennten Stiel- und Hutteil ist die typische Fruchtkörpergestalt, die die meisten Lamellen- und Röhrenpilze haben. Es gibt aber auch noch weitere Formen.

muschelförmig

konsolenförmig

krustenförmig

kugel-/eiförmig

korallenförmig

keulenförmig

knollenförmig

sternförmig

trompetenförmig

kreiselförmig

schüsselförmig

polsterförmig

rutenförmig

hirnartig gelappt

Hutrand

Auch der Hutrand kann wichtige Merkmale aufweisen.

gerippt, gefurcht

lang gerieft

kurz gerieft

fransig

Hutformen

Bei den meisten Pilzen verändert sich die Hutform von halbkugelig bei jungen zu flach gewölbt bei reifen Pilzen, alte Exemplare sind oft etwas vertieft mit aufgebogenem Rand.

gewölbt

kegelig

niedergedrückt

aufgebogen

spitzkegelig

gebuckelt

lappig

wabenartig

trichterförmig

genabelt

Hutoberfläche

Ein wichtiges Merkmal, besonders wenn die Hüte schleimig oder mit Velumresten bedeckt sind. Schleimige Hüte können jedoch abtrocknen, Schuppen und Hüllreste bei Regen abgespült werden. Die Färbung des Hutes ist sehr variabel und zudem ebenfalls der Witterung ausgesetzt.

glimmerig

bepudert

schleimig

radialfaserig

Hut gezont

geschuppt

Hut wasserfleckig

mit Hüllresten

Lamellen

Eines der wichtigsten Merkmale beim Bestimmen von Blätterpilzen ist die Haltung der Lamellen, also die Art und Weise ihrer Anheftung am Stiel. So sind beispielsweise die Gattungen der Knollenblätterpilze und Schirmlinge, aber auch die der Egerlinge an ihren freien Lamellen erkennbar.

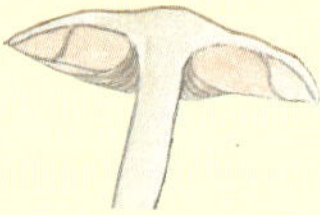

frei

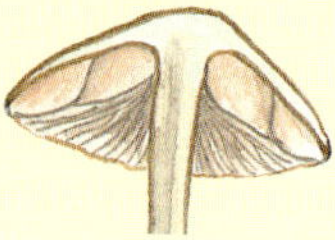

aufgebogen-angewachsen

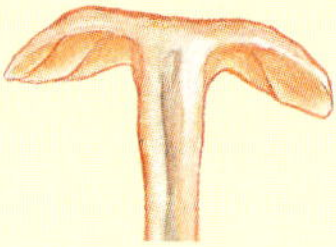

mit Zahn herablaufend

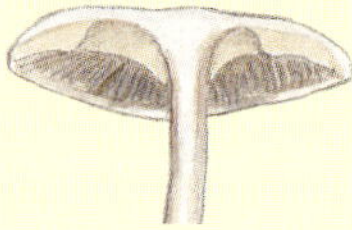

schwach herablaufend

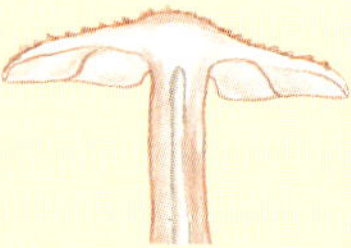

ausgebuchtet angewachsen

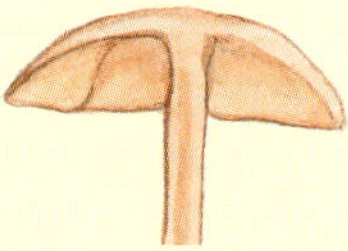

breit angewachsen

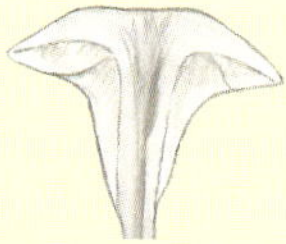

stark herablaufend

Bemerkenswert sind auffallend entfernt oder gedrängt stehende Lamellen:

entfernt

normal

gedrängt

Gefärbte Lamellenschneiden, gegabelte oder querverbundene Lamellen:

Schneide rot

querverbunden

gegabelt

Sporenpulver

Die Lamellenfarbe lässt oft auf die Farbe des Sporenpulvers schließen, doch nicht immer. Die tatsächliche Sporenpulverfarbe erhält man, indem man einen abgeschnittenen Pilzhut auf ein weißes Blatt Papier legt.

Stiel

Hier kommt es einerseits auf die Oberflächenstruktur an, andererseits auf die Merkmale der Stielbasis, besonders ob diese in einer Hülle steckt oder ob sie in eine Wurzel ausläuft. Die Länge und die Dicke sind weniger wichtig, da sie sehr von äußeren Einflüssen abhängig sind.

schleimig

glatt

längsfaserig

bereift

gegürtelt

schuppig

genattert

Stielbasis

Die Form der Stielbasis ist gerade bei den mit tödlich giftigen Arten versehenen Knollenblätterpilzen von entscheidender Bedeutung (vgl. S. 116-125).

keulig

rübenförmig

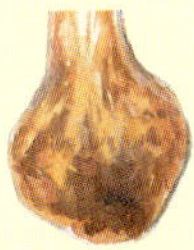
knollig

gerandet-knollig

zuspitzend

wurzelnd

mit Volvahülle

Wichtig ist auch das eventuelle Vorhandensein eines Ringes oder einer Faserzone.

häutiger Ring

Faserzone

aufsteigend

hängend

komplex

Fleisch

Beim Durchschneiden eines Pilzes kann eine Fleischverfärbung auftreten. Milchlinge und manche Helmlinge sondern Milchsaft ab, der gefärbt sein kann. Auch Geruch und Geschmack sind wichtige Merkmale (Geschmacksprobe, ausspucken!). Doch Gerüche treten oft zeitverzögert auf, im geschlossenen Behälter, bei kalter Witterung sind sie oft nicht wahrnehmbar.

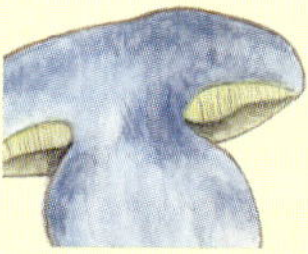
blauend

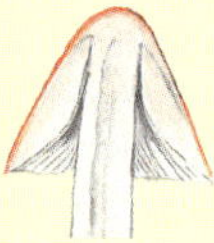
schwärzend

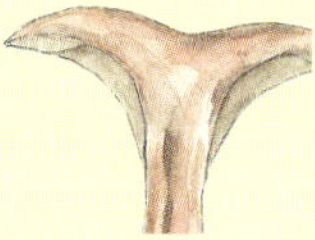
rötend

weiß milchend

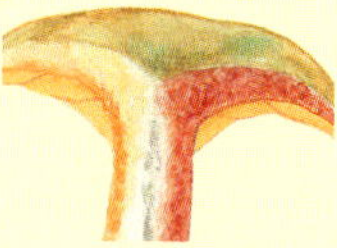
orange milchend

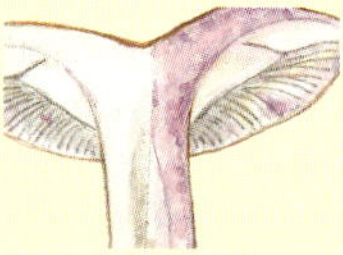
violett milchend

Wuchsformen

Viele Pilze wachsen in sehr charakteristischen Formen, die häufigsten Wuchsformen finden Sie hier aufgeführt:

zusammenwachsend

büschelig

gesellig

in Reihen

dachziegelartig

Pilze richtig sammeln

Damit Pilze sammeln Spaß macht, erfolgreich ist und der Natur nicht schadet, sollte man ein paar einfache Regeln beachten.

Die richtige Ausrüstung

Neben wetter- und geländegeeigneter Kleidung, insbesondere Schuhwerk, muss der Sammelbehälter luftdurchlässig sein. Das sollte optimalerweise ein Flecht- oder Spankorb sein. So lagern die Pilze luftig, ohne sich gegenseitig zu zerdrücken. Nie eine Plastiktüte verwenden, sonst ist, daheim angekommen, oft nur noch eine unförmige, matschige Masse übrig. Derart in Zersetzung übergegangene Pilze führen zu einer Lebensmittelvergiftung!

Abschneiden oder herausdrehen?

Auch wenn in manchen Büchern das eine oder das andere empfohlen wird – dem Pilz ist's letztlich egal. Will man die Pilze daheim noch bestimmen oder zur Pilzberatung bringen, ist es wichtig, sie als Ganzes mit komplettem Stiel und auch im Boden steckenden Stielteilen zu ernten. Oft sind das wichtige Bestimmungsmerkmale (vgl. Knollenblätterpilze und Wulstlinge, S. 116ff.). Das im Boden entstandene Loch soll aber wieder zugedrückt werden, damit das Pilzgeflecht dort nicht austrocknet. Sicher bestimmte Speisepilze schneidet man am besten nahe dem Boden ab und reinigt sie bereits grob an Ort und Stelle, damit sie sich beim weiteren Transport nicht gegenseitig verschmutzen.

Schonend sammeln!

Ein nachhaltiger Umgang mit der Natur sollte selbstverständlich sein. Da Pilze eine wichtige Nahrungsquelle für viele Tiere sind, sollte man nicht mehr Pilze sammeln, als man verarbeiten kann und zu alte Fruchtkörper gleich im Wald lassen. Seltene Arten sollten nicht gesammelt werden, auch wenn sie eigentlich essbar wären, Schonungen oder gar Naturschutzgebiete dürfen nicht betreten werden. Was viele nicht wissen: Nach der Bundesartenschutzverordnung sind einige Pilzarten geschützt und dürfen nur in geringen Mengen oder überhaupt nicht gesammelt werden, darunter so bekannte Speisepilze wie Steinpilz, Pfifferling und Rotkappe.

Pilze säubern

Zum Putzen sollten Sie einen Pinsel verwenden und stärker verschmutzte Bereiche wegschneiden. Waschen Sie Pilze nach Möglichkeit nicht, sie saugen sich schnell voll wie ein Schwamm. Harte, „holzige“ Stiele (Stockschwämmchen, Parasol) werden nicht mitverwendet. Bei schleimigen Pilzen empfiehlt es sich, diese Schicht zu entfernen.Sie wird oft nicht gut vertragen und ist auch wenig appetitlich. Gleiches gilt für die Röhrenschicht älterer Röhrlinge: Lässt sie sich leicht ablösen, sollten Sie sie entfernen.

Pilze zubereiten

Die vorbereiteten Pilze können Sie dann in der Pfanne mit etwas Butter, Salz und Pfeffer schmoren. Diese Pilzpfanne können Sie auch mit Kräutern und Gewürzen variieren, doch kann der eigentliche Pilzgeschmack leicht überdeckt werden. Für Pilzrahmsoße sollten Sie die Pilze lange genug in der Sahne köcheln. Experimentieren Sie ruhig etwas mit Speisepilzen, Ihrer Fantasie sind keine Grenzen gesetzt. Wichtig ist, dass stets auf ausreichende Erhitzung (mindestens 15 Minuten, mindestens 70°) geachtet wird, da viele Pilze ungenügend gekocht Verdauungsprobleme bereiten und roh sogar giftig sein können (z.B. Perlpilz oder Rotkappe)!

Pilze aufbewahren

Reste der Pilzmahlzeit können wieder aufgewärmt werden (ca. 1 Tag), vorausgesetzt sie wurden gut gekühlt aufbewahrt. Auch Einfrieren gekochter Speisen ist möglich, ebenso von rohen Pilzen. Vorheriges Blanchieren ist, mit Ausnahme des Steinpilzes, empfehlenswert, die Pilze benötigen dann auch weniger Platz in der Kühltruhe.
Das Trocknen sollte zügig und ohne Unterbrechung bei mäßig warmer Temperatur und guter Lüftung erfolgen. Im Backofen dürfen Pilze nur bei geöffneter Tür und der geringsten Temperatur trocknen, sie verbrennen sonst und schmecken unangenehm. Die fertigen Pilzstücke (rascheln beim Anfassen) können Sie dann auch zu Pulver zerreiben und in luftdicht schließenden Gläsern aufbewahren. In Soßen oder Suppen gibt das eine feine Note!

Was tun bei Pilzvergiftungen?

1. Tritt nach einer Pilzmahlzeit deutliches Unwohlsein auf, zögern Sie nicht, unverzüglich ärztliche Hilfe zu holen! Oft ist die Schwere der Vergiftung von der Zeit zwischen Mahlzeit und Behandlungsbeginn abhängig. Rufen Sie daher unbedingt eine der Giftnotrufzentralen an (s. re.) oder lassen sich zum nächsten Krankenhaus bringen.

2. Versuchen Sie nicht, sich selbst zu kurieren! Behandlungen mit Milch oder Salzwasser, um Erbrechen auszulösen, sind wirkungslos, auch Kohletabletten können sich nachteilig auswirken! Das (mechanische!) Auslösen von Erbrechen macht nur Sinn, wenn die Mahlzeit höchstens 4 Stunden zurückliegt.

3. Veranlassen Sie, dass alle Reste des Sammelguts sichergestellt werden (Putz- und Essensreste, notfalls Erbrochenes). Auch wenn bald nach der Mahlzeit beginnendes Erbrechen „nur" auf eine Magen-Darm-Vergiftung hindeutet, können durchaus noch weitere giftige Arten im Pilzgericht gewesen sein, die erst später Symptome auslösen.

Giftnotrufzentralen

Übersicht aller Giftnotrufzentralen im Internet unter www.catterys.de/giftnotruf

Wenn Sie nicht wissen, wer für Ihren Ort zuständig ist, hilft Ihnen jede dieser Zentralen weiter:

Deutschland
Berlin 030 – 1 92 40
Bonn 0228 – 1 92 40
Erfurt 0361 – 73 07 30
Freiburg 0761 – 1 92 40
Göttingen 0551 – 1 92 40
Homburg 06841 – 1 92 40
Mainz 06131 – 1 92 40
München 089 – 1 92 40
Nürnberg 0911 – 3 98 24 51

Österreich
Wien 01 – 4 06 43 43

Schweiz
Zürich 01 – 2 51 51 51

Eine Übersicht über geprüfte Pilzberater findet man auf den Internetseiten der Deutschen Gesellschaft für Mykologie (DGfM): www.dgfm-ev.de

Fichten-Steinpilz, Herrenpilz 🍴

Boletus edulis (Röhrlinge)

Hut 10–20 cm   Juli–November

***Vorkommen** in Fichtenwäldern und unter Buchen auf sauren Böden, kalkmeidend.*

- > ***Poren jung weiß, dann gelbgrün***
- > ***Sporenpulver olivbraun***
- > ***Verbreitung in ganz Europa häufig***
- > ***Doppelgänger Gallen-Röhrling***

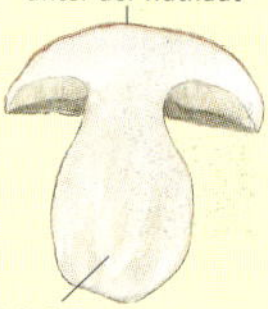

Gute Steinpilzstellen verraten sich oft durch die Anwesenheit von Fliegenpilzen und Pfeffer-Röhrlingen, denn diese drei Arten treten in Fichtenwäldern auffallend häufig als Standortgemeinschaft auf. Der Name „Herrenpilz" steht sprichwörtlich für die Hochwertigkeit des Pilzes: Die Bauern mussten früher die gesammelten Leckerbissen an ihren Herren abliefern. Heute stehen alle Steinpilzarten unter Naturschutz und man sollte sie nur für den Eigenbedarf sammeln, der Schwarze Steinpilz ist sogar vollkommen geschützt (S. 20).

Fichten-Steinpilz (li.): Hut glatt, mittelbraun – Schwarzer Steinpilz (Mi.): Hut lederartig, umbrabraun – Sommer-Steinpilz (re.): Hut feinfilzig, hellbraun

Vorsicht giftig!

Gallenbitter, wenn auch nicht giftig, ist der Gallen-Röhrling (S. 19), der oft an denselben Standorten wie der Steinpilz wächst. Ein Stück vom Hutfleisch probiert und der Fall ist klar!

Gallen-Röhrling, Bitterpilz

Tylopilus felleus (Röhrlinge)

Hut 8–15 cm   Juli–November

Schon ein einziger Gallen-Röhrling kann das ganze Pilzgericht verderben! Das kann man problemlos vermeiden, wenn man bei Unsicherheit ein kleines Stückchen Pilz kaut (wieder ausspucken!) und so schon vor der Zubereitung die Bitterkeit feststellt. Übrigens enthält er keine Giftstoffe und könnte daher von Leuten, denen der bittere Geschmack nichts ausmacht, gegessen werden. Der Bitterpilz ist der einzige europäische Röhrling mit fleischrosa Sporenpulver.

***Vorkommen** in Fichtenwäldern und unter Buchen auf sauren Böden, kalkmeidend.*

> ***Poren jung weiß, dann fleischrosa***
> ***Fleisch bitter***
> ***Sporenpulver fleischrosa***
> ***Verbreitung in ganz Europa häufig***

Schon gewusst?

Junge Gallen-Röhrlinge (Mi.) können sowohl dem Maronen-Röhrling (li.) als auch dem Sommer-Steinpilz (re.) täuschend ähnlich sehen!

Fleisch im Anschnitt weiß, unveränderlich

19

Sommer-Steinpilz

Boletus reticulatus (Röhrlinge)

Hut 10–20 cm   Juni–September

***Vorkommen** in lichten Laubwäldern unter Buchen und Eichen, auf mäßig sauren bis schwach basischen Böden.*

- ***Poren jung weiß, dann gelbgrün***
- ***Hut oft felderig aufgerissen***
- ***Sporenpulver olivbraun***
- ***Verbreitung in ganz Europa häufig***

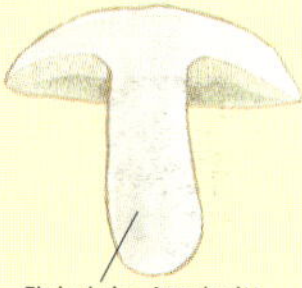

Fleisch im Anschnitt weiß, unveränderlich

Wenn Sie die Beobachtung gemacht haben, dass an manchen Stellen die Steinpilze immer ganz besonders früh erscheinen, dann handelt es sich dabei meist um den Sommer-Steinpilz. Aber welche Steinpilz-Art auch immer: Geschmacklich sind alle gleich gut. Ihre Festigkeit ist jedoch unterschiedlich. Am weichfleischigsten ist der Sommer-Steinpilz, der knackigste der Schwarzhütige Steinpilz.

Hut feinfilzig

Stielnetz bis zur Stielbasis reichend

Ähnlich ist nur der unter Kiefern wachsende Kiefern-Steinpilz *(B. pinophilus)* mit rötlicheren Farbtönen und feinerem Stielnetz.

Schwarzhütiger Steinpilz

Boletus aereus (Röhrlinge)

Hut 10–25 cm   Juli–Oktober

***Vorkommen** in lichten Laubwäldern unter Buchen und Eichen, auf mäßig sauren (Süden) bis basischen Böden (Norden).*

- ***Poren lange weiß bis cremefarben***
- ***Sporenpulver olivbraun***
- ***Verbreitung in Südeuropa recht häufig, nördlich der Alpen selten***

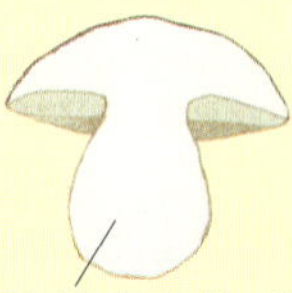

Fleisch im Anschnitt weiß, unveränderlich

In Mitteleuropa auf diese wärmeliebende Art zu treffen ist ein eindrucksvolles Erlebnis. Er wächst meist in Gemeinschaft mit anderen seltenen Arten. Der dunkelschwarzbraune Hut und die fast weißen Poren gaben ihm in Frankreich auch den Volksnamen „tête de nègre“, also „Mohrenkopf“, ein Name der in Deutschland hingegen für einen Milchling verwendet wird (S. 209).

Hut lederartig, umbrabraun

Stielnetz sehr fein auf haselbraunem Grund

In Frankreich ist der Schwarzhütige Steinpilz einer der beliebtesten Marktpilze, in Deutschland steht er dagegen unter Naturschutz.

Flockenstieliger Hexen-Röhrling

Boletus erythropus (Röhrlinge)

Hut 10–20 cm Juni–Oktober

Aufgrund seiner roten Poren und der stark blauen Verfärbung war und ist dieser Pilz vielen unheimlich, daher kommt wohl auch sein Name Hexen-Röhrling. Dabei ist er einer der besten Speisepilze und bei genauer Beachtung seiner Merkmale auch für Anfänger einfach zu erkennen. Sein Fleisch ist fester als beim Steinpilz, die Blauverfärbung verschwindet beim Kochen wieder.

Ganz selten gibt es auch Albinoformen, bei denen kein roter Farbstoff gebildet wird. Auch wenn diese Pilze so ganz anders aussehen, sie unterscheiden sich lediglich in der reingelben Färbung.

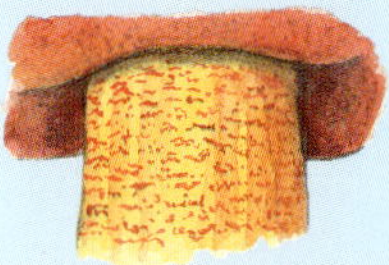

Schon gewusst?

Beachtet man den gepustelten statt genetzten Stiel, dann kann der Flockenstielige Hexen-Röhrling mit keinem giftigen Röhrling verwechselt werden. Auch der samtige dunkelbraune Hut unterscheidet ihn von allen anderen rotporigen Arten.

***Vorkommen** in Laub- und Nadelwäldern, vor allem unter Fichten oder Buchen, auf sauren Böden.*

- ***Röhren und Poren rot***
- ***Geruch angenehm pilzartig***
- ***Sporenpulver olivbraun***
- ***Verbreitung in ganz Europa häufig, im Süden vorwiegend (sub-)montan***

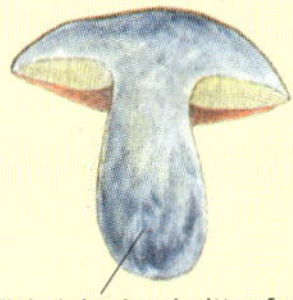

Fleisch im Anschnitt sofort tief dunkelblau anlaufend

Stielbasis mit olivgelbem Filz

Stiel mit feinen roten Pusteln

Hut dunkelbraun, fein wildlederartig

Netzstieliger Hexen-Röhrling

Boletus luridus (Röhrlinge)

Hut 8–15(20) cm   Ende Mai–Oktober

Vorkommen *unter Laubbäumen in Parks und Gärten, in Laubwäldern, sehr selten im Nadelwald, Kalkzeiger.*

- ***Röhren und Poren rot***
- ***Stielbasis innen und außen rhabarberrot***
- ***Sporenpulver olivbraun***
- ***Verbreitung in ganz Europa häufig (nördlich bis Mittelschweden)***
- ***Doppelgänger Satans-Röhrling***

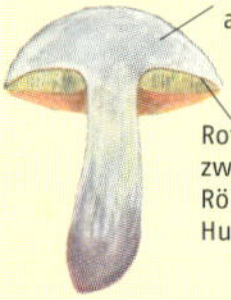

Im Zusammenspiel mit Alkohol kann es selten zu unangenehmen Reaktionen wie Herzrasen, Schwindel und Atemnot kommen, wie man sie vom Falten-Tintling her kennt (S. 146). Wer diesen ansonsten guten Speisepilz essen möchte, sollte ihn also nicht nur sehr gut erhitzen, sondern sicherheitshalber 72 Stunden vor und nach der Mahlzeit keinen Alkohol zu sich nehmen – bereits ein Glas Bier kann diese Symptome auslösen.

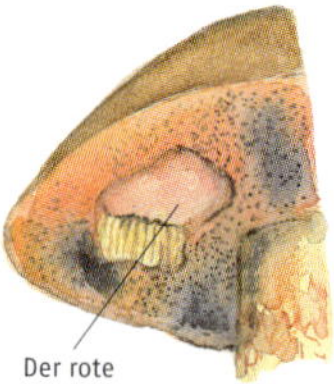

Vorsicht giftig!

Der Satans-Röhrling (S. 23) ist leicht am hellgrauen Hut, feineren Stielnetz, gelben Röhrenboden und dem typischen unangenehmen Geruch zu unterscheiden.

Satans-Röhrling

Boletus satanas (Röhrlinge)
Hut 10–25 cm   Juli–Oktober

„Es war eine bange, grausenvolle Nacht.“ So resümiert Dr. Harald Othmar Lenz die Schilderung seiner Vergiftung mit einem bis 1830 noch unbekannten Pilz. Er gab ihm den Namen Satanspilz. War das die Erfahrung des Wissenschaftlers, die Erinnerung an einen Totenschädel, die der kahle weiße Hut erweckt, oder der Aasgeruch, den alte Fruchtkörper verströmen? Über die Gefährlichkeit des Satans-Röhrlings wird viel diskutiert. Auch wenn manche Menschen ihn mehr oder weniger beschwerdefrei vertragen, löst er meist heftige Magen-Darm-Vergiftungen aus. Daher muss er als Giftpilz eingestuft werden.

Schon gewusst?

Ähnlich sind sich auch der Blasshütige Purpur-Röhrling (B. rhodoxanthus) mit karminrotem Netz und chromgelbem, nur im Hut blauendem Fleisch (li.) und der Falsche Satans-Röhrling (B. rubrosanguineus) mit schlankerem Stiel und alt mit weinrotem Hut (re.).

***Vorkommen** in Laubwäldern, Parks und an Büschungen, nur auf Kalkböden.*

- ***Röhren und Poren rot***
- ***Geruch jung nach Windeln, alt aasartig***
- ***Sporenpulver olivbraun***
- ***Verbreitung im Süden zerstreut, nördlich des Mains selten***

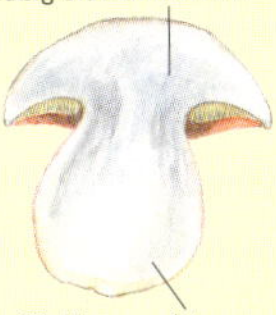

Schönfuß-Röhrling

Boletus calopus (Röhrlinge)
Hut 10–20 cm Juli–Oktober

Vorkommen *in montanen Nadelwäldern auf sauren Böden, selten unter Laubbäumen auf basenreichen Lehmböden.*

- ***Röhren und Poren gelb***
- ***Geschmack bitter***
- ***Sporenpulver olivbraun***
- ***Verbreitung in den höheren Lagen Mitteleuropas zerstreut, sonst selten bis fehlend***

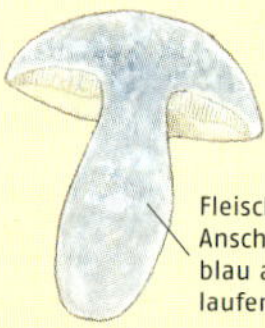

Auch wenn der Schönfuß-Röhrling noch so sehr verlockt mit seinem steinpilzähnlichen Aussehen, er ist bitter und zudem giftig! Der aufmerksame Sammler wird diesen Pilz jedoch nicht versehentlich mitnehmen, denn essbare gelbporige Röhrlinge haben nie einen genetzten, roten Stiel. Nachdem die Art in den letzten Jahrzehnten zunehmend seltener geworden ist, scheint sich ihr Bestand jetzt wieder zu stabilisieren.

Wurzelnder Bitter-Röhrling

Boletus radicans (Röhrlinge)
Hut 10–25 cm Juli–Oktober

Vorkommen *in Laubwäldern, Parks und an Straßenrändern, nur auf Kalkböden.*

- ***Röhren und Poren gelb***
- ***Geschmack bitter***
- ***Sporenpulver olivbraun***
- ***Verbreitung in Europa zerstreut bis selten, nördlich bis Mittelschweden***

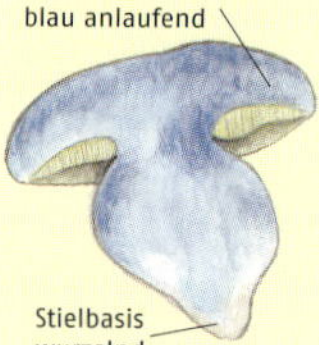

Dieser relativ wenig bekannte Pilz zeigt eine erstaunliche Anpassung an vom Menschen gestaltete Biotope. So findet man ihn inzwischen eher an kalkgeschotterten Straßenrändern oder -banketten als in naturnahen Wäldern. Da er aufgrund seiner Größe recht auffällig ist, wird er oft von Spaziergängern geerntet, die an einer Mahlzeit allerdings wenig Freude haben dürften: Er ist nicht nur bitter, sondern auch leicht giftig.

Sommer-Röhrling *(B. fechtneri)*, Fleisch im Hut himmelblau, in der Stielbasis rötlich verfärbt. Er steht unter Naturschutz.

Anhängsel-Röhrling

Boletus appendiculatus (Röhrlinge)
Hut 10–20 cm   Juli–Oktober

Alles was beim Steinpilz weiß gefärbt ist, ist beim Anhängsel-Röhrling gelb. Ansonsten ist er diesem sehr ähnlich und wird daher auch Gelber Steinpilz genannt. Er darf in Deutschland nicht gesammelt werden, denn er steht unter Naturschutz!

Kein Stielnetz (Lupe nötig!), jedoch einen ausgeprägten Geruch nach Arzneischrank in der Stielbasis hat der ansonsten sehr ähnliche Fahle Röhrling *(B. impolitus)*. Er ist ebenfalls geschützt.

Vorkommen *in Buchen- und Hainbuchen-Eichenwäldern, auf neutralen bis basischen Böden.*

- ***Röhren und Poren leuchtend gelb***
- ***Sporenpulver olivbraun***
- ***Verbreitung in Europa selten, nördlich bis Mittelschweden***

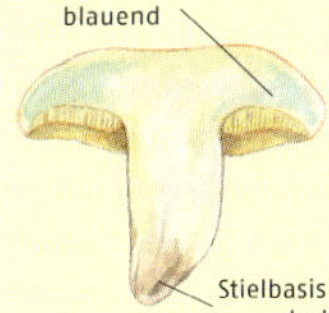

25

Königs-Röhrling

Boletus regius (Röhrlinge)
Hut 10–20 cm   Juli–Oktober

Dieser „König der Röhrlinge“ ist vielleicht die schönste Röhrlingsart. Ihn zu finden gehört sicher zu den Höhepunkten einer Pilzexkursion, doch er ist in Deutschland nur noch sehr selten. Es ist daher verständlich, dass er unter strengem Naturschutz steht und nicht zum Essen gesammelt werden darf. In seinem Hauptverbreitungsgebiet Dalmatien ist er dagegen mancherorts auch heute noch Marktpilz.

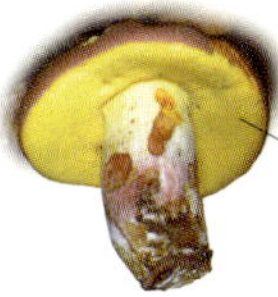

Der ebenso seltene Falsche Königs-Röhrling *(B. fuscoroseus)* blaut im Hutfleisch und hat etwas stumpfere Hutfarben.

Vorkommen *in Buchen- und Hainbuchen-Eichenwäldern, auf neutralen bis basischen Böden.*

- ***Röhren und Poren leuchtend gelb***
- ***Sporenpulver olivbraun***
- ***Verbreitung sehr selten in Süd- und Mitteleuropa***

Gemeiner Birkenpilz

Leccinum scabrum (Röhrlinge)
Hut 8–15 cm Juli–Oktober

***Vorkommen** in Wäldern, Parks und Gärten, stets unter Birken, auf eher trockenen Böden.*

- ***Röhren und Poren schmutziggrau***
- ***Fraßstellen am Stiel ockergelb verfärbend***
- ***Sporenpulver olivbraun***
- ***Verbreitung in ganz Europa häufig***

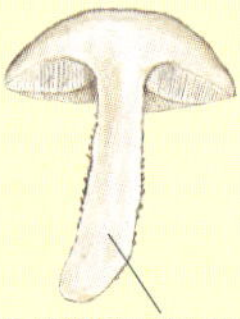

Alle Röhrlinge mit schuppigem Stiel sind essbar! Diese einfache Regel gilt für alle Raufüße (Birkenpilze und Rotkappen). Vor allem Arten, die an feuchten Standorten wachsen, werden schnell weich. So kann es passieren, dass die Pilze, trotz sachgemäßem Sammeln matschig zu Hause ankommen. Der Gemeine Birkenpilz dagegen ist im jungen Zustand schön festfleischig.

Schwärzend und mit glatter, unebener Hutoberfläche ist der Hainbuchen-Raufuß *(L. carpini)*. Er wächst ausschließlich unter Hainbuchen.

Verschiedenfarbiger Birkenpilz

Leccinum variicolor (Röhrlinge)
Hut 8–15 cm Juli–Oktober

***Vorkommen** in Mooren und an feuchten Stellen, immer unter Birken.*

- ***Röhren und Poren schmutziggrau***
- ***Stielbasis oft mit blaugrünen Flecken***
- ***Sporenpulver olivbraun***
- ***Verbreitung in Süd- und Mitteleuropa zerstreut, nach Norden zu häufiger***

Die auffallende Verfärbung des Fleisches wird erst nach längerem Warten sichtbar. Vor allem das Grünen im Stiel tritt bisweilen erst nach Stunden auf. Man findet die Art oft in Gemeinschaft mit dem Gelben Graustiel-Täubling (S. 228).

Im selben Biotop wächst der Moor-Raufuß *(L. nucatum)* mit weißem bis cremefarbenem, oft olivgrün überlaufenem Hut, unveränderlichem Fleisch und hellen Stielschuppen.

Birken-Rotkappe

Leccinum versipelle (Röhrlinge)
Hut 8–15 cm   Juli–November

Alle Rotkappen sind gut gegart schmackhafte Speisepilze, roh sind sie jedoch sehr giftig! Das Schwärzen des Fleisches lässt sich verhindern, wenn die Pilze in Essig oder Zitronensaft geschnitten werden. Da sie immer seltener werden, sind alle Arten teilweise geschützt und dürfen nur für den Eigenbedarf gesammelt werden.

***Vorkommen** unter Birken auf sandigen, sauren Böden, gerne in Heidelandschaften.*

> ***Poren jung weiß, dann gelblich grau***
> ***Stielbasis oft mit blaugrünen Flecken***
> ***Verbreitung in ganz Europa, im Norden und Osten häufiger***

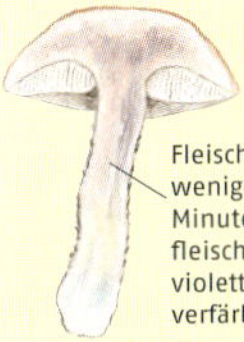

27

Schon gewusst?

Es gibt etwa 5 Rotkappenarten, die jeweils an bestimmte Baumarten gebunden sind: (li.) Espen-Rotkappe: Stielschuppen jung weiß; (Mi.) Eichen-Rotkappe: Stielschuppen fuchsigbraun; (re.) Kiefern-Rotkappe: Stielschuppen rauchgrau

Maronen-Röhrling

Xerocomus badius (Röhrlinge)

Hut 8–15 cm   Juli–November

__Vorkommen__ in Nadelwäldern auf sauren Böden, besonders unter Fichten.

- > ***Poren grünlich gelb, auf Druck blauend***
- > ***Sporenpulver olivbraun***
- > ***Verbreitung in Europa häufig***

Fleisch blass gelblich, schwach blauend

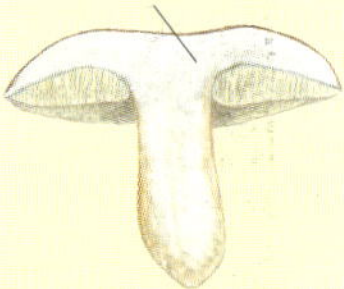

Wenige Röhrlinge sind so variabel was ihre Gestalt betrifft. Im hohen Gras trifft man oft schlankstielige Exemplare mit schmierigem Hut, in der Nadelstreu dagegen meist an Steinpilze erinnernde, trockenhütige Pilze. Doch auch hier hilft eine Faustregel: Alle glattstieligen Röhrlinge, die keine roten Poren haben, sind essbar!

Der Hasen-Röhrling (*Gyroporus castaneus*) hat weiße, auf Druck unveränderliche Poren und einen gekammerten Stiel.

Vorsicht giftig!

Auch wenn der Maronen-Röhrling wegen des glatten Stiels keinen giftigen Doppelgänger hat, so muss man doch auf Exemplare achten, die von Goldschimmel befallen sind. Diese Pilze können eine Lebensmittelvergiftung hervorrufen. Im Anfangsstadium kann man den Befall an den eigentümlich grünlich grauen Poren erkennen.

Hut kastanien- bis maronenbraun, trocken feinfilzig, feucht schmierig

Stiel gelbbraun, glatt

Rotfuß-Röhrling

Xerocomus chrysenteron (Röhrlinge)

Hut 5–12 cm Juni–Oktober

Alle gelbporigen Röhrlinge mit ungenetztem Stiel sind essbar! Für den Speisepilzsammler ist daher die durch Spezialisten vorgenommene Aufteilung in mehrere Arten nicht von Bedeutung. Zu beachten ist dagegen, dass alle Filzröhrlinge schnell weich und matschig werden, sodass man nur jüngere, noch feste Fruchtkörper sammeln sollte. Man sollte die Pilze aber unbedingt auf einsetzende Schimmelbildung kontrollieren, da ansonsten eine Lebensmittelvergiftung die Folge sein kann (Kasten Seite 28).

***Vorkommen** unspezifisch, bevorzugt in Nadelwäldern auf sauren Böden.*

- ***Poren jung stumpf gelb***
- ***Sporenpulver olivbraun***
- ***Verbreitung in ganz Europa gemein***
- ***Doppelgänger Schönfuß-Röhrling***

Vorsicht giftig!

Robuste Exemplare (li.) dürfen nicht mit dem Schönfuß-Röhrling (re.) verwechselt werden, der sich durch das Stielnetz und bitteres Fleisch unterscheiden lässt (S. 24).

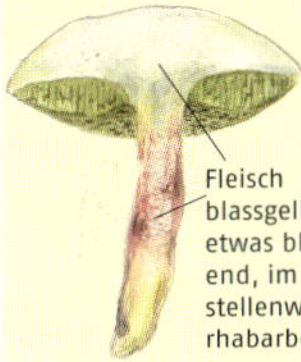

Fleisch blassgelb, etwas blauend, im Stiel stellenweise rhabarberrot

Hut braun bis graubraun, Fraßstellen kirschrosa

Stiel rot überlaufen, glatt oder fein gepustelt

Der Falsche Rotfuß-Röhrling *(X. porosporus)* ist düster olivbraun gefärbt und hat nur gelegentlich eine kleine rote Zone am Stiel.

Robuster Filzröhrling

Xerocomus pruinatus (Röhrlinge)
Hut 5–12 cm (Juli)August–November

***Vorkommen** in Nadel- und Laubwäldern, bevorzugt auf sauren Böden.*

- > ***Poren jung freudig gelb***
- > ***Sporenpulver olivbraun***
- > ***Verbreitung in ganz Europa häufig***

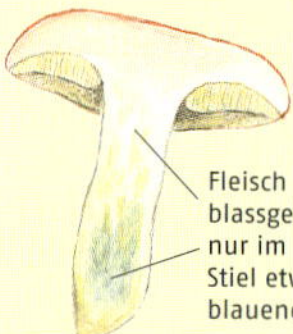

Der Robuste Filzröhrling ist wesentlich festfleischiger und haltbarer als der Gemeine Rotfuß-Röhrling und deshalb als Speisepilz eher zu empfehlen. Er heißt auch Herbst-Rotfuß, weil er nur selten vor September zu finden ist, während das Wachstum des Gemeinen Rotfuß-Röhrlings Ende September schon ausklingt.

Der seltene Aprikosenfarbene Filzröhrling *(Xerocomus armeniacus)* bevorzugt wärmebegünstigte Stellen auf mäßig sauren, nährstoffarmen Böden.

Blutroter Filzröhrling

Xerocomus rubellus (Röhrlinge)
Hut 5–12 cm Juli–Oktober

***Vorkommen** in Laubwäldern und Parkanlagen, oft an feuchteren Stellen.*

- > ***Hut im Alter lederbraun ausblassend***
- > ***Sporenpulver olivbraun***
- > ***Verbreitung in ganz Europa häufig***

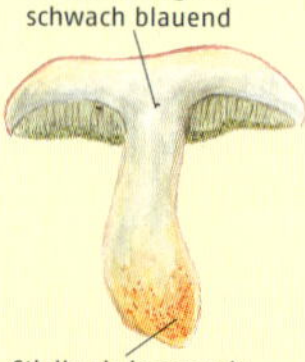

Schaut man sich die Poren eines jungen Pilzes mit der Lupe an, dann wird man feststellen, dass die meisten Filzröhrlinge in diesem Alter labyrinthisch gewundene Röhrenausgänge haben. Beim Blutroten Filzröhrling ist dies besonders auffallend ausgeprägt.

Der sehr ähnliche Eichen-Filzröhrling (Xerocomus communis) ist vielleicht nur eine blasshütige Varietät. Auch er zeigt die typischen orangefarbenen Punkte in der Stielbasis.

Ziegenlippe

Xerocomus subtomentosus (Röhrlinge)
Hut 5–12 cm Juli–Oktober

An der Stielspitze finden sich oft deutlich ausgeprägte Rippen und Adern, die manchmal so stark miteinander verbunden sind, dass der Eindruck eines Stielnetzes entsteht. Dies kann bei der Bestimmung irritieren („alle Filzröhrlinge haben ungenetzte Stiele"), doch handelt es sich hierbei nicht um ein echtes Netz. Der Name „Ziegenlippe" rührt von der fein samtig-filzigen Hutoberfläche her, die an die Lippen von Ziegen erinnert.

Vorkommen *in Laub- und Nadelwäldern, meist auf neutralen bis basischen Böden.*

- > ***Hutfarbe sehr variabel***
- > ***Sporenpulver olivbraun***
- > ***Verbreitung in ganz Europa***

Schon gewusst?

Zum Verwechseln ähnlich ist der aber ebenfalls essbare Braune Filzröhrling (X. ferrugineus) mit blasserem Fleisch, das nicht blaut.

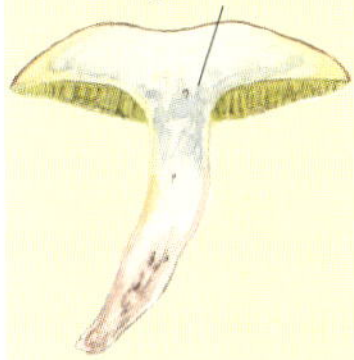

31

Parasitischer Filz-Röhrling

Xerocomus parasiticus (Röhrlinge)
Hut 3–7 cm   Juli–Oktober

***Vorkommen** in Nadelwäldern, auf sandigen, sauren, nährstoffarmen Böden.*

> ***Kartoffelbovisten** (S. 288) **aufsitzend***
> ***Sporenpulver olivbraun***
> ***Verbreitung in ganz Europa, örtlich zerstreut, sonst selten***

Poren schmutzig cremegelb

Dies ist der einzige einheimische Röhrling, der als Parasit auf anderen Pilzen lebt. Nahezu alle anderen Arten sind Mykorrhizapilze, ernähren sich also durch Nährstoffaustausch mit Hilfe einer Wurzelverbindung zwischen Pilz und Baum. An der Basis befallener Kartoffelboviste werden eine große Zahl winziger Fruchtkörperanlagen gebildet, von denen aber nur wenige tatsächlich heranwachsen.

Die befallenen Boviste werden durch den Parasitischen Röhrling insofern geschädigt, als dass sie nur noch in geringem Maße Sporen bilden können.

Stiel blass braungelb, glatt

Hut einheitlich gelbbraun, glatt

Goldblatt

Xerocomus pelletieri (Röhrlinge)
Hut 4–8 cm   Juli–Oktober

***Vorkommen** in Nadelwäldern, auf sandigen, sauren, nährstoffarmen Böden.*

> ***Fleisch blassgelb, unveränderlich***
> ***Sporenpulver olivbraun***
> ***Verbreitung in ganz Europa selten***

Stark querverbundene Lamellenstruktur

Wer das Goldblatt erstmals findet, ist verblüfft! Von oben ist dieser Pilz kaum von einem Maronen-Röhrling zu unterscheiden, doch zeigt sich dem erstaunten Sammler beim Umdrehen die lamellige Struktur statt der gelben Poren. Die Lamellen sind jedoch stark queradrig verbunden, sodass man die enge Verwandtschaft mit anderen Filzröhrlingen nachvollziehen kann.

Hut einheitlich rötlich kastanien- bis maronenbraun, feinfilzig

Ammoniak-Dampf färbt die Huthaut für kurze Zeit blaugrün. Dieselbe Reaktion findet sich meist auch bei Ziegenlippe und Braunem Filz-Röhrling (S. 31).

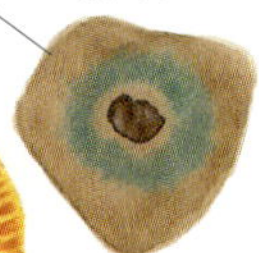

Stiel gelb- bis rötlich braun, glatt

Goldporiger Röhrling

Pulveroboletus gentilis (Röhrlinge)

Hut 4–8 cm   Juli–Oktober

Aufgrund seiner kleinen Statur ist der seltene Goldporige Röhrling trotz seiner schönen Farben nicht leicht zu entdecken. Am auffallendsten ist die grellgelbe Porenfarbe. Es ist die intensivste Farbe aller einheimischen Röhrlinge überhaupt. Dieser gelbe Farbstoff löst sich in Kalilauge, ein besonderes Merkmal der ganzen Gattung.

***Vorkommen** in Laubwäldern, auf schwach sauren bis neutralen Böden, wärmeliebend.*

- ***Hut bei feuchtem Wetter schmierig***
- ***Stiel glatt***
- ***Sporenpulver olivbraun***
- ***Verbreitung in ganz Europa selten***

Pfeffer-Röhrling

Chalciporus piperatus (Röhrlinge)

Hut 4–8 cm   Juli–November

Da der Pilz roh scharf schmeckt, gilt er gemeinhin als Würzpilz, und es wird oft empfohlen, ihn nur in kleiner Menge statt Pfeffer für ein Gericht zu verwenden. Das stimmt jedoch nicht, denn beim Kochen geht die Schärfe verloren. Als Speisepilz ist der Pfeffer-Röhrling daher von mittelmäßiger Güte, in etwa wie der Rotfuß-Röhrling.

***Vorkommen** vorwiegend in Nadelwäldern, auf sauren Böden, oft zusammen mit Steinpilz und Fliegenpilz.*

- ***Fleisch roh scharf schmeckend***
- ***Sporenpulver olivbraun***
- ***Verbreitung in ganz Europa häufig***

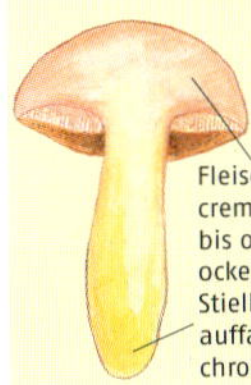

Düsterer Röhrling

Porphyrellus porphyrosporus (Röhrlinge)
Hut 6–12 cm Juni–Oktober

***Vorkommen** in montanen Fichtenwäldern, auf sauren Böden.*

> ***Röhren und Poren rötlich graubraun***
> ***Sporenpulver porphyrbraun***
> ***Verbreitung in Mitteleuropa in montanen Lagen häufig, sonst eher selten***

Fleisch weißlich bis cremefarben, rötend, manchmal blauend oder grünend

Findet man diese Art zum ersten Mal, so denkt man unwillkürlich an einen zu alten, nicht mehr bestimmbaren Röhrling. Doch diese einheitlich düstere Farbgebung ist typisch und der Pilz dadurch unverwechselbar. Er ist zwar essbar, schmeckt aber nicht besonders gut.

Der botanische Name „*porphyro-sporus*" deutet auf die porphyrbraune Sporenpulverfarbe hin, die die gesamte Porenschicht in diesem Ton erscheinen lässt.

Hut düster olivbraun

Stiel dem Hut gleichfarben, glatt

Strubbelkopf-Röhrling

Strobilomyces strobilaceus (Röhrlinge)
Hut 6–12 cm Juli–Oktober

***Vorkommen** in Laub- und Nadelwäldern, zumeist auf sauren Böden.*

> ***Röhren und Poren schmutzig grau***
> ***Sporenpulver schwärzlich olivbraun***
> ***Verbreitung in Mitteleuropa in montanen Lagen häufig, sonst eher selten***

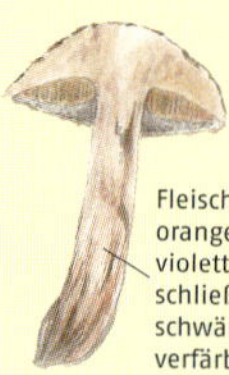

Fleisch über orangerot nach violettrot und schließlich schwärzlich verfärbend

Früher hieß er in manchen Gegenden „Kiefernzapfenpilz", in Amerika wird er „Der alte Mann der Wälder" genannt. Beide Volksnamen ersetzen schon beinahe eine Beschreibung. Zwar ist der Strubbelkopf essbar, doch ist seine Erscheinung und das wattige Velum wenig einladend, der Geschmack fade.

Hut hellgrau, mit dunkleren, abstehenden, wattigen Schuppen bedeckt

Stiel düster grau, deutlich längsfaserig

Junge Fruchtkörper sind vollständig vom wollig-wattigen Velum umschlossen

Kornblumen-Röhrling

Gyroporus cyanescens (Röhrlinge)
Hut 6–12 cm   Juli–Oktober

Beim Kornblumen-Röhrling ist die Röhrenschicht mit dem Hut stärker verwachsen als bei anderen Röhrlingen, lässt sich also nicht so einfach vom Hutfleisch wegschieben. Dies und weitere anatomische Merkmale sind für manche Forscher ein Indiz, dass diese Gattung eine der ursprünglichsten der Röhrlinge ist.

Noch stärker mit dem Hutfleisch verwachsen sind die Röhren beim Erlen-Grübling *(Gyrodon lividus)*, zudem laufen sie am Stiel herab. Manche Fachleute stellen ihn zu den Porlingen und tatsächlich hat er eine gewisse Ähnlichkeit mit dem Mai-Stielporling (S. 267).

***Vorkommen** in Laub- und Nadelwäldern, auf sandigen, sauren Böden.*

- ***Röhren und Poren schmutzig cremefarben***
- ***Sporenpulver strohgelb***
- ***Verbreitung in Europa nur stellenweise zerstreut, eher selten***

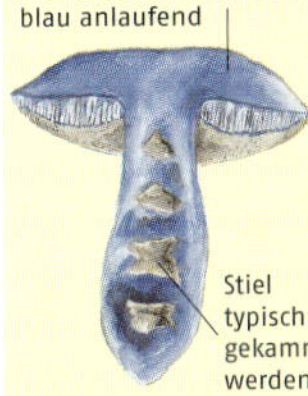

35

Hohlfuß-Röhrling

Boletinus cavipes (Röhrlinge)
Hut 6–12 cm   Juli–Oktober

Der schnell hohl werdende Stiel ist zwar ein gutes Erkennungsmerkmal, hat aber auch Nachteile: Oft nisten sich dort Insekten oder Schnecken ein. Es empfiehlt sich daher, auch junge Pilze immer vor der Zubereitung durchzuschneiden!

Die großen, unregelmäßigen Poren sind in erkennbarer Längsrichtung angeordnet und bilden einen Übergang zu den Lamellenpilzen. Beim Goldblatt (S. 32) ist dies noch stärker ausgeprägt.

***Vorkommen** stets unter Lärchen, meidet stark saure Böden.*

- ***Fleisch gelblich, nicht verfärbend***
- ***Sporenpulver olivbraun***
- ***Verbreitung in Europa in montanen Lagen zerstreut, sonst selten***

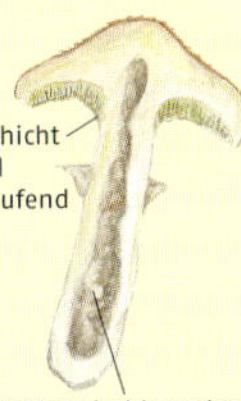

Gold-Röhrling

Suillus grevillei (Röhrlinge)
Hut 6–12 cm   Juli–Oktober

***Vorkommen** stets unter Lärchen, weitgehend unabhängig von der Bodenbeschaffenheit.*

- ***Fruchtkörper in allen Teilen goldgelb bis gelborange***
- ***Huthaut leicht abziehbar***
- ***Sporenpulver olivbraun***
- ***Verbreitung in ganz Europa häufig***

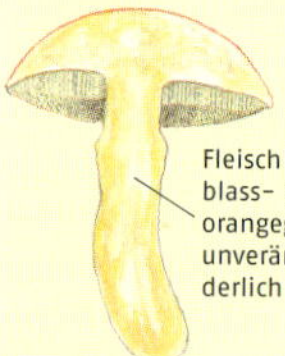

Der Goldröhrling ist der häufigste Lärchenbegleiter unter den Röhrlingen, denn er hat keine besonderen Ansprüche an die Bodenbeschaffenheit. Durch seine auffallende Färbung entdeckt man häufig zuerst den Pilz und dann erst den Baum. Wie bei allen Schmier-Röhrlingen sollte die schleimige Huthaut vor dem Kochen abgezogen werden.

Schon gewusst?

Zwei weitere Lärchenbegleiter, die aber vorwiegend oder ausschließlich auf kalkreichen Böden wachsen: Grauer Lärchen-Röhrling (S. viscidus) mit größeren grauen Poren und blaugrüner Verfärbung in der Stielbasis (li.), sowie der wärmeliebende Rostrote Lärchen-Röhrling (S. tridentinus) mit ebenfalls größeren, jedoch orangenen Poren (re.).

Körnchen-Röhrling

Suillus granulatus (Röhrlinge)
Hut 6–12 cm Juni–Oktober

Für alle Röhrlinge mit schleimiger Huthaut gilt: Nicht jeder verträgt sie gleich gut! Des Öfteren kommt es zu Durchfall und leichteren Magenbeschwerden, selbst wenn die Huthaut vor dem Kochen abgezogen wurde. Daher sollte man die persönliche Verträglichkeit erst an einer kleinen Portion testen.

***Vorkommen** stets unter Kiefern, auf neutralen bis basenhaltigen Böden.*

> ***Tröpfchen der Stielspitze und Poren milchig***
> ***Huthaut leicht abziehbar***
> ***Sporenpulver olivbraun***
> ***Verbreitung in ganz Europa häufig***

Ebenfalls unter Kiefern, jedoch auf Kalkböden beschränkt, wächst der Ringlose Butterpilz *(S. collinitus)* mit rosafarbenem Basismyzel und wasserklaren Tröpfchen.

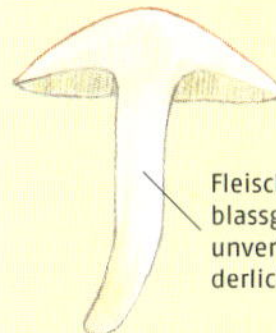

37

Butterpilz

Suillus luteus (Röhrlinge)
Hut 6–12 cm Juli–Oktober

Zusammen mit der Kiefer wurde auch der Butterpilz in weite Teile der Welt verschleppt und er kommt heute selbst im Süden und Osten Afrikas vor. Der afrikanischen Bevölkerung sind diese Pilze allerdings suspekt, sie werden dort nicht gegessen. Bei uns gilt er als guter Speisepilz. Da er jedoch nicht von allen gut vertragen wird, ist er nur eingeschränkt zu empfehlen.

***Vorkommen** stets unter Kiefern, bodenunabhängig.*

> ***Huthaut leicht abziehbar***
> ***Sporenpulver olivbraun***
> ***Verbreitung in ganz Europa häufig***

Jung ist die Röhrenschicht vom weißen Velum bedeckt, dass beim Strecken des Hutes abreißt und als Ring am Stiel zurückbleibt.

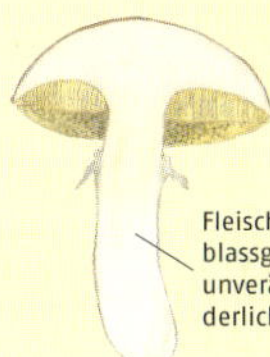

Sand-Röhrling

Suillus variegatus (Röhrlinge)

Hut 6–15 cm Juli–Oktober

***Vorkommen** stets unter Kiefern, auf nährstoffarmen Böden.*

- > ***Röhren und Poren braunoliv***
- > ***Röhrenschicht dünn***
- > ***Sporenpulver olivbraun***
- > ***Verbreitung in ganz Europa häufig***

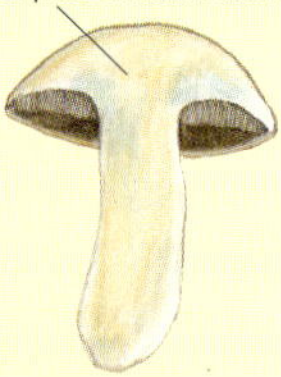

In den meisten Pilzbüchern gilt der Sand-Röhrling höchstens als mittelmäßiger Speisepilz. Wenn man ihn jedoch zuerst trocknet, dann die eingeweichten Pilzstücke mindestens 30 Minuten in einer Sahnesauce köchelt, entwickelt er ein morchelähnliches Aroma. Eine interessante Variante des „Züricher Geschnetzelten"!

Schon gewusst?

Die sich bald körnig-flockig ablösende Hutoberfläche gab dem Sand-Röhrling auch den Namen Hirsepilz. Diese Oberfläche unterscheidet ihn auch gut vom ansonsten sehr ähnlichen Kuh-Röhrling.

Kuh-Röhrling

Suillus bovinus (Röhrlinge)
Hut 4–8 cm Juli–Oktober

Meist wächst der Kuh-Röhrling in großen Mengen, sodass sich das Sammeln lohnen würde. Doch er ist nicht besonders schmackhaft und ältere Pilze fühlen sich fast an wie Gummi. Wer ihn dennoch zubereitet, wird überrascht sein: Das Fleisch färbt sich beim Kochen intensiv violett!

Hut gelb- bis orangebraun, glatt, etwas klebrig

Stiel relativ dünn, gleiche Farbe wie der Hut

Nur in enger Nachbarschaft zum Kuh-Röhrling wächst der Rosenrote Schmierling *(Gomphidius roseus)*, doch bilden die beiden Arten nicht immer gleichzeitig Fruchtkörper aus.

Vorkommen *stets unter Kiefern, auf nährstoffarmen, eher trockenen Böden.*

- ***Röhren und Poren braunoliv***
- ***Röhrenschicht dünn***
- ***Sporenpulver olivbraun***
- ***Verbreitung in ganz Europa häufig***

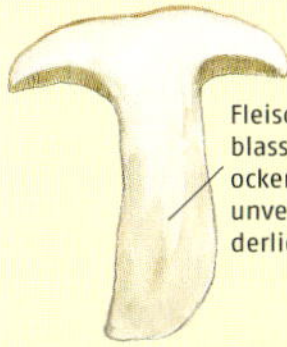

Fleisch blass-ocker, unveränderlich

Rosenroter Schmierling

Gomphidius roseus (Röhrlinge)
Hut 4–8 cm Juli–Oktober

Lange rätselte man, warum dieser Schmierling und der Kuh-Röhrling so auffallend häufig beieinander wachsen. Inzwischen weiß man, dass der Rosenrote Schmierling ein Mykorrhiza-Parasit ist. Das bedeutet, er zapft die Wurzelverbindung zwischen Kuh-Röhrling und Kiefer an und versorgt sich so auf Kosten der anderen mit zusätzlichen Nährstoffen.

Hut rosa bis blutrot, schleimig

Stiel komplett weiß

Manchmal wachsen Kuh-Röhrling und Rosenroter Schmierling so nahe beieinander, dass es scheint, sie seien zusammengewachsen.

Vorkommen *stets unter Kiefern auf nährstoffarmen Böden, zusammen mit dem Kuh-Röhrling.*

- ***Lamellen weich, ablösbar***
- ***Sporenpulver grauschwarz***
- ***Verbreitung in ganz Europa zerstreut***

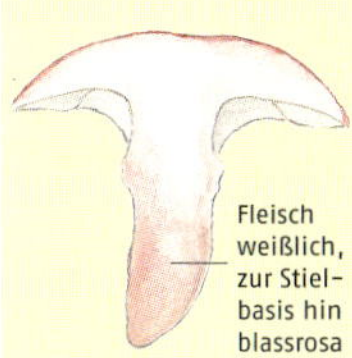

Fleisch weißlich, zur Stielbasis hin blassrosa

Großer Schmierling, Kuhmaul

Gomphidius glutinosus (Röhrlinge)

Hut 4–12 cm   Juli–Oktober

***Vorkommen** in Nadelwäldern, besonders unter Fichten, auf eher sauren Böden.*

> ***Lamellen weich, ablösbar***
> ***Sporenpulver grauschwarz***
> ***Verbreitung in ganz Europa zerstreut bis häufig***

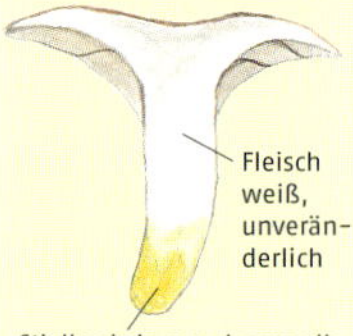

Von vielen Pilzsammlern wird das Kuhmaul wegen seines feinen Aromas hoch geschätzt. Sein Fleisch ist jedoch sehr weich, was das Trocknen etwas problematisch macht. Die Art wächst oft an denselben Standorten wie der Steinpilz, wird im Gegensatz zu diesem jedoch aus Unkenntnis oft stehen gelassen und entschädigt dann aber den zu spät kommenden Steinpilzsucher.

Schon gewusst?

Junge Pilze dieser Art sind ganz von einem schleimigen Velum umhüllt. Dieses sollte vor dem Zubereiten allerdings entfernt werden, da es zum einen das Essen unappetitlich erscheinen lässt und zum anderen der Pilz sonst von manchen Personen nicht gut vertragen wird.

Fleckender Schmierling (🍴)

Gomphidius maculatus (Röhrlinge)
Hut 4–8 cm Juli–Oktober

Der Fleckende Schmierling ist wesentlich schmächtiger als das Kuhmaul und außerhalb der Berglagen recht selten. Sein Fleisch ist genauso weich, aber weniger aromatisch. Er ist also kein empfehlenswerter Speisepilz, da vermutet wird, dass er, wie alle schmierigen Röhrlingsverwandten, Magenbeschwerden hervorrufen kann.

***Vorkommen** ausschließlich unter Lärchen, vorzugsweise auf basischen Böden, im Flachland sehr selten.*

- > ***Lamellen weich, ablösbar***
- > ***Sporenpulver grauschwarz***
- > ***Verbreitung in ganz Europa zerstreut***

Die anfangs einheitlich beigebraune Art fleckt im Alter oder bei Berührung über Weinbraun zu Schwarz.

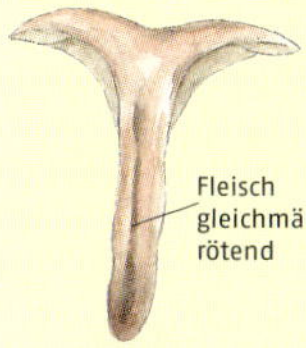

Kupferroter Gelbfuß 🍴

Chroogomphus rutilus (Röhrlinge)
Hut 4–10 cm Juli–November

Weil der Kupferrote Gelbfuß oft in großen Mengen wächst, lohnt es sich, diesen guten Speisepilz kennenzulernen. Wer die Art zubereitet, darf sich nicht davon stören lassen, dass er sich genauso violett verfärbt wie der Kuh-Röhrling (S. 39).

***Vorkommen** stets unter Kiefern, bevorzugt auf basenreichen Böden.*

- > ***Hut erst feinfaserig, alt glatt***
- > ***Sporenpulver grauschwarz***
- > ***Verbreitung in ganz Europa häufig***

Eine Verwechslung mit dem tödlich giftigen Spitzgebuckelten Raukopf (S. 191) muss unbedingt vermieden werden.

Verkahlender Krempling

Paxillus involutus (Röhrlinge)
Hut 5–15 cm Juli–November

***Vorkommen** unter Laub- und Nadelbäumen, bodenunabhängig, auch in Parkanlagen und Gärten.*

> **Hut bräunlich, feinfilzig bis glatt**
> **Sporenpulver olivbraun**
> **Verbreitung in ganz Europa häufig**

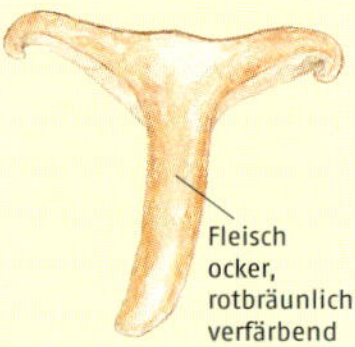

Bis vor 50 Jahren wurde der Krempling als Speisepilz empfohlen. Inzwischen weiß man, dass er nur vollständig durchgegart nicht giftig ist. Außerdem kann dieser Pilz bei wiederholtem Genuss eine Zerstörung der roten Blutkörperchen hervorrufen, die sogar tödlich enden kann. Vor seinem Genuss muss unbedingt abgeraten werden, auch wenn er in Osteuropa noch immer auf den Märkten verkauft wird.

Unter Erlen wächst der freudiger gefärbte Erlen-Krempling *(P. filamentosus)*, dessen Hut meist etwas schuppig wird.

Schon gewusst?

Genau wie bei den Röhrlingen die Röhrenschicht, so kann man auch beim Kahlen Krempling die Lamellenschicht sehr leicht vom Hutfleisch wegschieben.

Samtfuß-Krempling

Tapinella atrotomentosa (Röhrlinge)

Hut 5–20 cm Juli–Oktober

Der Samtfuß-Krempling hat durch seinen samtigen braunen Hut schon manchen Pilzsammler genarrt, der ihn von oben für einen Maronen-Röhrling gehalten hat. Dieser ergiebige und appetitlich aussehende Pilz ist zwar nicht giftig, leider schmeckt er jedoch so unangenehm erdig und bitter, dass er nicht gegessen werden kann. Auch Versuche, ihn durch Wässern, Abkochen oder sonstige Methoden genießbar zu machen, brachten keinen Erfolg.

***Vorkommen** an morschen Stümpfen von Nadelholz, in Nadelmischwäldern aller Art.*

> ***Hut muschel- oder nierenförmig***
> ***Sporenpulver olivbraun***
> ***Verbreitung in ganz Europa häufig***

Schon gewusst?

Der kleinere und fast stiellose Muschel-Krempling (T. panuoides) wächst an verbautem Nadelholz, wie z. B. Schwellen oder Dachbalken und wurde sogar an Stützpfeilern in Bergwerken tief unter Tage gefunden.

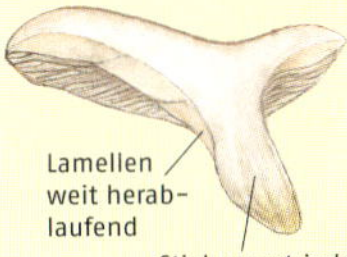

Falscher Pfifferling

Hygrophoropsis aurantiaca (Ritterlingsartige)
Hut 4–8 cm   Juli–November

***Vorkommen** in Nadel- und Mischwäldern, auf sauren bis basischen Böden.*

- > ***Fruchtkörper elastisch***
- > ***Sporenpulver weiß***
- > ***Verbreitung in ganz Europa häufig.***
- > ***Doppelgänger Ölbaum-Trichterling***

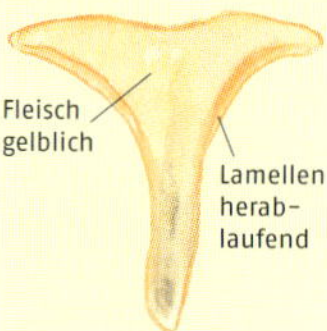

Der Falsche Pfifferling kann leicht für den Echten Pfifferling gehalten werden, doch da beide essbar sind, wäre diese Verwechslung harmlos. Man erkennt ihn am weichen, fast biegsamen Fleisch, den kräftigeren Farben und den engstehenden Lamellen. Der Pfifferling mit seinen dicklichen Leisten wäre auch roh am pfeffrigen Geschmack problemlos unterscheidbar.

Vorsicht giftig!

Der stark giftige Ölbaum-Trichterling (S. 45) sieht sehr ähnlich aus. Er wächst aber (meist) büschelig stets an Holz. Dieser Pilz kommt nördlich der Alpen sehr selten und auch nur an wärmebegünstigten Stellen vor.

Neben blassen Varietäten gibt es auch eine Form mit dunkelbraunem Hutfilz, die von oben betrachtet an einen Filz-Röhrling erinnert.

Ölbaum-Trichterling

Omphalotus olearius (Ritterlingsartige)

Hut 4–10 cm Juli–Dezember

In Mitteleuropa wird man diese schöne Art kaum zu Gesicht bekommen. Da aber einzeln wachsende Ölbaum-Trichterlinge durchaus mit dem Pfifferling verwechselt werden können, sollte man ihn trotzdem kennenlernen, vor allem wenn man im Mittelmeergebiet auf Pilzsuche gehen will.

***Vorkommen** an totem und lebendem Holz von Laubbäumen, meist an Baumstümpfen, vor allem an Ölbaum, Esskastanie und Eichenarten.*

> ***Fleisch fest, knackig***
> ***Sporenpulver weiß***
> ***Verbreitung in Südeuropa zerstreut***

Diese eher einzeln auf vergrabenem Holz wachsende Sippe wird auch als eigene Art angesehen *(O. illudens)*. Bei ihr ist die Verwechslungsgefahr mit dem Echten oder Falschen Pfifferling besonders groß.

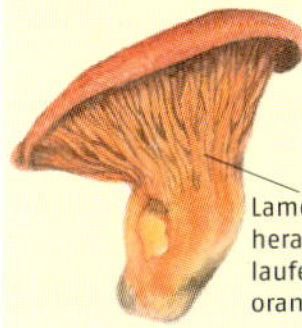

Schon gewusst?

Die Lamellen des Ölbaum-Trichterlings leuchten bei Dunkelheit! Ein Büschel gibt genügend Licht ab, um nachts Zeitung lesen zu können.

Schwärzender Saftling

Hygrocybe conica (Wachsblättler)
Hut 2–8 cm   Juni–November

***Vorkommen** auf nicht bis schwach gedüngten Grünflächen aller Art, seltener in lichten Wäldern.*

> ***alte Fruchtkörper völlig schwarz verfärbt***
> ***Sporenpulver weiß***
> ***Verbreitung in ganz Europa häufig***

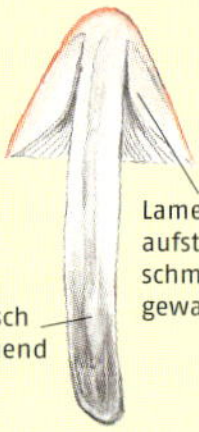

Der Schwärzende oder Kegelige Saftling ist der häufigste Vertreter seiner Gattung. Er ist etwas weniger empfindlich gegen Stickstoffanreicherung im Boden und kann daher auch in Zierrasen, an Wegrändern und in ähnlichen Biotopen vorkommen. Die Art ist ausgesprochen variabel was Hutform, -größe und Färbung anbelangt.

Eine der ähnlichen, aber nicht schwärzenden Arten ist der Rundlichsporige Saftling *(H. subglobispora)*, an ähnlichen Standorten, jedoch viel seltener.

Papageien-Saftling

Hygrocybe psittacina (Wachsblättler)
Hut 2–5 cm   August–November

***Vorkommen** auf nicht bis schwach gedüngten Grünflächen aller Art, seltener in lichten Wäldern.*

> ***Hut und Stiel sehr schleimig***
> ***Sporenpulver weiß***
> ***Verbreitung in ganz Europa häufig***

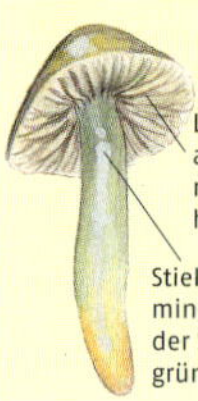

Der Papageien-Saftling ist nicht nur sehr bunt, er ist auch ausgesprochen schleimig. Bei feuchter Witterung ist es fast unmöglich, ihn mit der Hand aus dem Boden zu ziehen. Er hat ein ähnlich breites Spektrum an möglichen Wuchsorten wie der Schwärzende Saftling, ist aber etwas seltener.

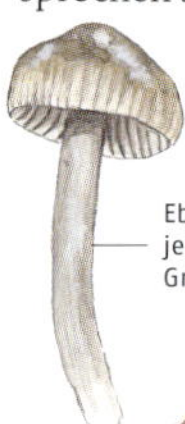

Ebenfalls mit sehr schleimigem Hut und Stiel, jedoch einfarbig graubeige bis braungrau ist der Graue Saftling *(H. irrigata)*.

Kirschroter Saftling

Hygrocybe coccinea (Wachsblättler)
Hut 2–6 cm August–November

Wenn im Herbst die Blumenpracht auf den Magerwiesen nachlässt, kommen die ebenso schönen Farbtupfer der Saftlinge zur Geltung. Dabei ist der Kirschrote Saftling einer der auffälligsten aufgrund seiner leuchtend roten Färbung und den relativ großen Fruchtkörpern. Alle Saftlinge sind streng geschützt.

Bis 12 cm groß wird der Größte Saftling *(Hygrocybe punicea)* mit granatrotem Hut, faserigem Stiel und weißlichem Fleisch.

***Vorkommen** auf ungedüngten Wiesen und Weiden, bodenunabhängig.*

- ***Hut und Stiel trocken, glatt***
- ***Sporenpulver weiß***
- ***Verbreitung in ganz Europa selten, im Alpenraum zerstreut***

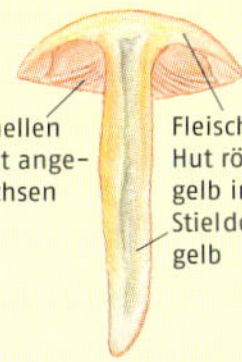

Mennigeroter Saftling

Hygrocybe miniata (Wachsblättler)
Hut 1–3 cm August–November

Der Mennigerote Saftling ist eine der kleinsten Saftlingsarten. Trotz der auffallenden Färbung wird er selbst bei gezielter Suche leicht übersehen, weil die kleinen Fruchtkörper wie im Gras liegende Vogelbeeren aussehen.

Der Bittere Saftling *(H. mucronella)* ist, wie der Name schon sagt, am bitteren Geschmack zu erkennen.

***Vorkommen** in nährstoffarmen Wiesen und Heiden, auf sauren Böden, selten in Wäldern.*

- ***Hut und Stiel trocken***
- ***Sporenpulver weiß***
- ***Verbreitung in ganz Europa selten, im Alpenraum zerstreut***

Wiesen-Ellerling (🍴)

Hygrocybe pratensis (Wachsblättler)
Hut 4–10 cm August–November

***Vorkommen** in nährstoffarmen Wiesen und Heiden, bodenunabhängig.*

- > ***Hut und Stiel trocken***
- > ***Sporenpulver weiß***
- > ***Verbreitung in ganz Europa zerstreut bis selten, im Alpenraum noch häufig***

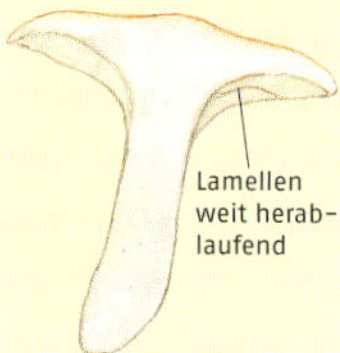

Weil der Wiesen-Ellerling recht groß und dickfleischig werden kann, ist er in den Gegenden, in denen er noch häufiger vorkommt, ein bekannter Speisepilz. Außerhalb der Alpen ist er jedoch überall so selten geworden, dass er in Deutschland unter Naturschutz gestellt werden musste.

An denselben Standorten kann der seltene Gelbfüßige Ellerling *(H. flavipes)* mit violettgrauem Hut und gelblicher Stielbasis vorkommen.

Schneeweißer Ellerling (🍴)

Hygrocybe niveus (Wachsblättler)
Hut 2–8 cm August–November

***Vorkommen** in nährstoffarmen Wiesen und Heiden, bodenunabhängig.*

- > ***Hut und Stiel trocken***
- > ***Sporenpulver weiß***
- > ***Verbreitung in ganz Europa zerstreut bis häufig***

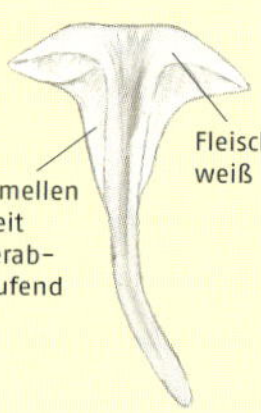

Zwar wäre dieser Ellerling essbar, doch steht er zum einen wie alle Saftlings- und Ellerlingsarten unter Naturschutz, zum anderen ist die Verwechslungsgefahr mit giftigen Feld-Trichterlingen (S. 56) sehr hoch.

An seinem charakteristischen Geruch nach Zigarrenkiste oder Juchtenleder gut erkennbar ist der Juchten-Ellerling *(H. russocoriacea)*.

Verfärbender Schneckling

Hygrophorus discoxanthus (Wachsblättler)
Hut 4–10 cm August–November

Kennzeichnend für diesen Spätherbstpilz ist unter anderem der eigentümliche Geruch, der etwas an geriebene Mandarinenschalen erinnert. Schmetterlingsfreunde kennen ihn vielleicht, denn die Raupe des Weidenbohrers riecht genauso. Dieser Schneckling ist essbar und aufgrund des schleimigen Hutes, der Verfärbung und des Geruchs auch unverwechselbar. Er ist aber, ebenso wie die anderen weißen, schleimigen Schnecklinge, wenig wohlschmeckend und daher nicht empfehlenswert.

Vorkommen *stets unter Buchen, bodenunabhängig.*

- ***Geruch herb-aromatisch***
- ***Sporenpulver weiß***
- ***Verbreitung in ganz Europa zerstreut bis häufig***

Schon gewusst?

Der Elfenbein-Schneckling (H. eburneus) wächst an denselben Standorten, verfärbt aber nicht (li.), während der Goldzahn-Schneckling (H.chrysodon) auch im Nadelwald vorkommt und an den goldgelben Flocken am gesamten Fruchtkörper erkennbar ist (re.).

Wohlriechender Schneckling

Hygrophorus agathosmus (Wachsblättler)
Hut 4–10 cm August–November

***Vorkommen** in Berg-Nadelwäldern, vor allem auf basenreichen Böden.*

- ***Geruch nach Marzipan***
- ***Pusteln der Stielspitze weiß***
- ***Sporenpulver weiß***
- ***Verbreitung in ganz Europa ab den Mittelgebirgslagen zerstreut***

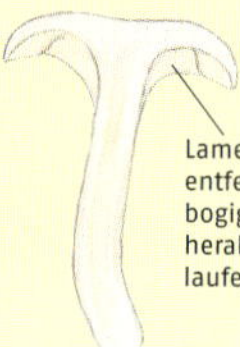

Der Wohlriechende Schneckling hat seinen Namen von seinem angenehmen Geruch nach Bittermandel. Er riecht nicht nur appetitlich, er ist auch als Speisepilz zu verwenden. Da er normalerweise in Reihen und Ringen mit vielen Exemplaren vorkommt, ist eine Mahlzeit schnell gesammelt.

Der Schwarzpunktierte Schneckling *(H. pustulatus)* unterscheidet sich durch schwärzliche Pusteln am Stiel. Er ist ebenfalls essbar.

Braunscheibiger Schneckling

Hygrophorus discoideus (Wachsblättler)
Hut 4–8 cm August–November

***Vorkommen** in Berg-Nadelwäldern, vor allem auf basenreichen Böden.*

- ***Geruch schwach, pilzartig***
- ***Sporenpulver weiß***
- ***Verbreitung in ganz Europa ab den Mittelgebirgslagen zerstreut***

Dieser wenig bekannte und seltene Pilz kann leicht mit dem schwach giftigen Dunkelscheibigen Fälbling (S. 182) verwechselt werden. Achtet man jedoch auf dessen rostbraune Sporenpulverfarbe, den trockenen Hut, die Lamellenhaltung und das faserige Velum, dann sind Verwechslungen auszuschließen.

Der Rosabraune Schneckling *(H. roseodiscoideus)* kommt nur im Mittelmeergebiet unter immergrünen Eichen vor.

Natternstieliger Schneckling

Hygrophorus olivaceoalbus (Wachsblättler)

Hut 3–6 cm Juli–November

Meist lohnt sich das Sammeln dieses Pilzes kaum. Aber gelegentlich findet man ihn in größerer Zahl und das auch oft bei sommerlicher Trockenheit, wenn ansonsten kaum andere Speisepilze vorkommen. Sein Fleisch ist aber ziemlich weich, der schleimige Hut- und Stielüberzug sollte entfernt werden.

Unter Kiefern auf Kalk wächst der wesentlich robustere Große Kiefern-Schneckling *(H. latitabundus)*.

***Vorkommen** in Nadelwäldern unter Fichten, auf sauren Böden*

- > **Geruch schwach, pilzartig**
- > **Stiel schlank, zylindrisch, zuspitzend**
- > **Sporenpulver weiß**
- > **Verbreitung in ganz Europa häufig, besonders ab den Mittelgebirgslagen**

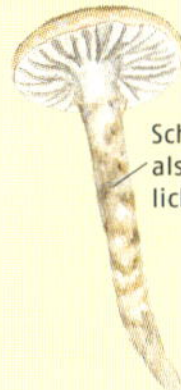

März-Schneckling

Hygrophorus marzuolus (Wachsblättler)

Größe 5–12 cm Februar–April

Die Suche nach dem März-Schneckling ist schwierig und ihn zu finden ein Höhepunkt für jeden Pilzsammler. Die Pilze bleiben nämlich lange Zeit fast unter der Erdoberfläche verborgen. Am besten sucht man ihn bei Regenwetter, wenn das Laub auf dem Boden angedrückt ist, und stochert in leichten Erhebungen.

Aufgrund der Erscheinungszeit ist die Art unverwechselbar. Allerdings können Schwärz-Täublinge (S. 223) den Sucher auf den ersten Blick täuschen.

***Vorkommen** in Nadel- und Mischwäldern, auf sauren bis basischen Böden.*

- > **Erscheinen nach der Schneeschmelze**
- > **Fruchtkörper kompakt, ritterlingsartig**
- > **Sporenpulver weiß**
- > **Verbreitung in ganz Europa, vor allem in Berglagen, selten.**

Rasiger Purpur-Schneckling

Hygrophorus erubescens (Wachsblättler)
Größe 5–10 cm August–November

***Vorkommen** in Nadelwäldern (vor allem Fichte), auf basischen Böden.*

> ***Fleisch bitter***
> ***Sporenpulver weiss***
> ***Vorkommen gesellig***
> ***Verbreitung in ganz Europa, vor allem in Berglagen, selten.***

Keine Schnecklingsart ist giftig, aber einige sind ungenießbar. Mit etwas Erfahrung ist die Gattung aber an ihren entfernt stehenden, dicken und wachsartig spröden Lamellen erkennbar. Der Name „Schneckling" rührt daher, dass viele Arten feucht einen schmierigen bis schleimigen Hut haben, der an Schneckenschleim erinnert.

Sehr dickfleischig ist der Gefleckt-blättrige Purpur-Schneckling *(H. russula)*, dessen Lamellen nicht herablaufen. Er ist in Südeuropa ein geschätzter Speisepilz.

Terpentin-Schneckling

Hygrophorus pudorinus (Wachsblättler)
Größe 5–12 cm August–November

***Vorkommen** in Nadelwäldern, stets bei Weißtanne, auf basischen Böden.*

> ***Geruch und Geschmack etwas terpentinartig***
> ***Fleisch weißlich***
> ***Sporenpulver weiss***
> ***Verbreitung in Mittel- und Südeuropa, vor allem in Berglagen, selten.***

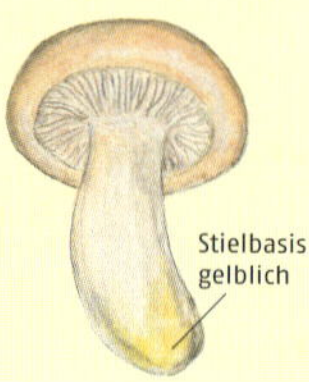

Den terpentinartigen Geruch, der sich beim Kochen angeblich verstärkt, nehmen nicht alle Leute wahr. Ein besseres Erkennungsmerkmal sind aber die orangerosa Hutfärbung und die Gelbfärbung der Stielbasis. Der Pilz schmeckt ziemlich unangenehm und ist auch schon aufgrund seiner Seltenheit kein Speisepilz.

Wie eine schmächtige Miniaturausgabe wirkt der unter Buchen wachsende Orangefalbe Schneckling *(H. unicolor)*.

Frost-Schneckling

Hygrophorus hypothejus (Wachsblättler)

Größe 4–8 cm Oktober–Dezember

Der Frost-Schneckling ist ein geschätzter Speisepilz, weil er an seinen Standorten meist in Massen vorkommt und zudem zu einer Zeit wächst, in der andere Pilze kaum noch zu finden sind. Diese Art kann also durchaus das Weihnachtsessen geschmacklich bereichern.

Durch den freudig orangen Hut unterscheidet sich der Orangegelbe Lärchenschneckling *(H. speciosus)*. Er wächst unter Lärchen im Gebirge.

Vorsicht giftig!

Wenn man nicht auf die schmierige Hutoberfläche und die gelben Lamellen achtet, dann könnte man ihn mit dem Würzelchen-Trichterling (S. 59) verwechseln, der als giftverdächtig gilt.

***Vorkommen** stets unter Kiefern, auf nährstoffarmen, sandigen Böden.*

- > ***Vorkommen erst nach den ersten Frösten***
- > ***Sporenpulver weiss***
- > ***Verbreitung in ganz Europa, stellenweise häufig.***
- > ***Doppelgänger Würzelchen-Trichterling***

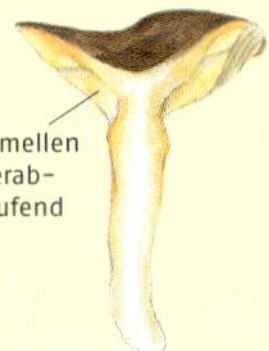

Schuppiger Torfmoos-Nabeling

Omphalina gerardiana (Ritterlingsartige)
Größe 2–5 cm   Juli–Oktober

***Vorkommen** ausschließlich in Hochmooren, stets zwischen Torfmoos.*

> **Sporenpulver weiß**
> **Verbreitung in ganz Europa zerstreut (Skandinavien) bis selten (Südeuropa).**

Nabelinge sind kleine bis knapp mittelgroße Blätterpilze mit weit herablaufenden Lamellen und trichterförmigem, meist tief genabeltem Hut. Für den Verzehr kommen sie nicht in Betracht, aber viele Arten sind Zeiger für nährstoffarme Biotope und können dadurch Naturschützern wertvolle Hinweise geben.

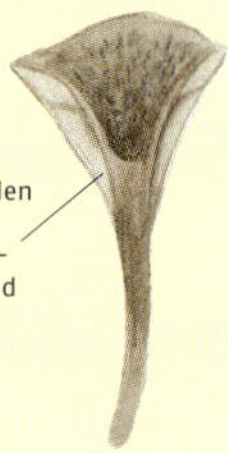

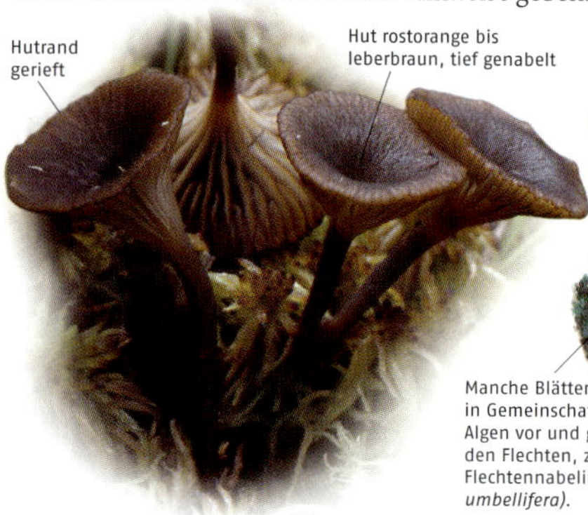

Manche Blätterpilze kommen nur in Gemeinschaft mit bestimmten Algen vor und gehören daher zu den Flechten, z. B. der Gefaltete Flechtennabeling *(Lichenomphalia umbellifera)*.

Orangeroter Heftelnabeling

Rickenella fibula (Ritterlingsartige)
Größe 1–2 cm   März–Dezember

***Vorkommen** biotopunabhängig zwischen Moosen, auf dem Boden oder bemoostem Holz.*

> **Stiel und Hut feinst flaumig bereift (Lupe!)**
> **Sporenpulver weiß**
> **Verbreitung in ganz Europa häufig.**

Zwar wird dieser Pilz auf den ersten Blick meist übersehen, bei genauerem Hinsehen stellt er sich jedoch als überaus häufig heraus und fehlt in kaum einem moosreichen Rasen. Er kommt aufgrund seiner geringen Größe nicht als Speisepilz in Betracht.

Durch die andersartige Färbung erkennbar, ist der an vergleichbaren Stellen wachsende Blaustielige Heftelnabeling *(R. swartzii)*.

Violetter Lacktrichterling

Laccaria amethystina (Ritterlingsartige)

Größe 2–6 cm Juli–November

Der Violette Lacktrichterling kommt meist sehr gesellig vor, oft zu Hunderten, dann lohnt das Sammeln trotz der geringen Größe. In Essig eingelegt gibt er einen interessanten Farbtupfer, besonders zusammen mit den orangefarbenen Reizkern. Er kann stark ausblassen und ist dann fast weiß.

Vorkommen *in der Laub- und Nadelstreu, ohne Bevorzugung bestimmter Wald- oder Bodentypen.*

- **Geruch schwach, unspezifisch**
- **Sporenpulver weiß**
- **Verbreitung in ganz Europa häufig.**

ganzer Pilz einheitlich blauviolett

Verwechslungsgefahr besteht mit dem leicht giftigen Rettich-Helmling (S. 98), der jedoch hellere, enger stehende und dünnere Lamellen hat und außerdem nach Rettich riecht.

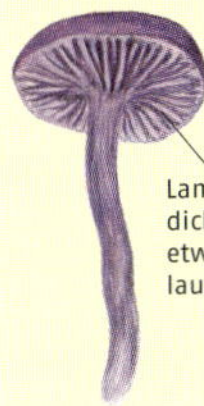

Lamellen dick, entfernt, etwas herablaufend

Roter Lacktrichterling

Laccaria laccata (Ritterlingsartige)

Größe 2–5 cm Juli–November

Es gibt einige ähnliche Arten, die sich teilweise kaum unterscheiden. Alle Lacktrichterlinge sind jedoch essbar, wenn auch ohne großen Eigengeschmack. Zwar sind sie wenig ergiebig, doch wachsen sie oft in großer Zahl. Der Name kommt von der farblichen Ähnlichkeit mit dem früher verwendeten Siegellack.

Vorkommen *in der Laub- und Nadelstreu, ohne Bevorzugung bestimmter Wald- oder Bodentypen.*

- **Geruch schwach, unspezifisch**
- **Sporenpulver weiß**
- **Verbreitung in ganz Europa häufig.**

ganzer Pilz einheitlich rosa-, fleisch- bis ziegelrot

Der Zweifarbige Lacktrichterling (L. bicolor) ist am kleinschuppigen Hut und dem violetten Basismyzel erkennbar.

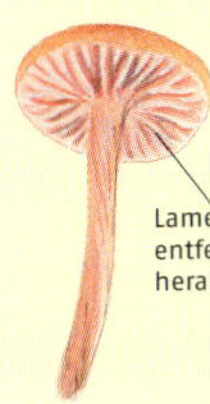

Lamellen dick, entfernt, etwas herablaufend

Bewimperter Filzkrempling

Ripartites tricholoma (Ritterlingsartige)
Größe 2–6 cm Juli–November

***Vorkommen** in der Laub- und Nadelstreu, ohne Bevorzugung bestimmter Wald- oder Bodentypen.*

> **ganzer Fruchtkörper fleischbraun**
> **Sporenpulver erdbraun**
> **Verbreitung in ganz Europa häufig.**

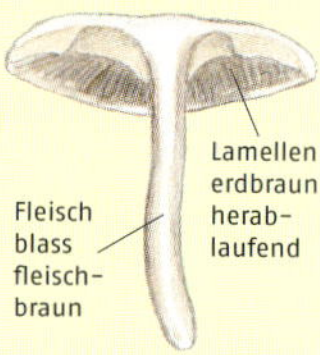

Es ist nicht sicher bekannt, ob der Filzkrempling essbar oder giftig ist. Schon aufgrund seiner großen Ähnlichkeit mit nachweislich giftigen Trichterlingen ist vom Verzehr dringend abzuraten. Sein erdbraunes Sporenpulver ist untypisch für die Ritterlingsartigen, die ansonsten alle weißes bis cremefarbenes Sporenpulver besitzen.

Der bewimperte Hutrand ist bei älteren Exemplaren oft nicht mehr erkennbar. Früher hielt man kahle Pilze für eine eigene Art *(R. metrodii)*.

Rinnigbereifter Trichterling

Clitocybe rivulosa (Ritterlingsartige)
Größe 4–8 cm Juli–November

***Vorkommen** in Laubwäldern an ruderalen Stellen, Wegrändern, auch in Grünflächen.*

> **Fleisch blass fleischbraun**
> **Sporenpulver cremeweiß**
> **Verbreitung in Mitteleuropa verbreitet, im Süden zerstreut**

Alle kleinen Trichterlinge sind giftig oder zumindest giftverdächtig, einige Arten enthalten in größeren Mengen Muscarin. Sie können leicht mit essbaren Pilzen wie Nelken-Schwindling (S. 90) oder Mehl-Räsling (S. 106) verwechselt werden. Pilzsammlern sei daher geraten, auf das Sammeln dieser und ähnlicher Arten zu verzichten, sofern auch nur der kleinste Zweifel an ihrer Bestimmung besteht.

Ebenso giftig ist der auf bewirtschafteten Wiesen und in Heiden wachsende, hellere Feld-Trichterling *(C. agrestis)*.

Bleiweißer Trichterling

Clitocybe phyllophila (Ritterlingsartige)
Größe 5–12 cm   Juli–November

Vorkommen *in Laubwäldern und Nadelwäldern, ohne bestimmte Vorlieben.*

Der Bleiweiße Trichterling ist recht variabel in seiner Größe und kann daher mit einer ganzen Reihe essbarer Pilze verwechselt werden, z. B. mit dem Mehl-Räsling (S. 106) oder der Nebelkappe (S. 64). Sehr ähnlich ist auch der hier nicht abgebildete, robustere Veilchen-Rötelritterling *(Lepista irina)* mit stark parfümiertem Blütengeruch und Lamellen, die man mit dem Finger wegschieben kann.

> ***Geruch** muffig-süßlich bis aromatisch*
> ***Sporenpulver** cremeweiß bis rosacreme*
> ***Verbreitung** in ganz Europa verbreitet*

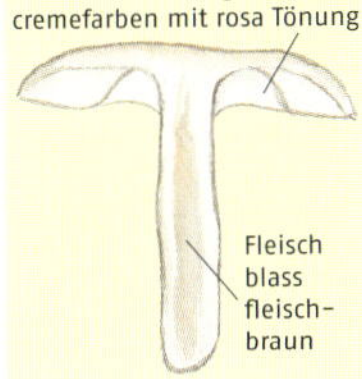

Vorsicht giftig!

Alle Trichterlinge mit bereifter oder glasig wirkender Hutoberfläche sind giftig!

Mönchskopf

Clitocybe geotropa (Ritterlingsartige)
Größe 12–25 cm Juli–November

***Vorkommen** in Laubwäldern und Nadelwäldern, ohne bestimmte Vorlieben.*

- ***Geruch muffig-süßlich bis aromatisch***
- ***Sporenpulver cremeweiß***
- ***Verbreitung in ganz Europa verbreitet***
- ***Doppelgänger Laubfreund-Trichterling***

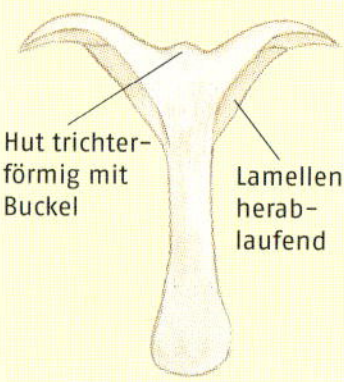

Der Mönchskopf ist ein geschätzter und ergiebiger Speisepilz. Da die Stiele eine relativ harte Rinde und ein wattiges Inneres haben, verwenden Feinschmecker nur die Hüte oder sehr junge Pilze. Der charakteristische und (fast) nie fehlende kleine Hutbuckel lässt sich manchmal schlecht erkennen und ist dann besser mit dem Finger zu fühlen.

Der Buxblättrige Trichterling (C. alexandri) wächst nur auf Kalkböden, meist unter Fichten.

Vorsicht giftig!

Der Laubfreund-Trichterling ist kleiner, hat meist einen dünneren Stiel und einen ungebuckelten, gewölbten Hut. Dieser Trichterling enthält das Nervengift Muskarin, das auch in den Risspilzen vorkommt.

Ziegelroter Trichterling

Clitocybe sinopica (Ritterlingsartige)
Größe 3–8 cm Mai–August

Dieser wenig bekannte Pilz zeigt einen hübschen Kontrast zwischen den weißen Lamellen und dem rostorangenen Hut und Stiel. Er wächst vor allem im Frühjahr und Frühsommer, nur selten im Herbst. Er gilt als essbar, ist jedoch nicht besonders wohlschmeckend. Viele Menschen empfinden auch den starken Geruch als unappetitlich.

***Vorkommen** auf sandigen Böden unter Nadelbäumen, besonders Kiefern, auch auf Brandstellen.*

> **Geruch mehlartig**
> **Sporenpulver cremeweiß**
> **Verbreitung in ganz Europa zerstreut**

Ein weiterer Trichterling mit Wurzelfäden, jedoch mit graubräunlichem Hut, ist der Würzelchen-Trichterling *(C. radicellata)*. Er wächst von Februar bis April im Nadelwald.

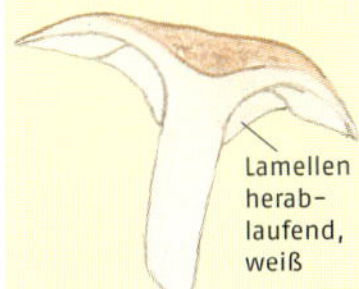

Bitterlicher Trichterling

Clitocybe phaeophthalma (Ritterlingsartige)
Größe 3–6 cm Juli–Oktober

Es ist sehr schwierig, die vielen kleinen Trichterlingsarten genau zu bestimmen. Der Bitterliche Trichterling hat einen eigentümlich süßlich-ranzigen, schwer zu beschreibenden Geruch, den man immer wiedererkennen wird. Er gilt zumindest als giftverdächtig, denn nahe verwandte Arten sind teilweise stark giftig.

***Vorkommen** in Laubwäldern auf nicht zu sauren Böden, meist in der Laubstreu.*

> **Fleisch leicht bitter, zusammenziehend**
> **Sporenpulver cremeweiß**
> **Verbreitung in Mitteleuropa häufig, im Süden zerstreuter**

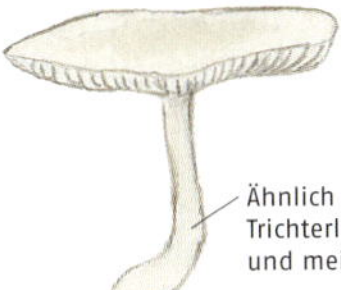

Ähnlich ist der stark giftige Wachsstielige Trichterling *(C. candicans)*, der kleiner ist und meist eine abgeknickte Stielbasis zeigt.

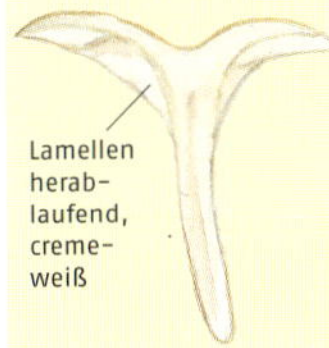

Grüner Anis-Trichterling

Clitocybe odora (Ritterlingsartige)

Größe 3–6 cm   Juli–Oktober

Vorkommen *in Laub- und Nadelwäldern auf eher lehmigen Böden.*

> ***Geruch stark anisartig***
> ***Sporenpulver rosa***
> ***Verbreitung in Europa verbreitet***

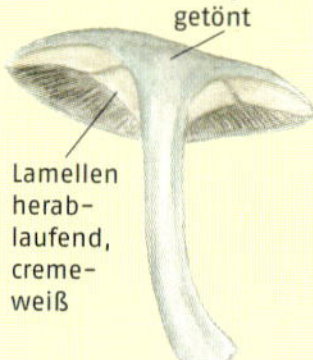

Die Kombination aus blaugrüner Färbung und aufdringlichem Anisgeruch ist einzigartig unter den Pilzen, die Art somit einfach und zweifelsfrei erkennbar. Allerdings sind die grünen Farbtöne nicht immer intensiv und bei Lichteinwirkung können sie völlig verblassen. Solche Fruchtkörper sind dann nur schwer zur bestimmen!

Gleiche Farben weist auch der Grünspan-Träuschling (S. 162) auf, der sich unter anderem durch braunes Sporenpulver unterscheidet

Langstieliger Duft-Trichterling

Clitocybe fragrans (Ritterlingsartige)

Größe 3–6 cm   Mai–November

Vorkommen *vor allem in Nadel- oder Nadelmischwäldern, auf eher lehmigen Böden, seltener im Laubwald.*

> ***Geruch anisartig***
> ***Sporenpulver cremefarben***
> ***Verbreitung in Europa überall häufig***

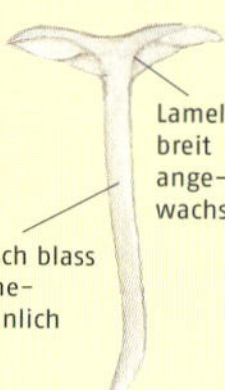

Obwohl diese Art ebenso angenehm nach Anis riecht wie der essbare Anis-Trichterling, ist sie dennoch giftig. Man darf sich also niemals vom Geruch beeinflussen lassen, unbekannte Pilze zu essen, nur weil sie angenehm oder „essbar" riechen! Dieser Trichterling kommt oft schon zeitig im Frühjahr vor, manchmal auch in milden Winterperioden.

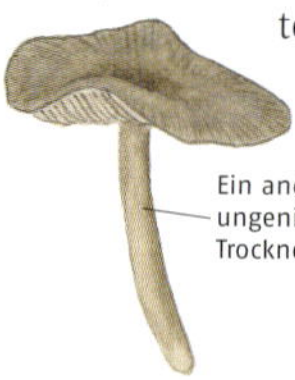

Ein anderer Trichterling mit bemerkenswertem Geruch ist der ungenießbare Stinkende Trichterling *(C. foetens)*. Während des Trocknens beginnt er unangenehm nach Schweißfüßen zu riechen.

Kleinsporiger Mehl-Trichterling

Clitocybe ditopa (Ritterlingsartige)

Größe 2–5 cm September–Dezember

Wenn der Kleinsporige Mehl-Trichterling erscheint, ist das Ende der Speisepilzsaison nicht mehr weit. Zusammen mit Arten wie dem Nebelgrauen Trichterling (S. 64) und dem Lilastiel-Rötelritterling (S. 66) gehört er zu den spätesten Arten im Jahr. Die Art kann auch unter Fichten vorkommen.

***Vorkommen** in Nadelwäldern in der Fichtennadelstreu, auf zumindest mäßig nährstoffreichen Böden.*

> ***Geruch stark nach Gurkenschale***
> ***Sporenpulver weißlich***
> ***Verbreitung in Europa, häufig***

Der in Verbindung mit Alkohol giftige Keulenfuß-Trichterling *(C. clavipes)* hat eine aufgeblasene Stielbasis mit schwammigem Fleisch.

Staubfüßiger Trichterling

Clitocybe metachroa (Ritterlingsartige)

Größe 2–6 cm September–November

Der Name „Staubfüßiger“ Trichterling kommt von der etwas weißlich gepuderten Stielspitze, besonders bei jungen Exemplaren. Sie wirkt, als hätte man Staub darüber ausgeschüttet. Wie alle kleinen Trichterlinge ist auch diese Art giftig oder zumindest giftverdächtig. Er wächst stets in großen Gruppen, manchmal zu Hunderten.

***Vorkommen** in den verschiedensten Wäldern, zumeist in der Fichtennadelstreu, selten im Laub, bodenunabhängig.*

> ***Geruch schwach nach Scheunenstaub***
> ***Sporenpulver weißlich***
> ***Verbreitung in Europa häufig***

Es ist erstaunlich, wie sehr sich viele kleine Trichterlingsarten beim Abtrocknen farblich verändern. Dieselbe Art ist feucht dunkelbraun (li.) und trocken cremeweiß (re).

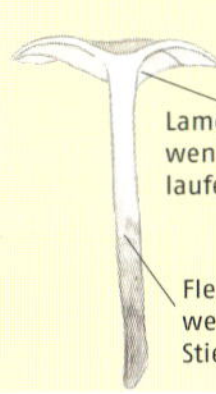

Ockergelber Trichterling

Clitocybe gibba (Ritterlingsartige)

Größe 2–6 cm   Juni–November

Vorkommen *in diversen Laubwäldern und in Fichtenforsten, auf lehmigen, eher basenreichen Böden, auch auf mehrere Jahre alten Rindenhaufen.*

> ***Geruch schwach bittermandelartig***
> ***Sporenpulver weißlich***
> ***Verbreitung in ganz Europa häufig***
> ***Doppelgänger andere Trichterlinge***

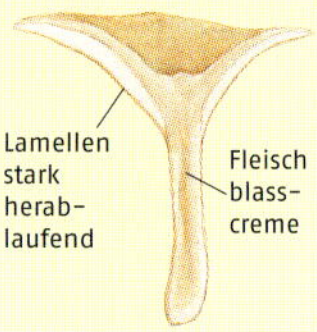

Wichtige Erkennungsmerkmale dieses Trichterlings sind der nicht wasserzügige Hut mit dem kleinen Buckel, der angenehme, etwas an Bittermandel erinnernde Geruch und seine leicht ins Ocker gehende Färbung. Er ist ausgesprochen häufig, wird aber nur wenig gesammelt, da er trotz dieser Merkmale nicht immer leicht erkannt wird. Sammler sollten sich auf junge Exemplare beschränken, alt schmeckt er fade.

Vorsicht giftig!

Auch andere giftverdächtige Trichterlingsarten können sehr ähnlich aussehen, vor allem der Fleischblasse Trichterling (C. diatreta). Bei ihm sind die Lamellen kaum herablaufend.

Am dunklen Stiel und dem welligen Hutrand erkennt man den ansonsten kaum unterscheidbaren Kerbrandigen Trichterling *(C. costata)*.

Fuchsiger Rötelritterling

Lepista flaccida (Ritterlingsartige)
Größe 4–10 cm Juli–November

Diese Art vereint die typischen Merkmale der Trichterlinge (Hutform, herablaufende Lamellen) mit denen der Rötelritterlinge (warzige Sporen, verschiebbare Lamellen). Daher findet man ihn in manchen Büchern auch unter dem Namen Fuchsiger Trichterling.

Junge Exemplare sind meist heller, robuster und haben typische Wasserflecken am Hutrand. Die gleichmäßig fuchsige Hutfarbe und die Trichterlingsform entwickelt sich erst nach und nach bzw. durch Witterungseinflüsse. Früher nannte man diese Form Wasserfleckigen Rötelritterling *(L. gilva)*.

***Vorkommen** in diversen Laubwäldern und in Fichtenforsten, boden unabhängig, aber nährstoffarme Böden meidend.*

- ***Lamellen verschiebbar***
- ***Sporenpulver creme, orangerosa getönt***
- ***Verbreitung in ganz Europa häufig***
- ***Doppelgänger Parfümierter Trichterling***

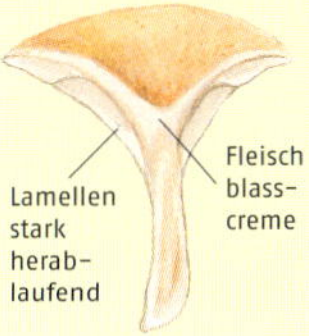

Vorsicht giftig!

Der sehr giftige Parfümierte Trichterling (Clitocybe amoenolens) ist zwar bisher nur aus Nordafrika und Südfrankreich bekannt, doch ist es nicht ausgeschlossen, diese Art an besonders wärmebegünstigten Stellen auch in Mitteleuropa zu finden. Er ist fast nur durch den süßlichen Geruch unterscheidbar!

Nebelgrauer Rötelritterling, Nebelkappe

Lepista nebularis (Ritterlingsartige)

Größe 10–20 cm September–Dezember

***Vorkommen** in Wäldern aller Art, besonders in streureichen Buchenwäldern, auf nährstoffarmen und sehr nassen Böden fehlend.*

- ***Geruch süßlich-ranzig, aufdringlich***
- ***Sporenpulver cremeweiß***
- ***Verbreitung in ganz Europa häufig***
- ***Doppelgänger Riesen-Rötling***

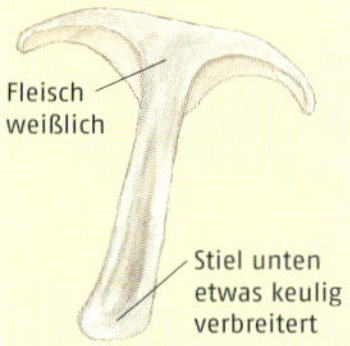

Diese Art ist einer der bekanntesten Speisepilze, wird aber sehr kontrovers diskutiert. Während die einen ihn gerne essen und er in manchen Gegenden sogar als Marktpilz gehandelt wird, finden ihn andere geschmacklich schrecklich, und einige Leute vertragen ihn nicht gut. Man sollte ihn also beim ersten Genuss in kleiner Menge auf die persönliche Verträglichkeit und Geschmacksempfindung testen. Er wird auch Nebelgrauer Trichterling genannt.

Mit viel Glück kann man auf vergehenden Hüten des Nebelgrauen Trichterlings den Parasitischen Scheidling *(Volvariella surrecta)* finden.

Vorsicht giftig!

Ebenso groß und robust kann der sehr giftige Riesen-Rötling (S. 107) werden. Bei Beachtung seiner rosa Sporenpulverfarbe und des starken Mehlgeruchs sollten Verwechslungen nicht vorkommen.

Violetter Rötelritterling

🍴

Lepista nuda (Ritterlingsartige)

Größe 6–12 cm   September–Dezember

Der Violette Rötelritterling erscheint zu einer Zeit, in der die Auswahl an Speisepilzen nicht mehr groß ist. Da er durch seine Färbung, den charakteristisch süßlichen Geruch und die Sporenpulverfarbe einfach zu erkennen ist, erfreut er sich großer Beliebtheit. Er eignet sich gut zum Einlegen in Essig, die schöne Farbe bleibt dabei erhalten.

Auch der Erdigriechende Schleimkopf (S. 195) kann ähnlich aussehen

Vorkommen *in Wäldern aller Art, besonders in streureichen Buchenwäldern, auf nährstoffarmen und sehr nassen Böden fehlend.*

> ***Geruch süßlich parfümiert***
> ***Sporenpulver fleischrosa***
> ***Verbreitung in ganz Europa häufig***
> ***Doppelgänger violette Schleierlingsarten***

Vorsicht giftig!

Unbedingt auf den spinnwebartigen Schleier und das rostbraune Sporenpulver achten, sonst kann es zu folgenschweren Verwechslungen mit giftigen, violetten Schleierlingsarten kommen, z. B. dem Purpurfleckenden Schleimkopf (Cortinarius purpurascens).

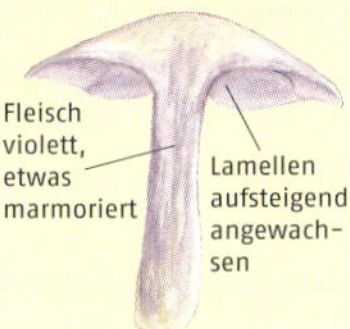

Lilastiel-Rötelritterling

Lepista saeva (Ritterlingsartige)
Größe 6–12 cm Oktober–Dezember

***Vorkommen** auf Obstwiesen, in Gärten und an Heckenriegeln, auf basenreichen Böden.*

> ***Geruch unauffällig***
> ***Sporenpulver fleischrosa***
> ***Verbreitung in Mitteleuropa zerstreut***

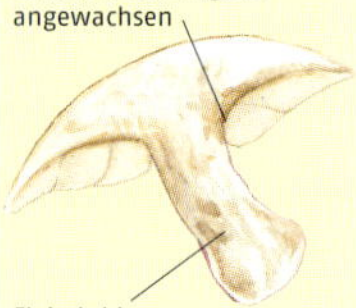

Sind schon die anderen Rötelritterlinge ausgesprochene Herbst-Arten, so ist der Lilastiel noch etwas später dran. Oft erscheint er erst im November und kommt auch noch nach dem ersten Frost. Er ist geschmacklich die wohl beste dieser Arten und am Farbkontrast zwischen violettem Stiel und horngrauem Hut leicht zu erkennen.

Auf Kalkböden in montanen Gebieten findet man den einheitlich blassvioletten Lavendelfarbenen Rötelritterling *(L. glaucocana)*. Er ist zwar nicht giftig, schmeckt aber unangenehm.

Horngrauer Rötelritterling

Lepista luscina (Ritterlingsartige)
Größe 6–15 cm September–November

***Vorkommen** auf etwas verfilzten Magerrasen und Weiden, nur auf basenreichen Böden.*

> ***Geruch schwach mehlartig***
> ***Sporenpulver fleischrosa***
> ***Verbreitung in Mitteleuropa zerstreut***

Wie viele Rötelritterlinge wächst auch dieser in der Regel in sogenannten Hexenringen. Da er meist in freiem Wiesengelände vorkommt, wo das regelmäßig kreisförmige Wachstum des Myzels nicht durch Hindernisse gestört wird, kann man die Kreisbildung besonders gut beobachten.

Mai-Ritterling, Maipilz

Calocybe gambosa (Ritterlingsartige)

Größe 5–10 cm April–Mai(Juni)

Je nach persönlichem Geschmack schwanken die Angaben zum Speisewert bei dieser Art von „einer der besten Speisepilze“ bis „grässlich“. Fest steht, dass der Maipilz zweifelsfrei essbar ist und zu einer Zeit vorkommt, in der nur wenige Speisepilze zu finden sind. Selbst in hochgewachsenen Wiesen kann man ihn aufspüren, denn an seinen Wuchsstellen ist das Gras dunkelgrün und höher.

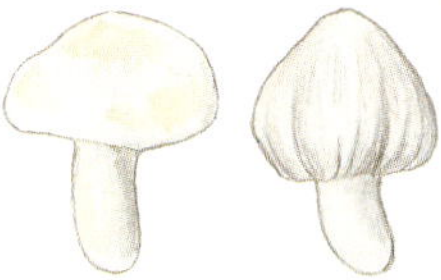

Junge Mairitterlinge (li.) können mit jungen, noch nicht verfärbten Mai-Risspilzen (re., S. 178) verwechselt werden.

Vorsicht giftig!

Zur selben Zeit wächst der stark giftige Ziegelrote Risspilz (S. 178), dessen Röten erst im Laufe der Zeit auffällig wird. In lichten Laubwäldern und Parks können beide Arten in unmittelbarer Nähe zueinander wachsen.

***Vorkommen** auf Grünflächen jeder Art, in lichten Laubwäldern, in Fichtenforsten auf ehemaligem Wiesengelände, besonders auf basenreichen Böden.*

- ***Geruch stark gurken- oder mehlartig***
- **Sporenpulver weiß**
- **Verbreitung in Europa häufig**
- **Doppelgänger: Mai-Risspilz**

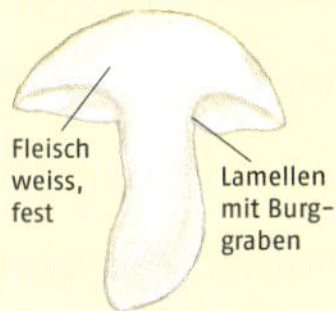

Fleischrosa Schönkopf

Calocybe carnea (Ritterlingsartige)
Größe 2–6 cm August–Oktober

***Vorkommen** in mäßig bis nicht gedüngten Wiesenflächen und auf Weiden, meist außerhalb des Waldes.*

> **Geruch schwach, nicht mehlartig**
> **Sporenpulver weiß**
> **Verbreitung in Europa zerstreut**

Zwar gilt dieser kleine Schönkopf allgemein als essbar, doch ist er wenig ergiebig. Zudem kann er leicht mit einer ganzen Reihe von giftigen Trichterlingen (S. 56-62) verwechselt werden. Zu beachten ist auch, dass gerade bei Wiesenpilzen oft die Hutfarbe durch Sonneneinstrahlung ausbleicht und die Art dann nur noch schwer erkennbar ist.

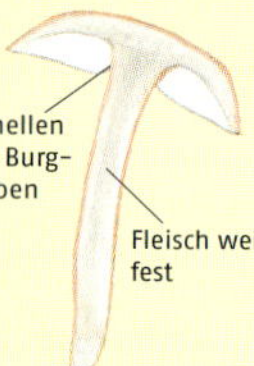

Weitere farbenfrohe Schönköpfe sind im Nadelwald der Dotterfarbene (C. chrysenteron) und in basenreichen Laubwäldern der Veilchenblaue Schönkopf *(C. ionides)*. Beide sind selten und nicht essbar.

Purpurfilziger Holzritterling

Tricholomopsis rutilans (Ritterlingsartige)
Größe 4–12 cm Juni–November

***Vorkommen** Auf morschem Nadelholz, in Wäldern aller Art unabhängig vom Boden.*

> **Geschmack erdig, bitter**
> **Sporenpulver weiss**
> **Verbreitung in ganz Europa häufig**

Bei einer Pilzausstellung in Italien wurde ein riesiges Exemplar gezeigt, dessen Hutdurchmesser 56 cm betrug! Fast alle Pilzarten können unter besonderen Umständen außergewöhnlich große, aber auch ungewöhnlich kleine Fruchtkörper bilden. Solche abnormen Ausnahmefälle werden in den Pilzbüchern bei den Größenangaben natürlich nicht berücksichtigt. Die Art ist zwar essbar, jedoch wenig schmackhaft.

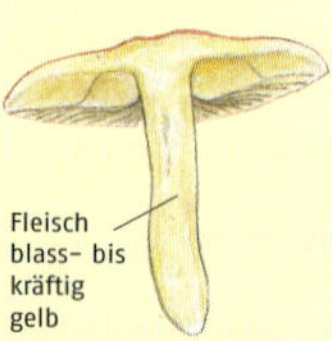

Nur in feuchten Bergnadelwäldern wächst der schmächtigere Olivgelbe Holzritterling *(T. decora)*, der schwärzliche Schuppen auf gelbem Hut zeigt.

Gemeiner Erdritterling

Tricholoma terreum (Ritterlingsartige)

Größe 4–8 cm   August–Oktober

Die Erdritterlinge sind eine große Gruppe innerhalb der Ritterlinge, die an ihrer grauen bis schwärzlichen Färbung erkennbar sind. Zur Bestimmung sind Geruch, Geschmack und Verfärbung des Fleisches wichtig. Den Gemeinen Erdritterling erkennt man am geruchlosen und nicht verfärbenden Fleisch sowie an der nicht schuppigen, sondern längsfaserigen Hutoberfläche.

***Vorkommen** stets unter Kiefern, auf sandigen und basenreichen Böden, oft in großen Mengen.*

- ***Geruch schwach, nicht mehlartig***
- ***Sporenpulver weiß***
- ***Verbreitung in Europa häufig***
- ***Doppelgänger: Brennendscharfer Ritterling***

Vorsicht giftig!

Neben dem eigentlich nicht sehr ähnlichen Tiger-Ritterling (li., S. 70) besteht vor allem mit dem Brennendscharfen Ritterling (re., S. 71) Verwechslungsgefahr. Beide Arten kann man bereits an ihrem Geschmack unterscheiden.

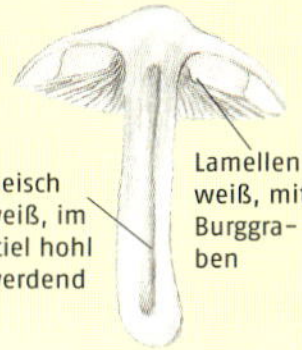

Tiger-Ritterling

Tricholoma pardalotum (Ritterlingsartige)

Größe 6–12 cm August–Oktober

***Vorkommen** im Nadelwald unter Fichten und Weißtannen, im Laubwald unter Buchen, stets auf Kalkböden.*

- ***Geruch deutlich mehlartig***
- ***Sporenpulver weiß***
- ***Verbreitung in Europa nur örtlich zerstreut, sonst selten***

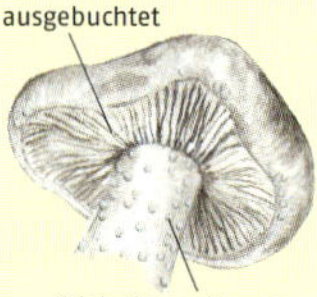

Weil der Tiger-Ritterling nur auf Kalkböden vorkommt, ist er in manchen Gegenden unbekannt. Doch auch dort sollten ihn die Sammler von Erdritterlingen unbedingt kennen, denn er kann entlang von kalkgeschotterten Waldwegen auch in bodensauren Gebieten wachsen. Schon kleine Mengen rufen starke Magen-Darm-Vergiftungen hervor, die jedoch keine bleibenden Schäden hinterlassen.

Der Gilbende Erdritterling (S. 71) kann sehr ähnlich aussehen, ist aber schmächtiger und gilbt im Alter.

Schon gewusst?

Typischerweise hat der Tiger-Ritterling einen geschuppten Hut. Es gibt aber auch eine Variante mit eher filziger Hutoberfläche (var. filamentosum). Sie ist aber genauso giftig wie die geschuppte Varietät.

Gilbender Erd-Ritterling

Tricholoma argyraceum (Ritterlingsartige)
Größe 4–8 cm   Juni–Oktober

Vor allem ältere Exemplare sind an den gelb verfärbten Stellen und am starken Mehlgeschmack eindeutig zu erkennen. Meist kommt er in großen Mengen vor, sodass sich ein Sammeln lohnen würde. Ähnlich wie den Mai-Ritterling mögen ihn jedoch viele Leute wegen seines Mehlgeschmacks nicht.

Nur der ebenfalls gilbende Beringte Erdritterling *(T. cingulatum) hat eine Ringzone.* Er wächst stets unter Weiden.

***Vorkommen** in Parks, Alleen und unter einzeln stehenden Bäumen, seltener im Laubwald, auf lehmigen, nicht zu sauren Böden.*

> **Geruch und Geschmack stark mehlartig**
> **Sporenpulver weiß**
> **Verbreitung in Europa häufig**

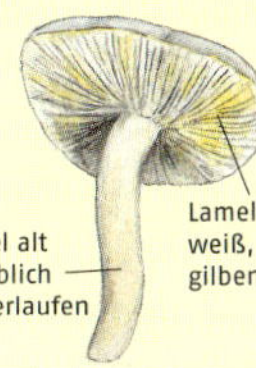

Brennendscharfer Ritterling

Tricholoma virgatum (Ritterlingsartige)
Größe 4–8 cm   August–Oktober

Unter den Erdritterlingen gibt es einige schärfere, leicht scharfe oder bittere Arten. Da der Geschmack ein wichtiges Merkmal ist, sollte man Pilze dieser Gruppe stets einer Kostprobe unterziehen. Diese wird allerdings nicht hinuntergeschluckt, sondern muss wieder ausgespuckt werden. Achtung: Mildes Fleisch bedeutet nicht automatisch, dass ein Erdritterling essbar ist!

Der Schärfliche Erd-Ritterling *(T. sciodes)* kommt in wärmeren Laubwäldern vor. Er ist weniger deutlich gebuckelt. Beim Kauen entwickelt sich seine Schärfe erst nach 20–30 Sekunden.

***Vorkommen** in Nadelwäldern auf sauren Böden, vor allem unter Fichten.*

> **Geschmack scharf**
> **Sporenpulver weiß**
> **Verbreitung in Europa häufig**

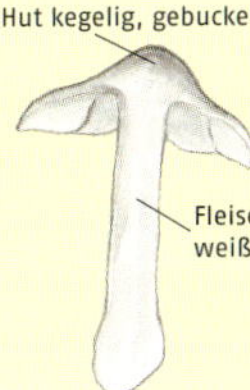

Bärtiger Ritterling

Tricholoma vaccinum (Ritterlingsartige)
Größe 4–8 cm   August–Oktober

***Vorkommen** in Nadelwäldern auf schwach sauren bis basischen Böden, vor allem in Berglagen unter Fichten.*

> ***Geschmack leicht bitter***
> ***Sporenpulver weiß***
> ***Verbreitung in Europa zerstreut***

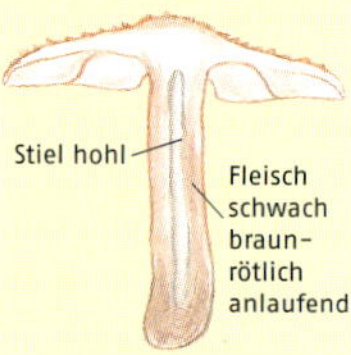

Der wollige spinnwebenartige Schleier zwischen Hutrand und Stiel bei jungen Pilzen ist für Ritterlinge ungewöhnlich. Dagegen ist er bei den Schleierlingen üblich (S. 188ff), die jedoch rostbraunes statt weißes Sporenpulver haben. Der Bärtige Ritterling wächst meist in größeren Beständen.

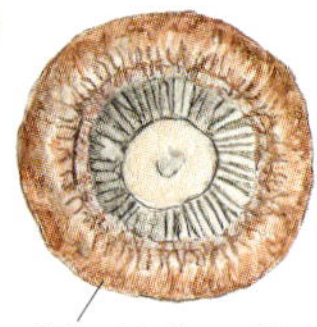

Das auffallendste Kennzeichen der Art ist der dicht wollig behangene Hutrand, der bei älteren Exemplaren nach und nach kahl wird.

Brandiger Ritterling

Tricholoma ustale (Ritterlingsartige)
Größe 4–10 cm   August–Oktober

***Vorkommen** in Laubwäldern auf schwach sauren bis basischen Böden, fast ausschließlich unter Buchen.*

> ***Geschmack leicht bitter***
> ***Hut feucht schmierig***
> ***Sporenpulver weiß***
> ***Verbreitung in Europa zerstreut***

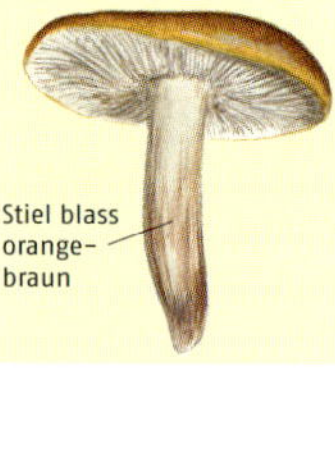

Die Bestimmung der braunen Ritterlingsarten ist oft nicht einfach. Für den Sammler sind sie aber sowieso kaum von Interesse, denn alle gelten als schwach giftig oder wegen des bitteren Fleisches zumindest als ungenießbar. Lediglich der Pappel-Ritterling wird in manchen Gegenden gesammelt.

Mancherorts gilt der Pappel-Ritterling *(T. populinum)* trotz des etwas bitteren Geschmacks als Speisepilz. Er soll gegen rheumatische Erkrankungen helfen, was jedoch nicht bewiesen ist.

Fastberingter Ritterling

Tricholoma fracticum (Ritterlingsartige)
Größe 6–12 cm September–November

Meist steckt dieser Ritterling tief im Boden und erhebt sich nur wenig über das umgebende Gras. Daher ist er trotz seiner Größe selbst auf kurzgrasigen Heiden nicht immer einfach zu entdecken. Der Grund für seine lückenhafte Verbreitung in Europa ist seine spezielle Biotopbindung, für die drei Faktoren gleichzeitig erfüllt sein müssen: Kiefern, wärmebegünstigte Stellen und Muschelkalk.

Vorkommen *in lichten Kiefernwäldern und auf Heiden, stets unter Kiefern auf Muschelkalkboden.*

> ***Geschmack bitter***
> ***Geruch mehlartig***
> ***Sporenpulver weiß***
> ***Verbreitung in Mittel- und Südeuropa regional zerstreut***

Der in allen Teilen orange gefärbte Orangerote Ritterling *(T. aurantium)* wächst unter Fichten. Sein Stiel ist auffallend genattert, die Hutfarbe oxidiert im Alter grün.

Echter Krokodil-Ritterling

Tricholoma matsutake (Ritterlingsartige)
Größe 8–20 cm August–November

Der Echte Krokodil-Ritterling ist in Japan der mit Abstand begehrteste Speisepilz. Für noch geschlossene Pilze, die höchste Qualitätsstufe, werden dort Kilopreise von mehreren Tausend Euro bezahlt. Unter amerikanischen Sammlern des Matsu-Take kommt es daher bisweilen zu regelrechten Kämpfen um potentielle „Jagdgründe", die schon Todesopfer gefordert haben! In Europa wird er dagegen weniger geschätzt.

Vorkommen *in lichten Kiefernwäldern und auf Heiden, stets unter Kiefern auf Muschelkalkboden.*

> ***Geschmack mild***
> ***Geruch süßlich***
> ***Sporenpulver weiß***
> ***Verbreitung in Nord- und Mitteleuropa sehr selten***

Im Mittelmeerraum unter Kiefern wächst häufig der dunkler beschuppte Falsche Krokodil-Ritterling *(T. caligatum)*. Er ist bitter, daher kein Speisepilz.

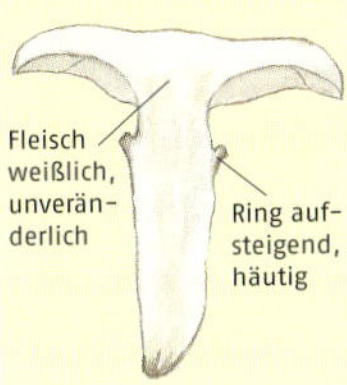

Grünling

Tricholoma auratum (Ritterlingsartige)

Größe 6–12 cm September-November

***Vorkommen** in sandigen, nährstoffarmen Kiefernwäldern, eine verwandte Art gibt es unter Zitterpappeln.*

> **Geruch mehlartig**
> **Sporenpulver weiß**
> **Verbreitung in Europa zerstreut, regional häufig**
> **Doppelgänger Dottergelber Klumpfuß**

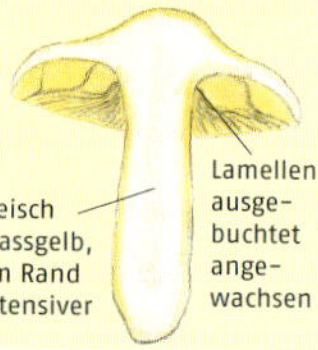

Erst vor einigen Jahren entdeckte man, dass der Grünling mit hoher Wahrscheinlichkeit für Erkrankungen mit Muskelschwund (Rhabdomyolyse) verantwortlich ist. Diese können offenbar bei dicht aufeinanderfolgendem Genuss größerer Mengen auftreten. Es ist daher nachdrücklich zu empfehlen, diesen Pilz zu meiden. Im übrigen ist er in Deutschland geschützt und darf hier sowieso nicht gesammelt werden.

An ähnlichen Standorten wächst der scharf schmeckende und daher ungenießbare Gallige Ritterling (T. aestuans)

Vorsicht giftig!

Dieselbe Färbung zeigt der tödlich giftige Dottergelbe Klumpfuß (S. 196). Er hat jung einen Schleier zwischen Hutrand und Stiel, rostbraunes Sporenpulver, eine knollig verdickte Stielbasis und riecht anders.

Schwefel-Ritterling

Tricholoma sulphureum (Ritterlingsartige)

Größe 5–10 cm August–November

Obwohl der Schwefel-Ritterling einen so unangenehmen Geruch nach faulen Eiern verströmt, dass sich die meisten Leute angewidert abwenden, ist er schon gegessen worden. Daher weiß man, dass er nicht nur ungenießbar ist, sondern zu sehr starken Magen-Darm-Vergiftungen führen kann.

Vorkommen *in nicht zu sauren Laub- und Nadelwäldern, ohne besondere Ansprüche.*

> ***Geruch stechend nach Leuchtgas***
> ***Sporenpulver weiß***
> ***Verbreitung in Europa häufig***

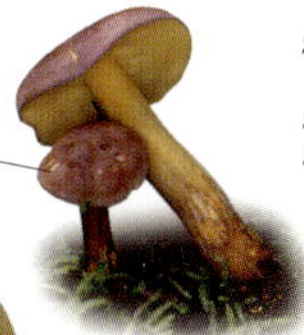

Der Kröten-Ritterling *(T. bufonium)* ist mit Ausnahme des purpurfarbenen Hutes dem Schwefel-Ritterling in allen Merkmalen gleich, sodass er oft nur als Variante angesehen wird.

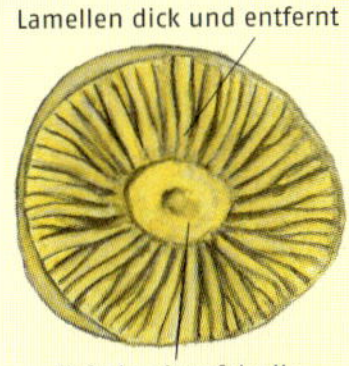

Grüngelber Ritterling

Tricholoma sejunctum (Ritterlingsartige)

Größe 5–12 cm August–November

Mit seinem eingewachsen-faserigen Hut in verschiedenen Grüntönen kann der Grüngelbe Ritterling von oben betrachtet dem Grünen Knollenblätterpilz (S. 116) täuschend ähnlich sehen. Ritterlinge haben jedoch weder Ring noch Volva und zudem keine freien Lamellen. Verwechslungen wären hier folgenlos, da ja auch der Grüngelbe Ritterling giftig ist und nicht gesammelt werden sollte.

Vorkommen *in Laubwäldern unter Buche, in Nadelwäldern unter Fichte, auf basenreiche Böden beschränkt.*

> ***Geruch etwas mehlartig***
> ***Sporenpulver weiß***
> ***Verbreitung in Europa zerstreut***

Die Varietät aus Nadelwäldern ist wärmer orangegelb gefärbt und oxidiert oft rotbräunlich.

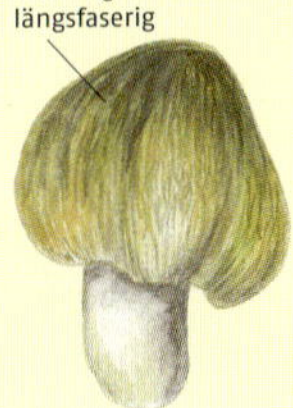

Seifen-Ritterling

Tricholoma saponaceum (Ritterlingsartige)

Größe 5–12 cm August-November

Vorkommen *in Laubwäldern unter Buchen, in Nadelwäldern unter Fichten, auf basenreiche Böden beschränkt.*

- > ***Geruch nach Kernseife***
- > ***Sporenpulver weiß***
- > ***Verbreitung in Europa zerstreut***

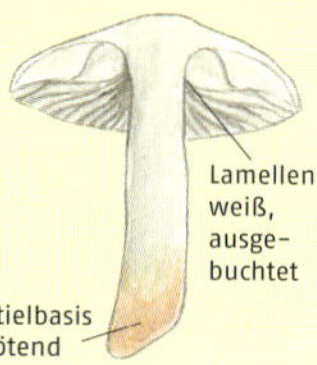

Nomen est Omen – gilt auch beim Seifen-Ritterling! Sein unter den Pilzen einzigartiger Seifengeruch erinnert je nach persönlichem Empfinden an Waschküche, Kernseife oder alte Scheuerlappen. Die Art ist aufgrund ihres Formenreichtums oft nur mit viel Erfahrung bestimmbar und mancher frustrierte Pilzfreund hat sich insgeheim die Regel zurechtgelegt: „Seifen-Ritterlinge erkennt man daran, dass man sie nicht erkennt".

Schon gewusst?

Der Seifenritterling ist der formenreichste Ritterling und so veränderlich, dass man nicht glauben mag, dass alle diese Varietäten zu einer Art gehören (von links: var. saponaceum, var. squamulosum, var. boudieri). Den Geruch und die Tendenz zum Röten haben alle gemein.

Schwarzfaseriger Ritterling

Tricholoma portentosum (Ritterlingsartige)
Größe 5–12 cm   September–November

Dieser auch Rußkopf oder Schneepilz genannte Ritterling ist eine der vielen Pilzarten, die besonders unter der zunehmenden Stickstoffanreicherung in den Wäldern leiden. Ähnlich wie der Grünling (S. 74), mit dem er oft den Standort teilt, ist er in vielen Gegenden so stark rückläufig, dass man ihn nur in geringen Mengen oder gar nicht sammeln sollte.

***Vorkommen** in Kiefern- und Fichtenwäldern auf sauren, trockenen und nährstoffarmen Sandböden, fast ausschließlich unter Kiefern.*

> ***Geruch schwach mehlartig***
> ***Sporenpulver weiß***
> ***Verbreitung in Europa zerstreut, örtlich häufig***

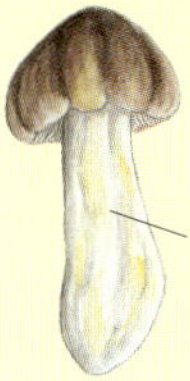

Unverschämter Ritterling

Tricholoma lascivum (Ritterlingsartige)
Hut 5–10 cm   August–Oktober

Gerüche spielen bei der Pilzbestimmung allgemein eine große Rolle. Bei den Ritterlingen ist besonders der Mehlgeruch von Bedeutung. Daneben gibt es eine Reihe von Arten mit besonders unangenehmem Schwefel- oder Gasgeruch. Der Unverschämte Ritterling riecht jung nur schwach, dann mehr und mehr stechend süßlich-staubartig.

***Vorkommen** in mäßig sauren bis schwach basischen Laubwäldern, vor allem unter Buchen und Eichen.*

> ***Geruch staubartig-süßlich***
> ***Sporenpulver weiß***
> ***Verbreitung in ganz Europa gemein***

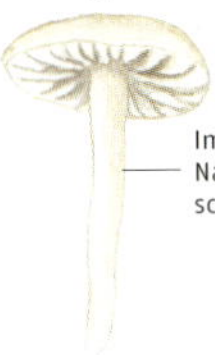

Im Bergnadelwald kommt der gleichfalls unangenehm riechende Nadelwald-Gasritterling vor *(T. inamoenum)*. Er ist etwas schmächtiger und hat auffallend entfernt stehende Lamellen.

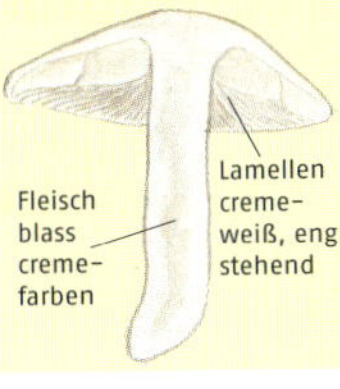

Dunkler Hallimasch

Armillaria ostoyae (Ritterlingsartige)

Hut 5–10 cm August–November

***Vorkommen** in Fichtenforsten auf eher sauren Böden, auch auf Fichtenstümpfen in anderen Waldgesellschaften.*

- ***Wuchs büschelig***
- ***Sporenpulver weiß***
- ***Verbreitung in ganz Europa sehr häufig***
- ***Doppelgänger Sparriger Schüppling***

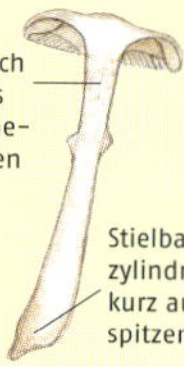

Der Dunkle Hallimasch bildet in Fichtenforsten im Spätherbst oft Massenbestände, bei denen auf einige Hektar jeder Stumpf dicht mit Fruchtkörpern besetzt ist. Er ist ein guter Speisepilz, muss aber mindestens 15 Minuten lang über 60° erhitzt werden. Hallimasche sollten gebraten werden, denn gekocht werden sie schleimig.

Mit seinen dicken schwarzen Myzelsträngen (Rhizomorphen) kann der Hallimasch weite Strecken durch den Erdboden wachsen, bis er wieder auf verwertbares Holz stößt.

Vorsicht giftig!

Bitter schmeckend und daher ungenießbar ist der Sparrige Schüppling (S. 170), der schon alleine durch den schuppigen Stiel klar zu unterscheiden ist! Er ist allerdings nicht giftig, verursacht aber Verdauungsstörungen.

Honiggelber Hallimasch (🍴)

Armillaria mellea (Ritterlingsartige)
Hut 5–10 cm Juli–November

Bisweilen wird von einer Unverträglichkeit des Hallimasch berichtet. Verantwortlich dafür ist meistens – oder sogar immer – der Honiggelbe Hallimasch. Wer ihn essen will, sollte erst an einer kleinen Menge die persönliche Verträglichkeit testen. Wie bei allen Hallimasch-Arten ist ausreichendes Erhitzen unverzichtbar!

Der Ring des Honiggelben Hallimasch ist gelb berandet und sitzt auffallend weit oben (li.), während der des Dunklen Hallimasch braun berandet ist und etwas tiefer sitzt (re.).

Hut gelbbräunlich bis olivgelb, in der Mitte fein gekörnt

Ring häutig, gelb berandet

Vorkommen *in Wäldern jeder Art, in Parks, Gärten und Obstwiesen, auf Laubholz-Stümpfen oder am Fuße stehender Laubbäume.*

> ***Wuchs dicht büschelig***
> ***Sporenpulver cremeweiß***
> ***Verbreitung in ganz Europa gemein***

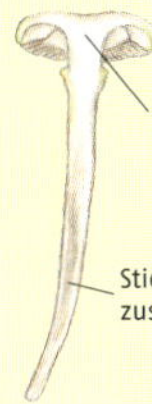

Fleisch blass cremefarben

Stiel dünn, lang zuspitzend

Ohrförmiger Weissseitling ☠

Phyllotus porrigens (Ritterlingsartige)
Hut 3–7 cm August–Oktober

Bisher galt dieser Seitling als essbar oder wenigstens unschädlich. Inzwischen wurde jedoch in Japan festgestellt, dass er stark giftig wirken kann. Die genauen Umstände sind noch nicht erforscht, Vergiftungen traten bisher nur bei Personen mit bereits vorher vorhandenen Nierenproblemen auf. Bis zur endgültigen Klärung muss dieser Pilz jedoch als Giftpilz angesehen werden.

Auf liegenden Buchenstämmen in eher wärmebegünstigten Laubwäldern findet man selten den ebenfalls reinweißen Lungen-Seitling *(P. pulmonarius)*.

Hut weiß, muschelförmig

Vorkommen *luftfeuchte Bergfichtenwälder, in Nordeuropa auch in tieferen Lagen, stets auf stark morschem Nadelholz.*

> ***Wuchs gesellig bis büschelig***
> ***Sporenpulver cremeweiß***
> ***Verbreitung in Südeuropa selten, sonst zerstreut***

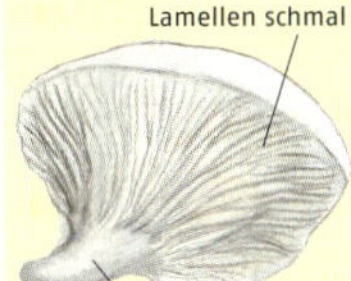

Lamellen schmal

Stiel kurz, rudimentär oder fehlend

Kaffeebrauner Gabeltrichterling

Pseudoclitocybe cyathiformis (Ritterlingsartige)
Hut 4–10 cm September–November

Vorkommen *in Laubwäldern verschiedenster Ausprägung, auf nährstoffreicheren Böden, nur selten im Nadelwald.*

- **Geruch schwach, pilzartig**
- **Sporenpulver weiß**
- **Verbreitung in Europa verbreitet**

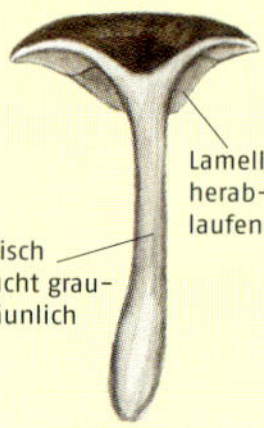

Der Name Gabeltrichterling kommt nicht etwa daher, dass dieser Pilz besonders für die Küche geeignet wäre, sondern weil die Lamellen hie und da Gabelungen aufweisen. Er ist übrigens tatsächlich essbar, doch muss man sich vor Verwechslungen mit ähnlich aussehenden echten Trichterlingen hüten.

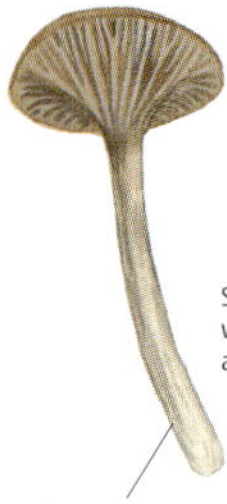

Neben der späten Erscheinungszeit und dem langen Stiel im Verhältnis zum Hut, sind vor allem die Gabelungen in den Lamellen ein gutes Erkennungszeichen.

Riesen-Krempentrichterling

Leucopaxillus giganteus (Ritterlingsartige)
Hut 15–30 cm August–November

Vorkommen *auf Lichtungen, an Waldrändern in Aufforstungen und (Obst-)Wiesen, selten im Waldesinneren, meist auf nährstoffreicheren Böden.*

- **Geruch schwach bittermandelartig**
- **Sporenpulver weißlich**
- **Verbreitung in Europa verbreitet**

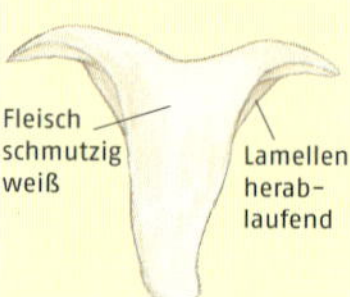

Diese Art wächst gewöhnlich in Hexenringen, die gewaltige Ausmaße annehmen können: Durchmesser von 30-40 Metern sind keine Seltenheit. Die Fruchtkörper selbst wachsen dabei in einer bis 1 Meter breiten Zone, in der sämtliches Gras abstirbt, während die Ränder dieser Zone durch besonders üppig wachsende, sattgrüne Vegetation auffallen.

Andere Krempentrichterlinge sind kleiner, oft bitter und daher ungenießbar. Besonders der seltene Bittere Krempentrichterling *(L. gentianeus)*.

Doppelring-Trichterling, Wurzelmöhrling

Catathelasma imperiale (Ritterlingsartige)

Hut 10–20 cm   August–Oktober

Vorkommen *in lichten Kiefernwäldern und im Bergnadelwald, unter Fichten und Kiefern, stets auf Kalkböden.*

Auffallend ist, dass dieser Pilz tief in den Boden eingesenkt wächst, sodass der Hutrand meist direkt dem Erdboden aufliegt und man ihn geradezu ausgraben muss. Aufgrund seines sehr festen Fleisches wurde er früher zum Einlegen in Essig verwendet, doch sagt der stark gurkenähnliche Geschmack vielen Leuten nicht zu. Inzwischen ist er so selten geworden, dass er gar nicht gesammelt werden soll.

- > ***Geruch stark gurkenartig***
- > ***Fleisch weiß, sehr hart***
- > ***Sporenpulver weißlich***
- > ***Verbreitung in ganz Europa selten, im Alpenraum zerstreut***

Die jungen Lamellen sind von der häutigen Membran verdeckt, die nach dem Abreißen den oberen Ring bildet.

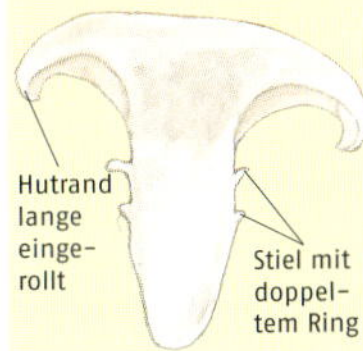

Frühlings-Weichritterling

Melanoleuca cognata (Ritterlingsartige)

Hut 6–15 cm   Mai–Juni (November)

Vorkommen *an Wegrändern, an Häckselplätzen oder ruderalen Stellen in diversen Wäldern, eher auf sauren als auf basenreichen Böden.*

Sein Name deutet schon an, dass dieser Pilz einer der ersten größeren Blätterpilze im Jahr ist. Er kommt jedoch durchaus auch noch im Herbst vor, wenn auch deutlich seltener. Kennzeichnend sind die safran- und ockerfarbenen Lamellen, die in dieser Tönung bei keiner anderen Art der Gattung vorkommen. Er ist aber nicht besonders wohlschmeckend.

- > ***Geruch schwach***
- > ***Sporenpulver satt cremegelb***
- > ***Verbreitung in ganz Europa verbreitet***

Selten kommen auch sehr dunkle Fruchtkörper vor, die die Art nicht einfach erkennen lassen.

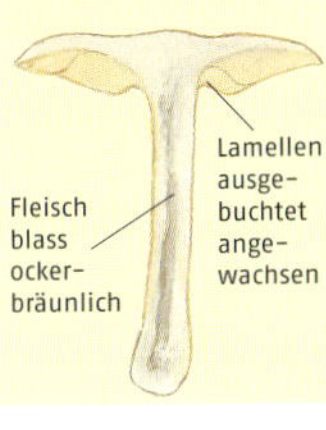

Gemeiner Weichritterling

Melanoleuca melaleuca (Ritterlingsartige)
Hut 6–15 cm Juli–Oktober

***Vorkommen** an Weg- und Waldrändern, an Häckselplätzen oder ruderalen Stellen in den verschiedensten Wäldern.*

> **Geruch schwach pilzartig**
> **Sporenpulver weißlich**
> **Verbreitung in ganz Europa häufig**

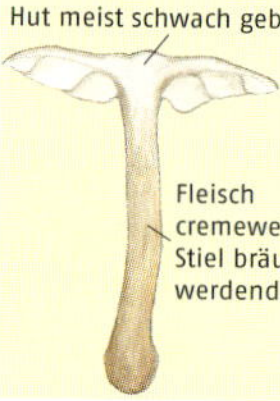

Die genaue Artbestimmung von Weichritterlingen ist, von wenigen Ausnahmen abgesehen, selbst Spezialisten kaum möglich. Dem praktischen Pilzsammler mag die Tatsache genügen, dass alle Weichritterlinge zwar essbar sind, jedoch geschmacklich keine guten Speisepilze abgeben.

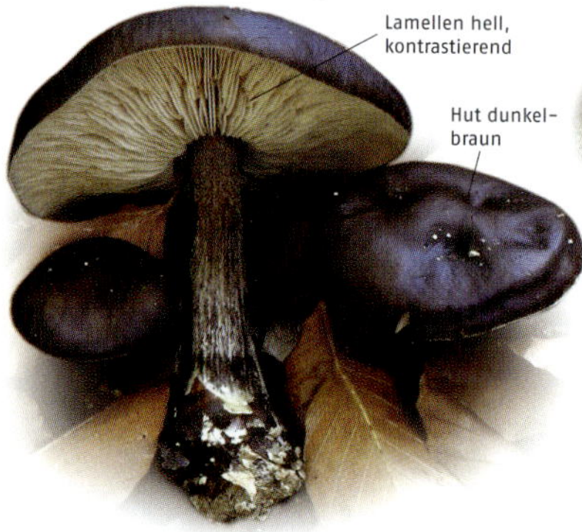

An grasigen Stellen wächst der kleinere Wegrand-Weichritterling *(M. stridula).*

Raustieliger Weichritterling

Melanoleuca verrucipes (Ritterlingsartige)
Hut 6–15 cm Juli–Oktober

***Vorkommen** an Häckselplätzen, auf Rindenmulch und alten Reisighaufen, gelegentlich auch auf Ablagerungen anderen pflanzlichen Materials.*

> **Geruch schwach pilzartig**
> **Sporenpulver weißlich**
> **Verbreitung in ganz Europa selten, nimmt aber zu**

Diese Art ist durch ihren schwärzlich grob beflockten Stiel sofort und eindeutig erkennbar. Daher konnte man ihre Entwicklung in den letzten 30 Jahren gut verfolgen. Der ehemals sehr seltene Pilz hat nämlich aufgrund des immer häufiger zu Verfügung stehenden Biotopangebots stark zugenommen. Dennoch ist er auch heute noch eher selten und Funde dieses schönen Weichritterlings ein besonderes Ereignis.

Der sehr seltene kleine Bereifte Weichritterling *(M. subpulverulenta)* ist an seiner kreidig weißen Farbe und Hutbereifung gut zu erkennen.

Brauner Büschel-Rasling

Lyophyllum decastes (Ritterlingsartige)

Hut 3–7 cm August–November

Der Braune Büschel-Rasling ist ein guter Speisepilz, der noch spät im Jahr vorkommt, beim Kochen relativ fest bleibt und meist in großen Mengen wächst. Nicht selten ziehen sich Büschel um Büschel Dutzende von Metern einen grasigen Wegrand entlang. Gelegentlich tritt er in Einzelexemplaren auch schon im Frühsommer auf.

Vorkommen *in verschiedenen Wäldern, auch auf Rindenmulch oder entlang von Wegen, Nährstoffzeiger.*

- ***Wuchs meist in großen Büscheln***
- ***Sporenpulver weiß***
- ***Verbreitung in ganz Europa häufig***

Vor allem junge Exemplare des giftigen Weißstieligen Rötlings *(Entoloma lividoalbum)* sind sehr ähnlich. Rötlinge haben jedoch fleischrosafarbenes Sporenpulver.

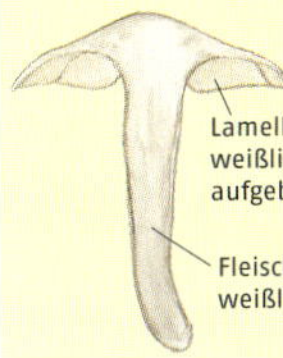

Weißer Büschel-Rasling

Lyophyllum connatum (Ritterlingsartige)

Hut 3–8 cm August–November

Früher galt die Art als essbar, doch hat man inzwischen herausgefunden, dass sie eine Substanz namens Lyophyllin enthält, die im Verdacht steht, Veränderungen im Erbgut auszulösen. Von giftigen Trichterlingen ist er selbst für Geübte oft nur schwer zu unterscheiden. Als Speisepilz kann er daher nicht mehr empfohlen werden.

Vorkommen *entlang von Wegen, Nährstoffzeiger.*

- ***Wuchs in großen Büscheln***
- ***Geruch nach Lerchensporn***
- ***Sporenpulver weiß***
- ***Verbreitung in ganz Europa häufig***

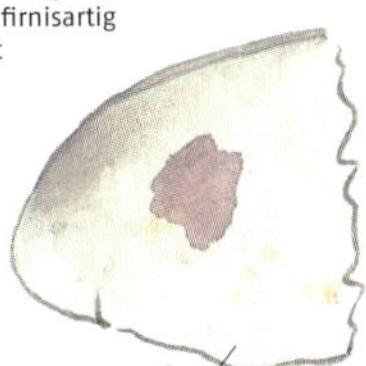

Mit Eisensulfat ($FeSO_4$) zeigt sich die für diese Art charakteristische violette Verfärbung.

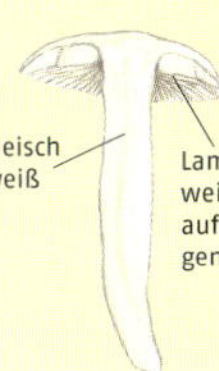

Kohlen-Graublatt

Lyophyllum anthracophilum (Ritterlingsartige)
Hut 2–4 cm Juni–Oktober

***Vorkommen** obligat auf etwa 6–24 Monaten alten Brandstellen.*

> ***Geruch mehlartig***
> ***Sporenpulver weiß***
> ***Verbreitung in ganz Europa häufig***

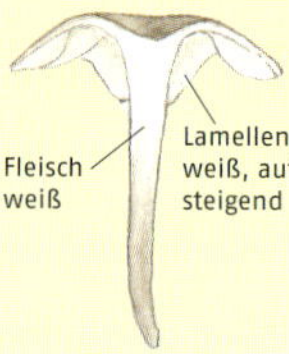

Brandstellen haben ihre ganz eigene Pilzflora. Diese Arten können den durch die Hitze sterilisierten Boden rasch besiedeln. Sie sind aber sehr konkurrenzschwach und nach ein oder zwei Jahren wieder verschwunden. Das Kohlen-Graublatt ist einer der häufigsten Brandstellenbewohner, er gilt nicht als Speisepilz.

Der Gemeine Kohlenbecherling *(Geopyxis carbonaria)* wächst sehr oft mit dem Kohlen-Graublatt vergesellschaftet.

Sumpf-Graublatt

Lyophyllum palustris (Ritterlingsartige)
Hut 1–3 cm Juni–Oktober

***Vorkommen** in Flach- und Hochmooren, an Torfmoos (Sphagnum) gebunden.*

> ***Geruch stark mehlartig***
> ***Sporenpulver weiß***
> ***Verbreitung in ganz Europa häufig***

Dieser unscheinbare kleine Pilz ist zwar für die Küche nicht geeignet, aber dafür aus ökologischer Sicht interessant. Er wächst nämlich ausschließlich im Polster der Torfmoose und zeigt dadurch relativ ungestörte Moorbildung an. Unter den vielen ähnlich aussehenden, kleinen braungrauen Arten ist das Sumpf-Graublatt durch den Standort und den starken Geruch eindeutig gekennzeichnet.

Sehr häufig findet man das Sumpf-Graublatt in Gesellschaft der Moosbeere *(Vaccinium oxycoccos).*

Olivgraues Graublatt

Lyophyllum inolens (Ritterlingsartige)
Hut 2–4 cm August–November

Diese kaum bekannte, aber gebietsweise häufige Art kann leicht mit dem essbaren Horngrauen Butter-Rübling verwechselt werden. Ob dies gesundheitliche Folgen hatte, ist nicht bekannt, denn über den Speisewert dieses Pilzes liegen keine Erkenntnisse vor. Man sollte daher sicherheitshalber auf den Genuss verzichten.

***Vorkommen** in Bergfichtenwäldern in der Nadelstreu, seltener in Buchenwäldern unter eingestreuten Fichten.*

> ***Geruch frisch etwas ranzig***
> ***Sporenpulver weiß***
> ***Verbreitung in Europa zerstreut***

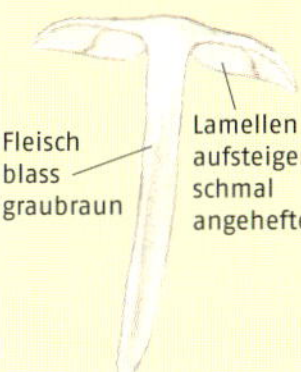

Horngrauer Butter-Rübling

Rhodocollybia butyracea var. asema (Ritterlingsartige)
Hut 2–5 cm August–November

Sein Name rührt von der eigentümlich glänzenden Hutoberfläche her, die tatsächlich aussieht, als sei sie mit Butter eingefettet worden. Der Butter-Rübling ist aber nur ein mittelmäßiger Speisepilz. Da er oft in Massen vorkommt, wird er durchaus gesammelt, wobei die knorpelig-zähen Stiele nicht verwendet werden sollten.

***Vorkommen** in streureichen Nadel-, selten Laubwäldern verschiedenster Art, vor allem auf sauren Böden.*

> ***Stielrinde härter als Stielfleisch***
> ***Sporenpulver cremerosa***
> ***Verbreitung in ganz Europa häufig***

Der Kastanienbraune Butterrübling *(R. butyracea var. butyracea)* unterscheidet sich nur durch die warm rotbraune Hutfarbe. Er bevorzugt neutrale bis basische Böden.

Gefleckter Rübling

Rhodocollybia maculata (Ritterlingsartige)

Hut 3–7(12) cm   August–November

***Vorkommen** vor allem in Nadelwäldern auf zumindest oberflächig versauerten Böden, selten im Laubwald.*

- > ***Geruch nach frisch gesägtem Holz***
- > ***Geschmack sehr bitter***
- > ***Sporenpulver cremerosa***
- > ***Verbreitung in ganz Europa häufig***

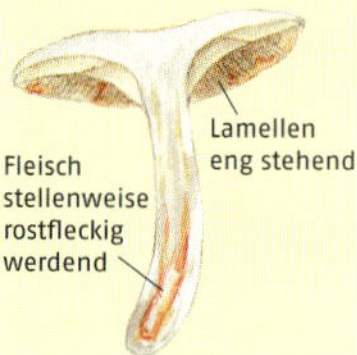

Butter-Rübling, Gefleckter und Gedrehter Rübling bilden eine Gruppe, die sich von den restlichen Rüblingen durch ihre Ernährungsweise unterscheidet: Sie bilden eine Wurzelsymbiose mit Bäumen („Mykorrhiza"), während die übrigen Rüblingsarten totes Material zersetzen. Die Mitglieder dieser kleinen Gruppe haben cremerosa Sporenpulver und es fällt auch auf, dass bei allen Arten dieser kleinen Gruppe die Lamellenschneiden deutlich gesägt sind.

Während die anderen Rüblinge nur selten einen in sich gedrehten Stiel haben, ist dies ein Bestimmungsmerkmal des Drehstieligen Rüblings *(R. prolixa)*.

Spindeliger Rübling

Collybia fusipes (Ritterlingsartige)

Hut 3–6(8) cm   Juli–Oktober

***Vorkommen** in Eichenwäldern, Parks oder anderen Baumbeständen mit Eichen, etwas wärmeliebend.*

- > ***Stielfleisch sehr zäh***
- > ***Geschmack leicht bitter***
- > ***Sporenpulver weiß***
- > ***Verbreitung in ganz Europa häufig, nordwärts ab Mittelschweden fehlend***

Der Spindelige Rübling hat ein sehr zähes Fleisch, das sich nur langsam zersetzt und so kann man die Fruchtkörper – oft über Wochen – bis in den Winter hinein an ihrem Standort beobachten. Die Vorkommensweise, dichtbüschelig am Fuße von alten Eichen, ist ein gutes Kennzeichen dieser Art.

Da der Spindelige Rübling meist auf den unterirdisch verlaufenden Hauptwurzeln seines Wirtsbaumes sitzt, hält man ihn oft für einen bodenbewohnenden Pilz

Waldfreund-Rübling

Gymnopus dryophilus (Ritterlingsartige)
Hut 3–7 cm (Mai)Juni–Oktober

Über den Speisewert des Waldfreund-Rüblings gibt es unterschiedliche Meinungen. Während manche vom Genuss völlig abraten, halten ihn andere für uneingeschränkt essbar. Vermutlich ist hierfür die individuelle Verträglichkeit verantwortlich und man sollte diesen Pilz daher nur in kleineren Mengen mit anderen Arten mischen.

***Vorkommen** in der Laub- oder Nadelstreu in verschiedenen Wäldern, auch auf Rindenmulch oder entlang von Wegen, Nährstoffzeiger.*

Schon gewusst?
Zum Verwechseln ähnlich ist der nur im Laubwald wachsende Striegelige Rübling (G. hariolorum), der durch den Stielfilz und vor allem den widerlichen Geruch nach faulem Kohl gut zu erkennen ist.

- ***Fleisch wässrig-bräunlich, dünn***
- ***Sporenpulver weiß***
- ***Verbreitung in ganz Europa gemein***

Knopfstieliger Rübling

Gymnopus confluens (Ritterlingsartige)
Hut 3–6 cm Juli–Oktober

***Vorkommen** in der Laub- oder Nadelstreu in verschiedenen Wäldern, auch auf Rindenmulch oder entlang von Wegen, Nährstoffzeiger.*

> ***Fleisch wässrig-bräunlich, mild***
> ***Sporenpulver weiß***
> ***Verbreitung in Europa gemein***

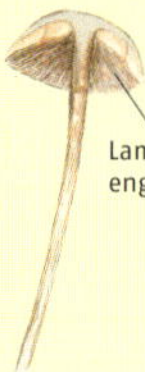

Dieser Pilz wächst büschelig, wobei mehrere Fruchtkörper miteinander verwachsen. Meist stehen die Büschel in Reihen oder vollständigen Kreisen, sodass an einem Standort mitunter sehr viele, sogar Hunderte von Fruchtkörpern vorkommen.

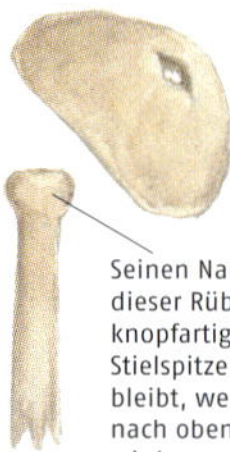

Brennender Rübling

Gymnopus peronatus (Ritterlingsartige)
Hut 4–8 cm Juli–Oktober

***Vorkommen** im Falllaub, seltener in der Nadelstreu, in Wäldern verschiedenster Art, vorzugsweise auf sauren Böden.*

> ***Sporenpulver weiß***
> ***Fleisch brennend scharf***
> ***Verbreitung in Europa häufig***

Untypische Exemplare verraten sich durch den scharfen Geschmack des rohen Pilzes, der sich allerdings erst nach etwa einer halben Minute Kauens bemerkbar macht. Schluckt man das Probestückchen versehentlich, wird man einige Minuten lang ein sehr unangenehmes Kratzen im Rachen spüren, das erst nach und nach wieder verschwindet.

Stinkkohl-Rübling

Gymnopus brassicolens (Ritterlingsartige)

Hut 1–3 cm April–Juni

Die Vielfalt der Gerüche in der Pilzwelt ist faszinierend. Bei den Rüblingen gibt es Arten, die sich durch ihren ekligen Geruch nach verfaulendem Kohl auszeichnen. Erstaunlicherweise schmeckt ein kleines roh gekautes Stückchen dieses Pilzes nicht nur nach rohem Kohl, sondern kann sogar wie dieser Magendrücken und Blähungen hervorrufen.

Vorkommen *in Laubwäldern auf Lehmboden im Falllaub und auf Holzstückchen, selten in der Nadelstreu, auf Kalkböden.*

Der dunkelste europäische Rübling ist der Purpurbraune Rübling *(G. fuscopurpureus)* mit feucht schwärzlich purpur- bis rotbraunem Hut. Diese dunkle Pigmentierung reagiert grün mit Laugen.

> ***Geruch nach faulendem Kohl***
> ***Sporenpulver weiß***
> ***Verbreitung in Europa örtlich zerstreut***

Hut fleischbräunlich, hygrophan

Lamellen weißlich, entfernt stehend

Stiel schwarz, fein bereift

Violettlicher Schwindling

Marasmius wynnei (Ritterlingsartige)

Hut 2–5 cm August bis November

Durch die zart violette Hutfärbung und den bunten, sehr zähen Stiel ist die Art gut erkennbar. Leider blasst die violettgraue Farbe schnell aus, und die Hüte sind dann beigegrau oder lederfarben, was die Art dann eher schlecht erkennen lässt.

Vorkommen *in Laubwäldern, auf humusreichen, lehmigen Böden, meist im tiefen Falllaub.*

An denselben Standorten kommt ebenfalls häufig der kleinere Hornstiel-Schwindling *(M. cohaerens)* vor.

> ***Wuchs büschelig***
> ***Sporenpulver weiß***
> ***Verbreitung in Europa zerstreut bis häufig***

Hut violettgrau, gerieft

Lamellen weißlich, sehr entfernt stehend

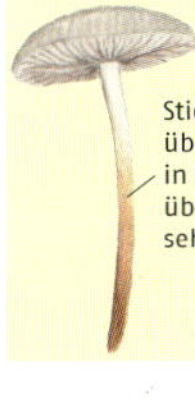

Stiel oben weiß, über Rostgelb in Rotbraun übergehend, sehr zäh

Nelken-Schwindling

Marasmius oreades (Ritterlingsartige)

Hut 2–5 cm August bis November

***Vorkommen** in mäßig gedüngten Wiesen und extensiv bewirtschafteten Weiden, stets in Ringen.*

- > **Geruch leicht nach Blausäure**
- > **Sporenpulver weiß**
- > **Verbreitung in Europa zerstreut bis häufig**
- > **Doppelgänger Feld-Trichterling**

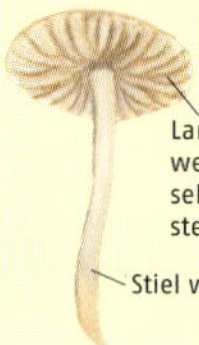

Der Name Schwindling kommt daher, dass diese Pilze bei Trockenheit einschrumpfen („schwinden"), um beim nächsten Regen wieder aufzuleben. Das kann mehrmals geschehen, ohne dass die Schwindlinge Schaden nehmen. Der Nelken-Schwindling ist außerdem ein beliebter Speisepilz, der sich vor allem für Suppen eignet. Ihn sammelt man am besten, indem man schon am Standort mit einer Schere oder einem Messer nur den Hut abschneidet, die Stiele sind zu zäh.

Der Nelken-Schwindling wächst meist in großen Kreisen, den Hexenringen, deren Alter sich durch die jährliche Größenzunahme errechnen lässt. Manche sind demnach einige Hundert Jahre alt.

Vorsicht giftig!

Der stark giftige Feld-Trichterling (Clitocybe agrestis) kommt auch auf Wiesen vor. Man erkennt ihn an den dichter stehenden Lamellen, dem brüchigen Stiel und etwas glasiert-bereifter Hutoberfläche (S. 56).

Saitenstieliger Knoblauch-Schwindling

Marasmius alliaceus (Ritterlingsartige)

Hut 1–3 cm   Juli bis Oktober

Vorkommen *in Laubwäldern, auf humosen, lehmigen Böden, liegenden nicht zu dicken Buchenästen aufsitzend.*

- > ***Geruch stark knoblauchartig***
- > ***Sporenpulver weiß***
- > ***Verbreitung in Europa häufig, in Südeuropa seltener***

Zwar riecht dieser Pilz mindestens so stark knoblauchartig wie sein begehrter kleiner Bruder (s.u.), doch schmeckt er eher unangenehm und eignet sich nicht für die Küche. Es riecht übrigens nicht nur der Fruchtkörper so durchdringend, sondern auch sein Myzel im Holz.

Der Scharfe Knoblauch-Schwindling *(M. querceus)* wächst auf Eichenblättern. Er ist auch ungenießbar.

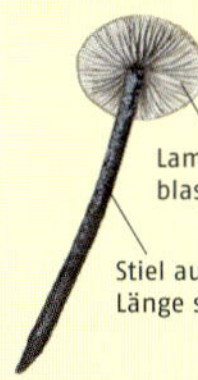

Echter Knoblauch-Schwindling

Marasmius scorodonius (Ritterlingsartige)

Hut 1–2 cm   Juli bis Oktober

Vorkommen *in Nadelwäldern, in der Nadelstreu, vorzugsweise auf etwas sauren Böden.*

- > ***Geruch stark knoblauchartig***
- > ***Sporenpulver weiß***
- > ***Verbreitung in Europa zerstreut***

Wer denkt, dass sich bei so einem kleinen Pilz das Sammeln nicht lohnt – der irrt! Durch den sehr intensiven Knoblauchgeschmack benötigt man zum Würzen nur wenige Hüte. In Frankreich ist der dort Mousseron genannte Pilz sehr gesucht und wird getrocknet grammweise für mehrere Euro verkauft. Er ist also fast so teuer wie die berühmten schwarzen Trüffel!

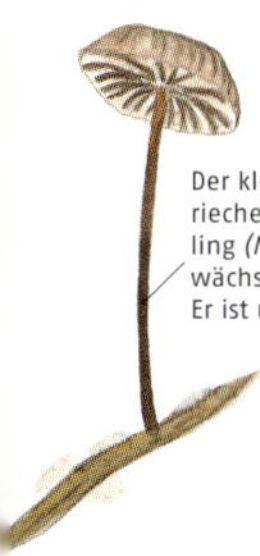

Der kleinere, nach faulem Kohl riechende Nadel-Zwergschwindling *(Micromphale perforans)* wächst einzeln auf Nadeln. Er ist ungenießbar.

Halsband-Schwindling

Marasmius rotula (Ritterlingsartige)

Hut 0,5–1 cm Mai bis Oktober

***Vorkommen** biotopunabhängig auf totem Holz, bevorzugt Laubholz.*

> ***Geruch unauffällig***
> ***Sporenpulver weiß***
> ***Verbreitung in Europa häufig***

Die Hüte dieses Pilzes sehen wie kleine Fallschirme aus. Verstärkt wird dieser Eindruck durch die sehr entfernt stehenden Lamellen, die vor dem Stiel enden und untereinander wie zu einem Halsband verbunden sind. Ein derartiges Kollar besitzen unter allen Blätterpilzen nur wenige Schwindlingsarten.

Der Rosshaar-Schwindling (M. androsaceus) wächst ebenfalls auf kleinen Holzstückchen, hat aber enger stehende Lamellen. Er bildet oft fädige Scheinstiele aus, die wie Rosshaar aussehen.

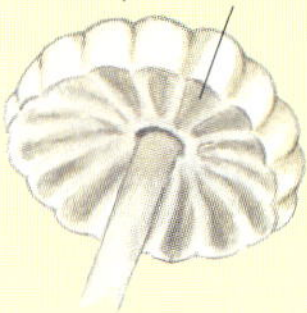

Herber Zwergknäueling

Panellus stypticus (Ritterlingsartige)

Hut 1–3 cm Mai–November

***Vorkommen** biotopunabhängig auf totem Laubholz, vor allem Eichenstümpfen.*

> ***Geschmack leicht bitter, zusammenziehend***
> ***Sporenpulver weiß***
> ***Verbreitung in ganz Europa häufig***

In vielen Kulturen des Herben Zwergknäuelings kann man beobachten, das die Lamellenschicht stark fluoresziert, so wie dies auch beim Ölbaumtrichterling (S. 45) der Fall ist. In freier Natur hat man das allerdings noch nie beobachtet und auch nicht alle Kulturstämme scheinen diese Fähigkeit zu entwickeln.

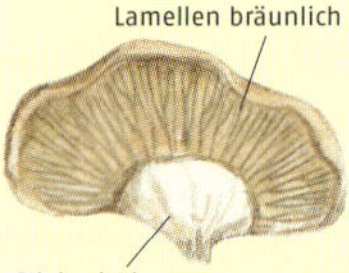

Es gibt noch weitere kleine Arten mit muschelförmigen, fast ungestielten Fruchtkörpern. Eine der häufigeren ist der nur 0,5 cm messende Liliputseitling *(Resupinatus trichotis)*, der aufgrund seiner geringen Größe meist übersehen wird.

Gelbstieliger Muschelseitling ☠

Sarcomyxa serotina (Ritterlingsartige)
Hut 2–6 cm Oktober–Februar(März)

Der Gelbstielige Muschelseitling wird oft mit dem wohlschmeckenden Austern-Seitling verwechselt, zumal er ebenfalls im Winterhalbjahr wächst. Zwar ist er nur leicht bitter und gilt als ungiftig, doch enthält er nach neueren Erkenntnissen viele Inhaltsstoffe, die nicht nur ungesund, sondern teilweise sogar krebserregend sind. Er sollte besser als Giftpilz eingestuft werden.

Hut flaschengrün bis graubräunlich, muschelförmig

Seitlich am Holz angewachsen

Der kurze, gelbe und samtige Stiel ist ein eindeutiges Kennzeichen, um ihn nicht mit dem Austernseitling (S. 105) zu verwechseln.

Vorkommen *biotopunabhängig auf totem liegendem Buchenholz, meist an dicken Ästen oder Stämmen, selten an anderem Laubholz.*

> ***Geschmack leicht bitter, zusammenziehend***
> ***Sporenpulver weiß***
> ***Verbreitung in ganz Europa häufig***

Buchen-Schleimrübling

Oudemansiella mucida (Ritterlingsartige)
Hut 3–8 cm August–Dezember

Unwillkürlich fühlt man sich in eine Märchenwelt versetzt, wenn man in einer dunklen Bachschlucht auf einen dicht mit glänzend weißen Buchen-Schleimrüblingen besetzten, liegenden Buchenstamm stößt. Hält man einen Pilz gegen das Licht, wird man feststellen, dass direkt über den Lamellen die dünne Huthaut liegt und der Pilz daher durchscheinend ist.

Das Fleisch dieser Art ist so dünn, dass der Hut fast durchsichtig wirkt.

Hut weiß bis elfenbeinfarben, stark schleimig

Wuchs in kleinen Büscheln

Vorkommen *in luftfeuchten Laubwäldern, oft in eingeschnittenen Bachtälern, auf dickem liegendem Buchenholz.*

> ***ganzer Fruchtkörper extrem schleimig***
> ***Sporenpulver weiß***
> ***Verbreitung in Mitteleuropa häufig, im Süden und Norden seltener***

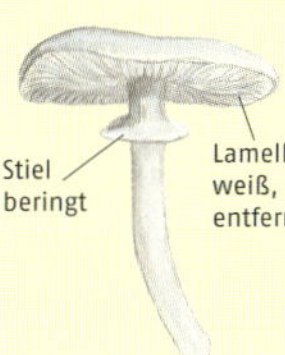

Breitblättriger Holzrübling (🍴)

Megacollybia platyphylla (Ritterlingsartige)

Hut 5–12 cm April–November

***Vorkommen** in Wäldern aller Art, auf und neben sehr morschem Laub- und Nadelholz, oft scheinbar aus der Erde wachsend.*

- > ***Geruch schwach rettichartig oder erdig***
- > ***Sporenpulver weiß***
- > ***Verbreitung in ganz Europa häufig***

Wenn gar nichts mehr im Wald wächst, dann findet man wenigstens noch ein paar Holzrüblinge. Daher nehmen ihn Sammler gerne als Mischpilz. Auch alleine sollen junge Pilze gar nicht so schlecht schmecken. Allerdings wurde gelegentlich schon der Verdacht geäußert, er würde in seltenen Fällen Beschwerden verursachen. Doch sind hierzu keine konkreten Fälle bekannt geworden. Wenige Exemplare in einem Mischgericht sind harmlos.

Schon gewusst?

Die Fruchtkörper wachsen meist nicht direkt am Holz, sondern sind über ihre starken langen Myzelstränge (über 30 cm und mehr) mit dem Holz verbunden.

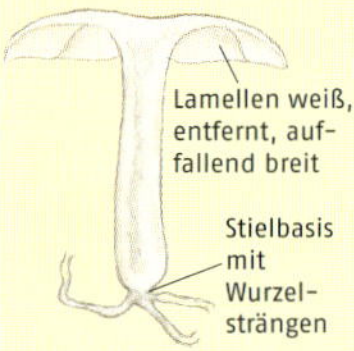

Vor allem in Berglagen wächst dicht büschelig der seltene Fransige Faserrübling *(Clitocybula lacerata)* auf Nadelholz.

Wurzelnder Schleimrübling

Xerula radicata (Ritterlingsartige)

Hut 3–10 cm Juni–November

Auffallend an dieser Art ist ihre lange Wurzel. Man kann etwa davon ausgehen, dass die Wurzel in morschem Substrat mindestens so lang wie der oberirdische Teil des Stieles sein kann. Da dieser nicht selten 20 cm und mehr beträgt, kann man bei großen Exemplaren mit einer Gesamtlänge von einem halben Meter rechnen. Damit ist er einer der größten einheimischen Pilz, wenn auch sicherlich nicht der schwerste.

Der kurze, gelbe, samtige Stiel ist ein eindeutiges Kennzeichen um ihn nicht mit dem Austernseitling (S. 105) verwechseln zu können.

***Vorkommen** in Wäldern aller Art, an morschen Baumstümpfen oder scheinbar auf dem Erdboden an vergrabenem Holz.*

> ***Geschmack leicht bitter, zusammenziehend***
> ***Sporenpulver weiß***
> ***Verbreitung in ganz Europa häufig***

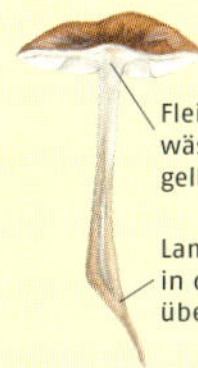

Buchenwald-Wasserfuß

Hydropus subalpinus (Ritterlingsartige)

Hut 2–6 cm April–Juni

Auf den ersten Blick könnte man den Messing-Wasserfuß für einen kleinen Schleimrübling (S. 96) halten, beim zweiten für einen Dachpilz. Von ersterem unterscheidet ihn der trockene Hut, vom zweiten das weiße Sporenpulver. Übrigens heißen Wasserfüße so, weil ihr Stiel beim Drücken eine farblose Flüssigkeit abgibt.

Während es in Europa nur rund 10 Wasserfußarten gibt, sind aus den Tropen und Subtropen etwa 140 bekannt! Hin und wieder kann man eine davon in einem Gewächshaus antreffen, so wie diese aus einer Orchideen-Hängeampel wachsende südamerikanische Art.

***Vorkommen** in Buchenwäldern aller Art, auf am Boden liegenden oder vergrabenen, nicht zu dicken Buchenästen.*

> ***Stiel zerbrechlich***
> ***Sporenpulver weiß***
> ***Verbreitung in Mitteleuropa verbreitet, im Norden und Süden seltener***

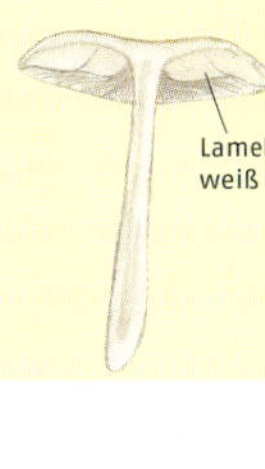

Vorkommen *in Fichtenwäldern und Mischwäldern mit Fichten, stets auf älteren Fichtenzapfen.*

> ***Stiel biegsam***
> ***Sporenpulver weiß***
> ***Verbreitung in ganz Europa verbreitet***
> ***Doppelgänger-Fichtenzapfen-Helmling***

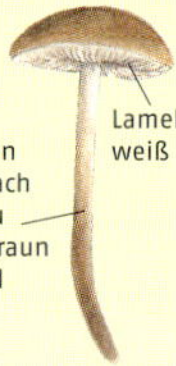

Fichten-Zapfenrübling, Nagelschwamm

Strobilurus esculentus (Ritterlingsartige)

Hut 1–3 cm   Dezember–April

Geschmacklich ist dieser kleine Pilz ein echte Bereicherung für die Küche, zumal er in einer Zeit wächst, in der es sonst kaum Pilze gibt. Es ist zwar mühsam, die kleinen Hütchen in ausreichender Menge zu sammeln, doch er kommt in der Regel in großer Zahl vor. Außerdem winkt ja ein leckeres Nagelschwamm-Omelett als Lohn für die Mühe.

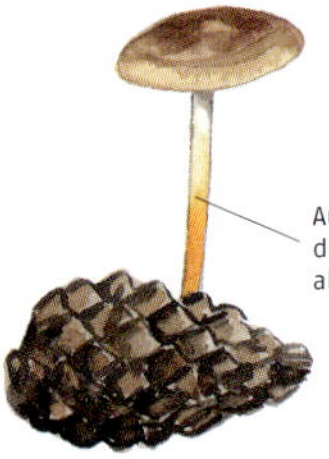

Auch auf Kiefernzapfen wachsen Nagelschwämme, von denen der Bittere Kiefern-Zapfenrübling *(S. tenacellus)*, aber bitter schmeckt und nicht für den Verzehr geeignet ist.

Vorsicht giftig!

Äußerst ähnlich ist der Fichtenzapfen-Helmling (Mycena strobilicola), erkennbar am Geruch nach Chlor und dem zerbrechlichen, weißen Stiel. Es ist nicht bekannt, ob diese Art essbar oder giftig ist.

Mäuseschwanz-Rübling

Baeospora myosurus (Ritterlingsartige)
Hut 1–3 cm Juni–Oktober

Seinen Namen verdankt dieser Pilz seinem Stiel, der an der Wurzel haarig ist und dadurch tatsächlich einem Mäuseschwanz sehr ähnlich sieht. Meist wächst er so auf den Fichtenzapfen, dass dieses Stielende auf der Unterseite des Zapfens herausschaut. Über seinen genauen Speisewert gibt es keine Erfahrungen, vermutlich ist er unschädlich.

Recht selten ist das im Winter wachsende Tausendblatt *(B. myriadophylla)*, das durch seine schönen violettrosa Lamellen auffällt.

Vorkommen *in Wäldern aller Art, auf am Boden liegenden oder vergrabenen Fichtenzapfen.*

> ***Geschmack mild***
> ***Sporenpulver weiß***
> ***Verbreitung in Mitteleuropa verbreitet, im Norden und Süden seltener***

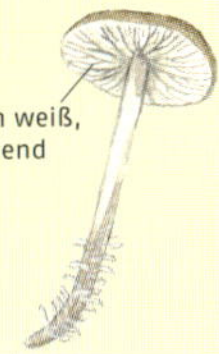

Gipsweißer Scheinhelmling

Hemimycena cucullata (Ritterlingsartige)
Hut 1–2 cm Juli–Oktober

Bei allen Scheinhelmlingen handelt es sich um kleine, vollständig weiß gefärbte Pilze, die nur selten eine Hutgröße von 3 cm erreichen. Über ihren Speisewert ist aufgrund ihrer geringen Größe nichts bekannt.

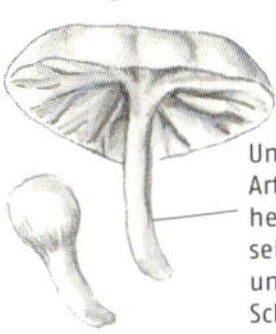

Unter den vielen gleichfalls weißen Arten fällt der Genabelte Schleierhelmling *(Delicatula integrella)* durch seine wenigen, adrigen Lamellen und den bei jungen Pilzen sichtbaren Schleier auf.

Vorkommen *in Wäldern aller Art, in der Laub- oder Nadelstreu, meist sehr gesellig.*

> ***Geschmack mild***
> ***Sporenpulver weiß***
> ***Verbreitung in Europa verbreitet***

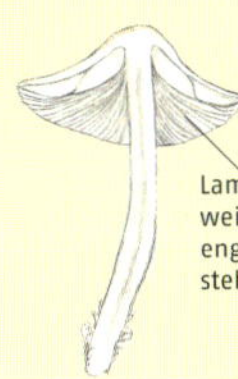

Violetter Rettich-Helmling

Mycena pura (Ritterlingsartige)

Hut 1–3 cm Juni–November

***Vorkommen** in allen möglichen Waldtypen, oft in der Nadelstreu, jedoch auch im Laubwald.*

- > ***Geruch stark rettichartig***
- > ***Sporenpulver weiß***
- > ***Verbreitung in ganz Europa verbreitet***

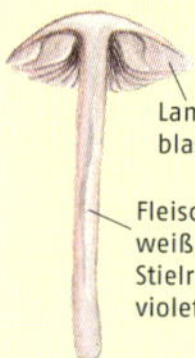

Innerhalb der großen Gattung Helmlinge sind in der Gruppe der Rettich-Helmlinge die einzigen bekannten Giftpilze. Allerdings ist von den meisten übrigen Arten nicht bekannt, ob sie essbar oder giftig sind, denn sie sind meist viel zu klein, um gesammelt zu werden. Der Violette Rettich-Helmling ist in der Hutfarbe äußerst variabel: Es gibt ihn auch in stahlblau, ocker, weiß sowie in Mischungsfärbungen.

Ein weiterer Rettich-Helmling lässt sich an den schwarzen Lamellenschneiden gut erkennen, der Schwarzgezähnelte Rettich-Helmling *(M. pelianthina)*

Vorsicht giftig!

Im Gegensatz zum Violetten Rettich-Helmling (re.) ist der Rosa Rettich-Helmling (M. rosea, li.) viel stärker giftig und enthält Muskarin. Größere Mengen können beträchtliche Sinnesstörungen hervorrufen.

Weißmilchender Helmling

Mycena galopus (Ritterlingsartige)
Hut 1–3 cm   Juni–November

Neben den wesentlich robusteren Milchlingen (S.206ff) haben nur noch die Helmlinge den typischen Milchsaft. Allerdings muss man sehr genau hinsehen, wenn man das kleine Tröpfchen weißer, orangefarbener oder roter Milch entdecken will. Hat man ihn aber erkannt, ist die Artbestimmung einfach, den jede Art hat eine eigene Milchfarbe.

Unverkennbar durch seine safranfarbene Milch ist der Orangemilchende Helmling *(M. crocata)*, ein typischer Pilz der nährstoffreichen Buchenwälder.

Vorkommen *in allen möglichen Waldtypen, oft in der Nadelstreu oder in Moospolstern, auch im Laubwald, selten auf Brandstellen.*

> ***Geruch schwach pilzartig***
> ***Sporenpulver weiß***
> ***Verbreitung in ganz Europa häufig***

Großer Blut-Helmling

Mycena haematopus (Ritterlingsartige)
Hut 2–4 cm   Juli–November

Der Name Blut-Helmling kommt von der bräunlichroten, blutähnlichen Flüssigkeit, die an verletzten Stellen austritt. Wenn man den Stiel durchbricht, ist dieses Merkmal besonders deutlich zu beobachten ist.

Ein weiteres typisches Merkmal ist der an eine Bordüre erinnernde, überhängende Hutrand.

Vorkommen *in allen Waldtypen mit genügend Luftfeuchte, stets auf am Boden liegendem Laubholz.*

> ***Geruch schwach pilzartig***
> ***Sporenpulver weiß***
> ***Verbreitung in ganz Europa häufig***

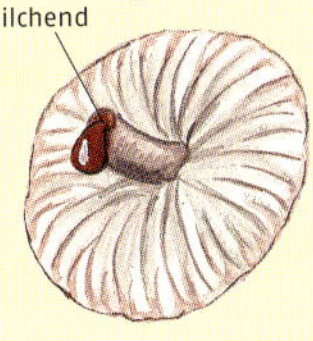

Dehnbarer Helmling

Mycena epipterygia (Ritterlingsartige)
Hut 1–3 cm Juli–November

***Vorkommen** in allen möglichen Waldtypen, vorzugsweise in Fichten- und Kiefernwäldern, oft auf morschem Holz.*

> ***Hutfarbe weiß, gelb, grau oder braun***
> ***Sporenpulver weiß***
> ***Verbreitung in ganz Europa häufig***

Als einziger Helmling mit gelbem und gleichzeitig schleimigem Stiel ist diese Art unverkennbar. Bei trockenem Wetter trocknet zwar auch der Stielschleim ein, aber mit einem angefeuchteten Finger kann man dessen Klebrigkeit wiederbeleben: Der ganze Pilz bleibt dann am Finger kleben.

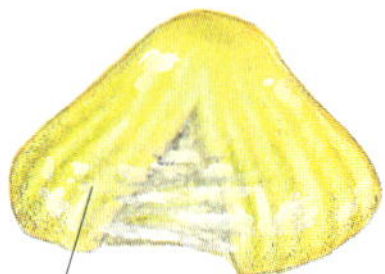
Die zähe und stark dehnbare oberste Hutschicht verlieh dem Pilz seinen Namen

Rosablättriger Helmling

Mycena galericulata (Ritterlingsartige)
Hut 2–5 cm Mai–November

***Vorkommen** in allen möglichen Waldtypen, vorzugsweise im Erlenbruch und im Eichen-Hainbuchenwald, stets auf morschem Laubholz.*

> ***Geruch und Geschmack oft etwas mehlartig***
> ***Sporenpulver weiß***
> ***Verbreitung in ganz Europa häufig***

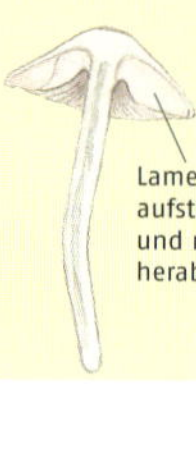

Im Alter bekommen die Lamellen dieser Art meist eine rosafarbene Tönung. Man kann ihn dann leicht für einen Rötling (S. 107ff) oder einen Dachpilz (S. 114ff) halten, deren Sporenpulver aber rosafarben ist. Der Rosablättrige Helmling weist jedoch trotz seiner Lamellentönung weißes Sporenpulver auf.

Ein gutes Trennmerkmal zu den vielen ähnlichen grauhütigen Helmlingen sind die queradrig verbundenen Lamellen.

Buntstieliger Helmling

Mycena inclinata (Ritterlingsartige)
Hut 1–3 cm   August–November

Unter den Helmlingen gibt es sowohl auf dem Boden wachsende, die Laub- oder Nadelstreu zersetzende Arten als auch Holzbewohner. Manche haben keine besonderen Ansprüche und bauen verschiedene Holzarten ab, andere wiederum haben sich auf eine einzige Baumart beschränkt, so wie dieser Helmling auf die Eiche.

Einheitlich unscheinbar grau ist der vor allem im Frühjahr vorkommende Voreilende Helmling (*M. abramsii*).

Schon gewusst?

Der Gelbstielige Nitrat-Helmling (M. renati) ist an seinem gelben Stiel und dem nitrösen Geruch erkennbar. Er wächst ausschließlich in luftfeuchten Buchenwäldern, besonders gerne in Bachschluchten.

***Vorkommen** vor allem in Eichen-Hainbuchenwäldern, stets auf Stümpfen von Eichen.*

- **Fleisch wässrig grau**
- **Geruch etwas mehlartig**
- **Verbreitung in ganz Europa mit Ausnahme des Nordens häufig**

Rotschneidiger Helmling

Mycena rubromarginata (Ritterlingsartige)
Hut 1–3 cm   Juli–November

Vorkommen *in bodensauren Nadelwäldern, stets auf Nadeln, Ästchen oder Holz von Nadelbäumen (meist Fichten).*

> ***Fleisch wässrig grau***
> ***Geruch unspezifisch, leicht pilzartig***
> ***Verbreitung in ganz Europa häufig***

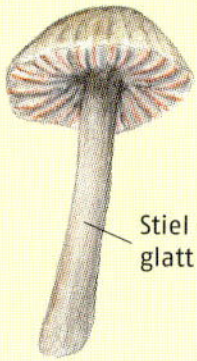

Gefärbte Lamellenschneiden sind ein wichtiges Merkmal um die einzelnen Helmlinge zu bestimmen. Es gibt rot-, purpur-, braun-, schwarz-, grün-, orange- und gelbschneidige Arten. Während es mit roten Schneiden mehrere Arten gibt, sind die anderen Farben eindeutig einer bestimmten Helmlingsart zuzuordnen.

Trotz seines Namens, hat der Grünschneidige Helmling (*M. viridimarginata*) nur gelegentlich grün überlaufene Lamellenschneiden. Dafür sind die olivgelbe Färbung und sein nitröser Geruch kennzeichnend.

Rosa Helmling

Mycena rosella (Ritterlingsartige)
Hut 0,5–1 cm   August–November

Vorkommen *in bodensauren Nadelwäldern, stets in der Nadelstreu, vor allem von Fichten.*

> ***Fleisch blassrosa***
> ***Wuchs sehr gesellig***
> ***Verbreitung in ganz Europa häufig***

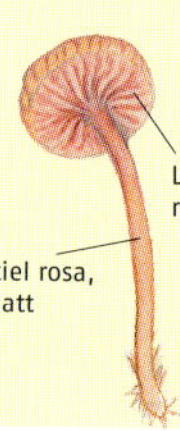

Sehr auffällig ist, dass der Rosa Helmling stets in großer Zahl vorkommt. Hunderte von Fruchtkörpern bilden an solchen Standorten einen rosa Teppich in der Nadelstreu. Diese Wuchsform gibt es zwar auch bei anderen Helmlingsarten, die jedoch allesamt anders gefärbt sind.

An denselben Standorten wächst der Orangeschneidige Helmling *(M. aurantirmarginata)*. Die leuchtend orangefarbenden Lamellenschneiden lassen ihn leicht erkennen.

Rostfleckiger Helmling ✗

Mycena zephirus (Ritterlingsartige)

Hut 1–3 cm   August–November

Wer im Spätherbst durch moosige Nadelwälder wandert, wird mit großer Wahrscheinlichkeit auch auf diesen Helmling aufmerksam werden, da er meist große Bestände bildet und so häufig die vorherrschende Pilzart ist.

Oft sind Helmlinge vom Helmlings-Schimmel (Spinellus fusiger) befallen

Vorkommen *in verschiedenen Nadel- und Mischwäldern, vor allem in der Fichtennadelstreu, eher auf saurem Boden.*

- ***Hut und Stiel mit der Zeit rostfleckig***
- ***Geruch schwach nach Rettich***
- ***Verbreitung in ganz Europa häufig***

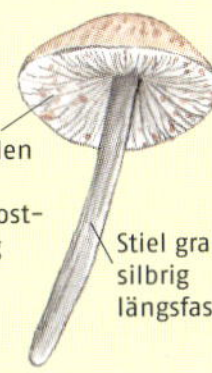

Geselliger Glöckchennabeling ✗

Xeromphalina campanella (Ritterlingsartige)

Hut 1–2 cm   Juni–November

Wie sein Name schon verrät, wächst dieser Pilz stets zu vielen Exemplaren dicht beisammen, jedoch nicht büschelig. Oft sind es Hunderte von Fruchtkörpern, die ganze Baumstümpfe bedecken können. Er ist auch bei Trockenheit häufig zu finden.

Der Bittere Glöckchennabeling *(X. fellea)*, ist lang gestielt, wächst in der Nadelstreu und ist am bitteren Geschmack zu unterscheiden.

Vorkommen *in Nadelwäldern, auf morschen Stümpfen in der Spätphase der Verrottung, vor allem auf Fichtenholz.*

- ***Wuchs sehr gesellig***
- ***Geschmack mild, aber etwas zusammenziehend***
- ***Verbreitung in ganz Europa häufig, vor allem in den höheren Lagen***

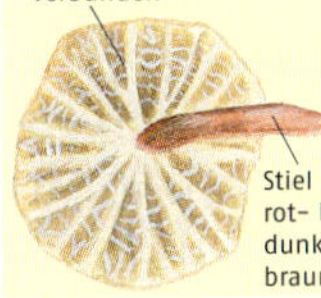

Gemeiner Samtfußrübling

Flammulina velutipes (Ritterlingsartige)
Hut 2–5 cm (September)November–März

***Vorkommen** in Auwäldern, entlang von Bächen, vor allem an Weiden oder auf liegenden Weidenästen, auch in feuchten Buchenwäldern.*

- ***Hutoberfläche feucht schleimig***
- ***Fleisch gelbweißlich, mild***
- ***Sporenpulver weiß***
- ***Verbreitung in Mittel- und Nordeuropa häufig, im Süden seltener***

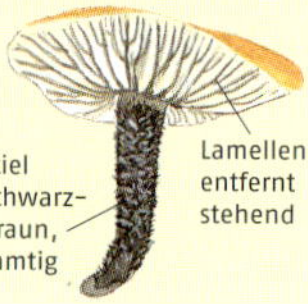

Der Samtfußrübling ist einer der wenigen Speisepilze des Winterhalbjahrs und daher bei Pilzsammlern sehr geschätzt. Selbst Frost kann ihm nichts anhaben, er stellt das Wachstum ein und wächst dann in der nächsten milden Periode weiter. Seine Merkmale und die ungewöhnliche Erscheinungszeit machen ihn nahezu unverwechselbar.

Hauptfundgebiet für Samtfußrüblinge sind Bachläufe mit altem Kopfweidenbestand.

Vorsicht giftig!

In milden Winterperioden können mitunter an denselben Standorten Gift-Häublinge auftreten (S. 204). Doch an dem silbrig überfaserten statt samtig-braunen Stiel sind sie deutlich zu unterscheiden.

Austern-Seitling

🍴

Pleurotus ostreatus (Ritterlingsartige)
Hut 3–8 cm (September)November–März

Der Austern-Seitling ist neben dem Samtfußrübling (S.104) der zweite, noch schmackhaftere Speisepilz des Winters. Sollte man auf der Suche nach diesen Pilzen sein, muss man allerdings den Blick vom Boden auf die Stämme geschädigter Bäume richten: sie wachsen dort meist in mehreren Metern Höhe.

Der Austernseitling lässt sich problemlos züchten und er ist heute nach dem Champignon der zweitwichtigste Marktpilz.

Vorkommen *vorwiegend in Buchenwäldern, an stehenden Buchen in Blitzrissen, auch an liegenden Buchenstämmen.*

- > ***Fleisch weiß, mild***
- > ***Sporenpulver weiß***
- > ***Verbreitung in Mittel- und Nordeuropa örtlich verbreitet, im Süden seltener***
- > ***Doppelgänger Gelbstielige Muschelseitling***

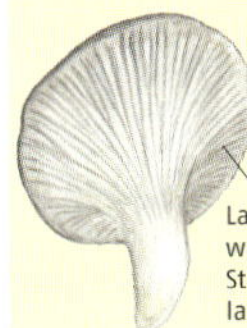

Vorsicht giftig!

Zur selben Zeit, aber nur an liegendem Holz kommt der bittere Gelbstielige Muschelseitling (S. 93) vor. Sein gelber Stiel ist ein gutes Unterscheidungsmerkmal.

Mehl-Räsling

Clitopilus prunulus (Rötlingsartige)

Hut 2–10 cm   Juli–November

***Vorkommen** in verschiedensten Laub- und Nadelwäldern, vor allem auf sauren Böden.*

> ***Geruch stark mehlartig***
> ***Sporenpulver fleischrosa***
> ***Verbreitung in ganz Europa häufig***
> ***Doppelgänger Bleiweißer Trichterling***

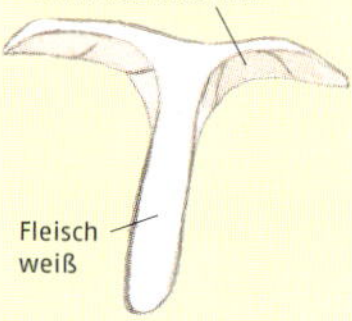

In Nadelwäldern teilt der Mehl-Räsling auffallend oft seinen Standort mit dem Steinpilz. Es braucht allerdings einige Erfahrung, um ihn sicher von giftigen Trichterlingen unterscheiden zu können. Dabei ist neben dem Mehlgeruch die rosafarbende Sporenpulverfarbe das entscheidende Merkmal.

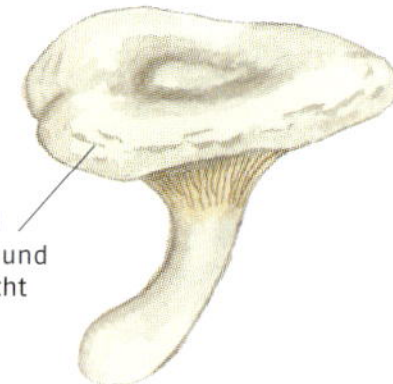

Der seltene Täuschende Tellerling *(Rhodocybe fallax)* unterscheidet sich durch den rinnig werdenden Hut und fehlenden Mehlgeruch. Sein bitterer Geschmack macht ihn ungenießbar

Vorsicht giftig!

Bleiweiße Trichterlinge (S. 57) sind vor allem im jungen Stadium täuschend ähnlich und nur der fehlende Mehlgeruch unterscheidet sie dann vom Mehl-Räsling.

Riesen-Rötling

Entoloma sinuatum (Rötlingsartige)
Hut 8–15(20) cm   Juli–Oktober

Diesen größten Vertreter der Rötlinge kann man leicht für einen Ritterling halten (S. 70ff), sofern man nicht auf die fleischrosa Farbe des Sporenpulvers achtet. Sein Genuss ruft aber sehr starke Magen-Darm-Beschwerden hervor, die bei empfindlichen Personen sogar zum Kreislaufkollaps führen können.

Junge Riesenrötlinge haben oft eine eigenartig lachsfarbene Lamellentönung

***Vorkommen** in verschiedenen Laubwäldern, vor allem Eichen-Hainbuchenwälder, auf basenreichen, lehmigen Böden.*

- > ***Geruch mehlartig***
- > ***Sporenpulver fleischrosa***
- > ***Verbreitung in Europa örtlich zerstreut, sonst selten***

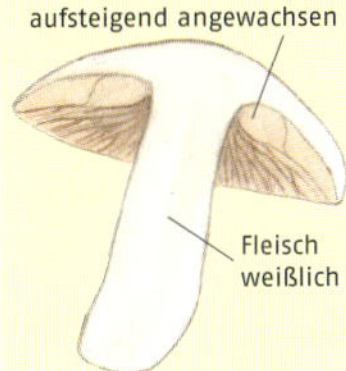

Schon gewusst?

Einer der wenigen Rötlinge, der fast ebenso groß werden kann, ist der Weißstielige Rötling (E. lividoalbum). Er ist ebenfalls giftig und wächst gleichfalls in Laubwäldern, vor allem unter Eichen.

Schild-Rötling

Entoloma clypeatum (Rötlingsartige)
Hut 5–12 cm April–Mai(Juni)

Vorkommen in Heckensäumen, Obstwiesen und Gärten, an Waldrändern, auf Kalkboden, stets unter Rosengewächsen.

- > ***Geruch mehlartig***
- > ***Sporenpulver fleischrosa***
- > ***Verbreitung in Europa regional zerstreut***

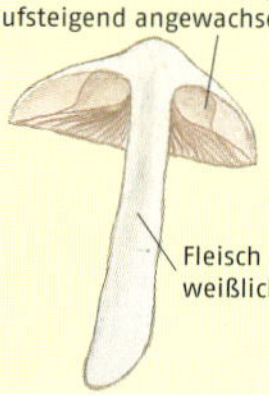

Bei diesem Pilz und einigen nahestehenden Arten ist die Partnerschaft mit der Familie der Rosengewächse, vor allem Weißdorn, Schlehe und andere Pflaumenverwandte, besonders auffällig. Schild-Rötlinge sind selten auch an Ziergehölzen wie der Japanischen Kirsche, Zuchtformen der Felsenbirne und Pfirsichbäumen zu finden.

Nahe verwandt ist der Schlehen-Rötling (*E. sepium*), der an gelbrötlichen Verfärbungen des Fleisches und Fraßstellen erkennbar ist.

Niedergedrückter Rötling

Entoloma rhodopolium (Rötlingsartige)
Hut 3–8(10) cm Juli–Oktober

Vorkommen in nicht zu trockenen Laubwäldern, vor allem unter Buchen, unabhängig von bestimmten Böden.

- > ***Geruch undeutlich mehlartig***
- > ***Sporenpulver fleischrosa***
- > ***Verbreitung in Europa häufig***

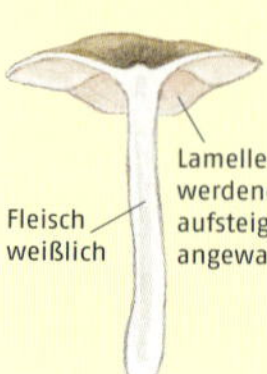

Neben typischen, fast geruchlosen Exemplaren findet man auch solche, die deutlich nach Chlor riechen. Letztere wachsen eher auf flachgründigen Kalkböden, erstere dagegen auf neutralen Lehmböden.

Trotz seiner unauffälligen Färbung ist der Süßriechende Glöckling (*E. ameides*) einfach zu erkennen, da er aufdringlich süßlich nach karamellisiertem Zucker riecht.

Scherbengelber Rötling

Entoloma cetratum (Rötlingsartige)

Hut 2–4 cm Juni–Oktober

Die Gattung der Rötlinge umfasst in Europa etwa 300 Arten, die in Färbung und Statur so unterschiedlich aussehen können wie nur denkbar. Ihre gemeinsamen Merkmale sind aber das fleischrosa Sporenpulver, die nicht freien Lamellen und die einzigartig eckige Sporenform.

***Vorkommen** in feuchten Nadelwäldern, meist im Moospolster, vor allem auf sauren Böden.*

> ***Fruchtkörper sehr zerbrechlich***
> ***Sporenpulver fleischrosa***
> ***Verbreitung in Europa häufig***

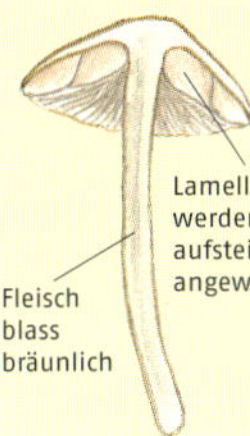

Braungrüner Zärtling

Entoloma incanum (Rötlingsartige)

Hut 1–3 cm Juni–Oktober

Die meisten Rötlingsarten sind nur schwierig und mit Hilfe eines Mikroskops zu bestimmen. Der Braungrüne Zärtling ist hier eine Ausnahme, denn der grell grüngelbe Stiel, die türkisgrüne Verfärbung und der einzigartige Geruch machen ihn unverwechselbar.

***Vorkommen** auf extensiven Kuhweiden, Wachholderheiden und sonstigen ungedüngten Grasländern, gelegentlich an Straßenrändern, stets auf Kalk.*

> ***Geruch nach verbranntem Horn, Bremsgummi***
> ***Sporenpulver fleischrosa***
> ***Verbreitung in Europa in den Kalkgebieten zerstreut***

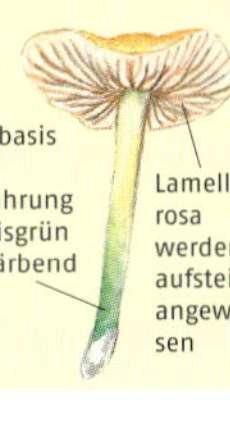

Seidiger Rötling

Entoloma sericeum (Rötlingsartige)

Hut 2–5 cm Juli–Oktober

***Vorkommen** auf extensiv genutzten Wiesenflächen, bodenunabhängig, stickstoffmeidend.*

- > ***Sporenpulver fleischrosa***
- > ***Geruch ranzig-mehlartig***
- > ***Verbreitung in Europa zerstreut***

Der Seidige Glöckling hat seinen Namen von dem seidigen Glanz seiner Hutoberfläche. Sein Speisewert ist nicht genau bekannt, doch da nahe verwandte Arten nachweislich giftig sind, ist von seinem Genuss abzuraten.

Nur im Frühjahr wächst der ähnliche, stark giftige Frühlings-Rötling *(E. vernum)*.

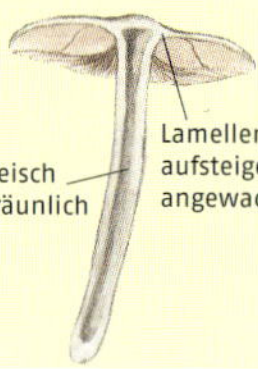

Rosa Zärtling

Entoloma roseum (Rötlingsartige)

Hut 2–4 cm Juli–Oktober

***Vorkommen** auf extensiven Kuhweiden, Wachholderheiden und sonstigen ungedüngten Grasländern, gelegentlich in lichten, grasigen Wäldern.*

- > ***Sporenpulver fleischrosa***
- > ***Verbreitung in Europa sehr selten***

Die Zärtlinge sind innerhalb der Rötlinge eine artenreiche Gruppe von meist farbenfrohen, oft blauen Wiesenpilzen, die zum größten Teil selten und gefährdet sind. Wie Orchideen sind sie sehr empfindlich gegen Düngung ihrer Wuchsorte.

Eine der vielen weiteren gefährdeten Rötlingsarten ist der Flockenschuppige Zärtling *(E. griseocyaneum)* mit violettgrauem Stiel und grauem, feinschuppigem Hut.

Stahlblauer Rötling

Entoloma nitidum (Rötlingsartige)
Hut 2–5 cm   Juli–Oktober

Vorkommen *bodensaure, feuchte Nadelwälder, vor allem unter Fichten, auch an Moorrändern, vor allem in höheren Lagen.*

> ***Sporenpulver fleischrosa***
> ***Verbreitung in Europa zerstreut***

Die vielen blau gefärbten Rötlinge sind nur von Spezialisten auseinanderzuhalten. Eine Ausnahme bildet der Stahlblaue Rötling aufgrund seiner ökologischen Vorlieben, denn er ist der einzige unter ihnen, der im sauren Nadelwald wächst.

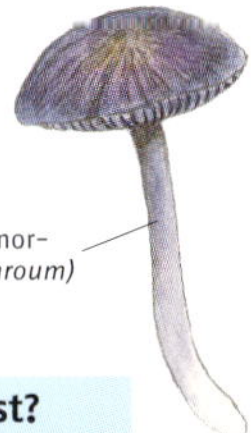

Aufgrund seines typischen Standortes auf morschem Holz ist der Violette Zärtling *(E. euchroum)* einfach erkennbar.

Schon gewusst?

Der kräftigste unter den blau gefärbten Rötlingen ist der Blaue Rötling (E. bloxamii). Er wächst auf Kalk-Magerrasen und gehört zu den stark gefährdeten Pilzarten.

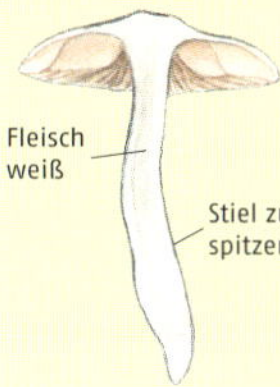

Würziger Tellerling

Rhodocybe gemina (Rötlingsartige)

Hut 5–12 cm Juli–Oktober

***Vorkommen** Fichtenforste, Laub- und Mischwälder, Waldränder, auf basenreichen bis schwach sauren Böden.*

> ***Sporenpulver fleischrosa***
> ***Verbreitung in Europa selten***

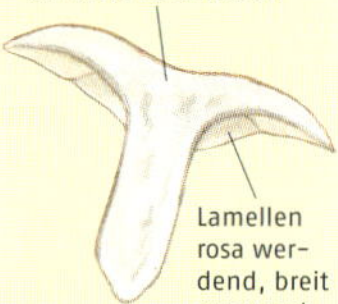

Die Tellerlinge sind eine wenig artenreiche, kaum bekannte Gattung, die außer dem Würzigen Tellerling keine Speisepilze enthält. Dieser ist jedoch wegen seiner fleischigen Fruchtkörper und seines geselligen Auftretens sehr geschätzt.

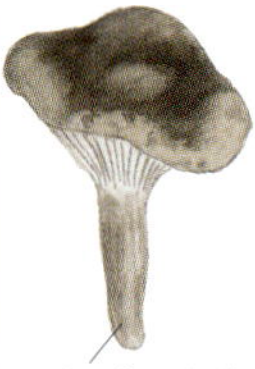

Der Bereifte Tellerling *(R. popinalis)* ist an den düsteren, schwärzlich fleckenden Fruchtkörpern und dem starken Mehlgeruch zu erkennen.

Gelbfuchsiger Tellerling

Rhodocybe nitellina (Rötlingsartige)

Hut 2–4 cm Juli–Oktober

***Vorkommen** Fichtenforste und sonstige Nadelwälder, seltener auch im Laubwald, vor allem auf basenreichen Böden.*

> ***Sporenpulver fleischrosa***
> ***Geruch mehlartig***
> ***Verbreitung in Europa selten***

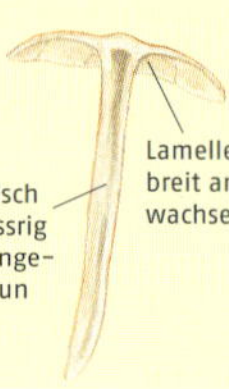

Auf den ersten Blick könnte man diese Art für einen Rübling halten, beispielsweise den Waldfreund-Rübling (S. 87). Der deutliche Mehlgeruch und vor allem das fleischrosa Sporenpulver schließen eine Verwechslung mit anderen Arten jedoch aus.

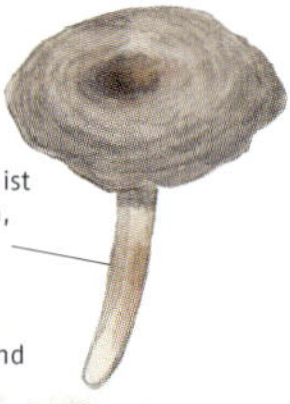

Der Rissige Tellerling *(R. caelata)* ist gebietsweise auf nährstoffarmen, sandigen Heiden häufig.

Größter Scheidling

Volvariella gloiocephala (Scheidlinge)
Hut 10–20 cm Mai–Oktober

Der Größte Scheidling ist wie alle Scheidlinge essbar, jedoch aufgrund des etwas rettichartigen Geschmacks nicht besonders wohlschmeckend. Auf die rosa werdende Färbung der Lamellen ist unbedingt zu achten, um ihn nicht etwa mit Knollenblätterpilzen (S. 116ff) zu verwechseln!

Erstaunlicherweise zeigt diese Art im Frühjahr und Sommer weiße, im Herbst jedoch olivgrünliche Hüte. Der Grund für diesen Wechsel in der Färbung ist nicht bekannt.

***Vorkommen** an nährstoffreichen, ruderalen Stellen, auf Feldern, Äckern und bewirtschafteten Wiesen.*

> ***Geruch nach Rettich***
> ***Sporenpulver rosa***
> ***Verbreitung in ganz Europa zerstreut***

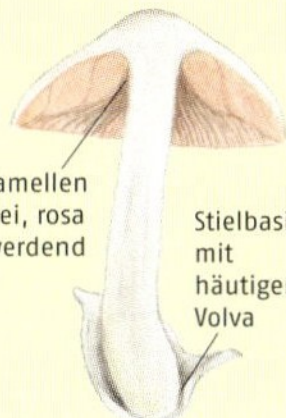

Wolliger Scheidling

Volvariella bombycina (Scheidlinge)
Hut 10–25 cm Juni–Oktober

Die Gattung der Scheidlinge erkennt man an der Kombination von freien Lamellen, rosa Sporenpulver und einer Volva. Alle sind essbar, doch nur der Dunkelstreifige Scheidling *(V. volvacea)*, der in China auf Reisstroh gezüchtet wird, gilt als wirklich schmackhaft.

Die häutige, braun geschuppte Volva und seine Größe unterscheiden den Wolligen Scheidling von allen anderen Arten.

***Vorkommen** an stehenden Laubbäumen, auch an Totholz in der Anfangsphase der Verrottung, wärmeliebend.*

> ***Lamellen frei***
> ***Sporenpulver rosa***
> ***Verbreitung in Europa zerstreut, vor allem im Süden***

Junge Fruchtkörper kommen, ähnlich den Knollenblätterpilzen, aus einer eiförmigen Hülle heraus.

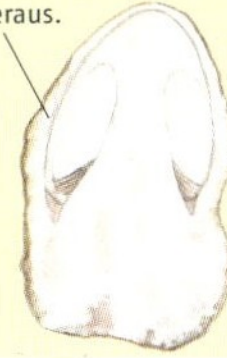

Rehbrauner Dachpilz

Pluteus cervinus (Dachpilze)
Hut 5–15 cm   Mai–Oktober

Vorkommen *an totem Laub- und Nadelholz, auch auf Rindenmulch oder Sägemehl.*

- ***Geruch nach Rettich***
- ***Sporenpulver rosa***
- ***Verbreitung in Europa gemein***

In der großen Gattung der Dachpilze sind – mit Ausnahme des Grünlichgrauen Dachpilzes – keine Giftpilze bekannt, allerdings auch keine guten Speisepilze. Während es oft schwierig ist, die einzelnen Arten zu bestimmen, sind Dachpilze aufgrund der freien Lamellen in Verbindung mit rosafarbenem Sporenpulver leicht als solche erkennbar.

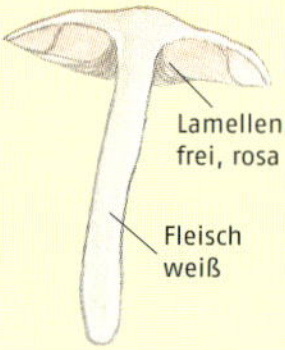

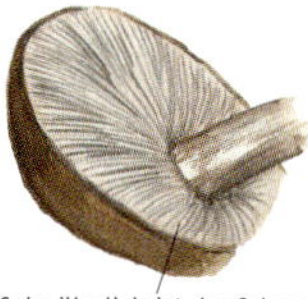

Sehr ähnlich ist der Schwarzgezähnelte Dachpilz *(P. atromarginatus)*, der jedoch schwarze Lamellenschneiden besitzt.

Grünlichgrauer Dachpilz

Pluteus salicinus (Dachpilze)
Hut 4–10 cm   Mai–Oktober

Vorkommen *an feuchten Stellen an totem Laubholz, besonders Weiden.*

- ***Lamellen frei***
- ***Sporenpulver rosa***
- ***Verbreitung in Europa zerstreut bis häufig***

Der Grünlichgraue Dachpilz nimmt aufgrund seiner Inhaltsstoffe eine Sonderstellung unter den Dachpilzen ein. Er enthält geringe Mengen an psychoaktiven Substanzen (Psilocybin, Psilocin), wie man sie vor allem aus der Gattung der Kahlköpfe (S. 165) kennt. Er kann daher nicht zum Verzehr empfohlen werden.

Sehr ähnlich und ebenfalls auf Holz wachsend, ist der Blaugraugetönte Scheidling *(Volvariella caesiotincta)*. Die Volva an der Stielbasis zeigt, dass es sich nicht um einen Dachpilz, sondern um einen Scheidling handelt.

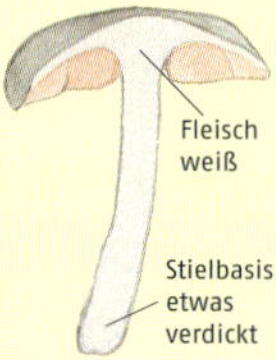

Löwengelber Dachpilz

Pluteus leoninus (Dachpilze)
Hut 4–8 cm Juni–Oktober

Die meisten Dachpilze sind „Einzelgänger". Das trifft auch für diese Art zu, die man kaum mit mehr als drei Exemplaren gleichzeitig findet. Der lebhaft gelbe und gleichzeitig plüschig-samtige Hut lässt den Löwengelben Dachpilz leicht erkennen. Er sollte wegen seiner Seltenheit nicht gesammelt werden.

Vorkommen *an totem Laubholz, vor allem an liegenden, nicht allzu dicken Ästen.*

- ***Lamellen frei***
- ***Fleisch weißlich***
- ***Sporenpulver rosa***
- ***Verbreitung in Europa zerstreut, örtlich selten***

Ebenfalls einzeln an Laubholz wächst der weißhütige Knollige Dachpilz *(P. semibulbosus).*

Runzeliger Dachpilz

Pluteus phlebophorus (Dachpilze)
Hut 3–6 cm Juni–Oktober

Die Runzeln des Hutes sind bei Dachpilzen ein wichtiges Merkmal zur Artbestimmung. Beim Runzeligen Dachpilz muss man oft genau hinsehen, da sie flach und unauffällig sein können. Es gibt jedoch auch Arten mit erhabenen, sehr auffallenden Runzeln.

Vorkommen *an totem Laubholz (Buche, Hainbuche), vor allem an dicken liegenden Stämmen.*

- ***Geruch etwas nach Rettich***
- ***Sporenpulver rosa***
- ***Verbreitung in Europa häufig***

Durch den gelben Stiel lässt sich der Gelbstielige Dachpilz *(P. romellii)* unterscheiden, der häufig zwischen Holzstückchen scheinbar auf der Erde wächst.

Grüner Knollenblätterpilz ☠

Amanita phalloides (Knollenblätterpilze)

Hut 8–15 cm Juli–Oktober

***Vorkommen** in wärmebegünstigten Laubwäldern auf sauren bis neutralen Böden, besonders bei Eichen.*

- ***Lamellen frei, stets weiß***
- ***Sporenpulver weiß***
- ***Geruch jung nach Kunsthonig, alt widerlich***
- ***Huthaut abziehbar***
- ***Verbreitung Mittel- und Südeuropa häufig, nach Osten zu seltener***

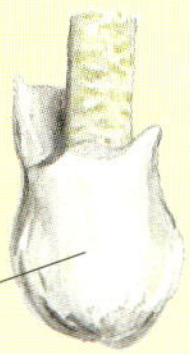

Stielbasis rund, mit abstehender Volva

Der Grüne Knollenblätterpilz ist aufgrund der langen Zeit bis zum Auftreten erster Symptome („Latenzzeit", 6-48 Stunden) einer der gefährlichsten Giftpilze. Schon beim Genuss von nur 50 Gramm des Pilzes verlaufen etwa die Hälfte aller Vergiftungen ohne Behandlung tödlich! Seine Giftigkeit war schon in der Antike bekannt und wurde gezielt als tückische Waffe benutzt. Der wohl bekannteste Fall ist die Ermordung von Kaiser Claudius (54 n. Chr.) durch seine Frau Agrippina, die damit ihrem Sohn Nero auf den Thron verhalf.

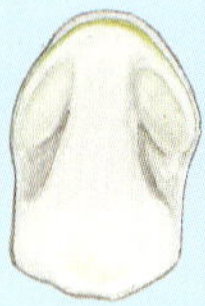

Schon gewusst?

Jung sind Knollenblätterpilze von einer nach und nach aufreißenden Gesamthülle umgeben. Sie können dann leicht mit essbaren Stäublingen (Seite 286/287) verwechselt werden, doch ist beim Durchschneiden bereits die Hutfärbung als gelbe Linie erkennbar.

Selten findet man auch rein weiße Albinos

Hut eingewachsenfaserig, gelb- bis olivgrün, meist ohne Hüllrest

Stiel mit Natterung in Hutfarbe

Spitzkegeliger Knollenblätterpilz

Amanita virosa (Knollenblätterpilze)

Hut 8–15 cm   Juli–Oktober

☠

Dieser weniger bekannte Knollenblätterpilz ist ebenso tödlich giftig wie der Grüne Knollenblätterpilz. Vergiftungen mit ihm kommen nur selten vor, einerseits weil in seinen Biotopen kaum essbare weiße Lamellenpilze vorkommen, andererseits weil er nährstoffarme Böden braucht und daher in Mitteleuropa immer seltener wird. Seine lange glockig bleibende Hutform gab ihm den Namen.

***Vorkommen** in feuchten Nadelwäldern und unter Buchen, stets auf sehr sauren Böden.*

> ***Lamellen frei, stets weiß***
> ***Sporenpulver weiß***
> ***Huthaut abziehbar***
> ***Verbreitung Mittel- und Südeuropa zerstreut bis selten, in Nordeuropa häufiger***

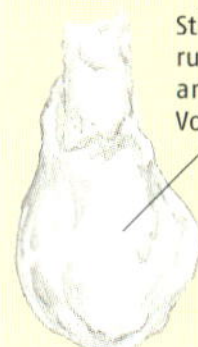

Schon gewusst?

Selten kann es vorkommen, dass der Hut nicht arttypisch glockig, sondern flach gewölbt ist. Dann können Verwechslungen mit Champignons besonders leicht vorkommen!

Gelber Knollenblätterpilz

Amanita citrina (Knollenblätterpilze)
Hut 8–15 cm   Juli–Oktober

***Vorkommen** in Laub- und Nadelwäldern, vorzugsweise auf sauren Böden.*

- ***Geruch durchdringend nach Kartoffelkeimen***
- ***Lamellen frei, stets weiß***
- ***Sporenpulver weiß***
- ***Verbreitung in ganz Europa häufig***

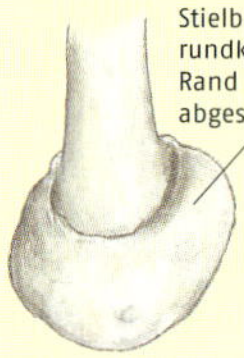

Lange Zeit glaubte man, dass auch der Gelbe Knollenblätterpilz tödlich giftig ist. Heute weiß man, dass er höchstens schwach, vermutlich aber gar nicht giftig ist. Er wird in manchen östlichen Ländern, z. B. Russland, traditionell gesammelt. Da dort der ähnliche Grüne Knollenblätterpilz (S. 116) unbekannt ist, kommt es in Deutschland immer wieder zu folgenschweren Verwechslungen bei Pilzsammlern aus diesen Ländern.

Vorsicht giftig!

Abgesehen vom Grünen Knollenblätterpilz (S. 116) ist auch der schwach giftige Narzissengelbe Wulstling (A. gemmata) leicht verwechselbar. Er unterscheidet sich durch den gerieften Hutrand, eine wulstig gerandete Knolle und weiße Hüllreste.

Rein weiße Albinos sind beim Gelben Knollenblätterpilz nicht selten. Die fetzigen Hüllreste, der Kartoffelgeruch und die runde Stielknolle unterscheiden ihn von anderen albinotischen Knollenblätterpilzen.

Pantherpilz

Amanita pantherina (Wulstlinge)
Hut 8–15 cm Juli–Oktober

Dort wo er häufiger vorkommt, führt der Pantherpilz die Vergiftungsstatistiken mit großem Vorsprung an. Immer wieder wird er mit dem Perlpilz (S. 122) oder dem Grauen Wulstling (S. 123) verwechselt, die beide einen glatten Hutrand, einen hängenden, gerieften Ring und eine andere Knollenform haben. Zwar sind die Vergiftungserscheinungen oft sehr heftig, sie verlaufen beruhigenderweise jedoch kaum tödlich.

***Vorkommen** vor allem unter Eichen auf neutralen Lehm- und Sandböden, eine Variante unter Fichten auf sauren Böden.*

- ***Lamellen weiß, frei***
- ***Fleisch weiß***
- ***Verbreitung in ganz Europa häufig***

Schon gewusst?

Bei der in Bergnadelwäldern vorkommenden Var. abietina ist der Hutrand ungerieft und die Hüte dunkel graubraun. Vorsicht: Sie sieht dem essbaren Grauen Wulstling (S. 123) zum Verwechseln ähnlich!

Ähnlich ist auch der schwach giftige Porphyr-Wulstling *(A. porphyrea)* mit violettbrauner Stiel- und Ringfärbung, runder Knolle ohne Wulst, sowie starkem Rettichgeruch.

Roter Fliegenpilz

Amanita muscaria (Wulstlinge)

Hut 10–20 cm Juli–November

***Vorkommen** unter Fichten und Birken, selten unter anderen Bäumen, auf sauren Böden.*

- > ***Lamellen weiß, frei***
- > ***Fleisch weiß***
- > ***Verbreitung in ganz Europa häufig***

Knolle rund, mit regelmäßigen Warzengürteln

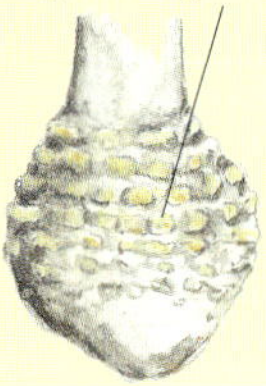

Die im Fliegenpilz enthaltenen Giftstoffe wie Ibotensäure können auch psychedelisch wirken. Er wurde daher bei einigen Völkern zu religiös-kultischen Zwecken verwendet, zum Beispiel in Sibirien und Südamerika. In Mitteleuropa dagegen nutzte man ihn, indem man eine Schüssel Milch mit Pilzstücken auf die Fensterbank stellte, wodurch davon trinkende Fliegen getötet wurden. Daher kommt wohl auch der deutsche Name.

Der etwas stärker giftige Braune oder Königs-Fliegenpilz *(A. regalis)* hat gelbe Hüllreste und einen nussbraunen Hut. Er kommt in Deutschland nur im Harz, Thüringer Wald und Bayerischen Wald vor.

Hut orange bis rot, mit weißen Hüllresten

Ring weiß, hängend

Schon gewusst?

Bei starkem Regen können die Hüllreste auch vollständig abgewaschen sein. Dann kann der Pilz an einen Täubling erinnern. Dieser hätte jedoch brüchiges Fleisch und keine freien Lamellen.

Kaiserling

Amanita caesarea (Knollenblätterpilze)
Hut 10–20 cm Juli–Oktober(Dezember)

Schon bei den Römern war der Kaiserling ein hochgeschätzter Speisepilz. Vermutlich sogar der begehrteste von allen, worauf auch sein Name hindeutet. Besonders in noch geschlossener Eiform gilt er als Delikatesse. Allerdings eine riskante, denn gewollte und ungewollte Verwechslungen mit noch geschlossenen Grünen Knollenblätterpilzen kamen immer wieder vor. Möglicherweise wurde der Kaiserling erst mit den Römern nach Deutschland gebracht. Denn er findet sich auch heute noch vorzugsweise in Gebieten ehemals römischer Besetzung.

Vorsicht giftig!

Fliegenpilze (S. 120) mit abgewaschenen Hüllresten können leicht für Kaiserlinge gehalten werden, wenn man nur den Hut betrachtet. Kaiserlinge haben jedoch immer gelbe Stiele und Lamellen!

***Vorkommen** in Laubwäldern auf meist eher sauren Böden, besonders unter Eichen und Esskastanien, wärmeliebend.*

- ***Lamellen frei, stets weiß***
- ***Sporenpulver weiß***
- ***Verbreitung in Südeuropa zerstreut, nördlich der Alpen sehr selten***
- ***Doppelgänger Fliegenpilz***

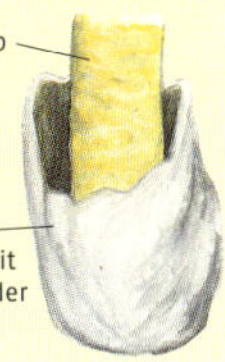

In diesem Zustand sind die Kaiserlinge am begehrtesten. Größe und Form entsprechen etwa einem Gänseei.

Perlpilz

Amanita rubescens (Knollenblätterpilze)
Hut 8–15 cm Juni–Oktober

Vorkommen *in Laub- und Nadelwäldern, ohne bestimmte Vorlieben.*

> ***Lamellen frei, stets weiß***
> ***Sporenpulver weiß***
> ***Ring gerieft***
> ***Verbreitung in ganz Europa gemein***
> ***Doppelgänger Pantherpilz***

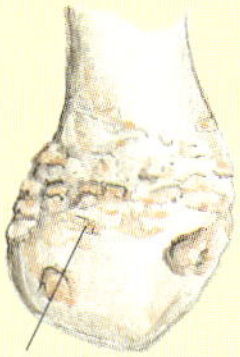

Stielbasis rübenförmig, mit einzelnen warzigen Hüllresten

Bei typischer Ausbildung ist der Perlpilz grundsätzlich ein leicht zu erkennender Pilz, denn er zeigt stets am Fruchtkörper charakteristische rosa Verfärbungen. Das kann unter der Huthaut sein oder an Fraßstellen, am häufigsten aber findet man sie in der Stielknolle und in Madenfraßgängen. Dies unterscheidet ihn sicher sowohl vom Panther-, als auch vom Fliegenpilz.

Sehr ähnlich ist der nur unter Laubbäumen auf basenhaltigen Böden wachsende Raue Wulstling, der sich durch gelbe und spitz abstehende Hüllreste unterscheidet. Er gilt als giftverdächtig!

Vorsicht giftig!
Der Pantherpilz (re., S. 119) unterscheidet sich vom Perlpilz (li.) durch die ungeriefte Manschette, das Fehlen jeglicher fleischrosa Verfärbungen und vor allem die anders gestaltete Stielknolle.

Grauer Wulstling

Amanita spissa (Knollenblätterpilze)
Hut 8–15 cm Juni–Oktober

Grauer Wulstling und Pantherpilz können leicht miteinander verwechselt werden, besonders wenn beide unter Nadelbäumen auf sauren Böden wachsen. Da die Stielbasis den entscheidenden Hinweis zur Bestimmung gibt, muss sie in Zweifelsfällen vorsichtig aus dem Boden herausgenommen werden, damit sie vollständig erhalten bleibt. Diese Regel gilt nicht nur für Wulstlinge, sondern prinzipiell für alle nicht sicher zu identifizierenden Pilze. Der Graue Wulstling ist essbar, schmeckt aber etwas dumpf-erdig.

***Vorkommen** in Laub- und Nadelwäldern, ohne bestimmte Vorlieben.*

- > ***Lamellen frei, stets weiß***
- > ***Geruch nach Rettich***
- > ***Sporenpulver weiß***
- > ***Verbreitung in ganz Europa gemein***
- > ***Doppelgänger Pantherpilz***

Vorsicht giftig!
Der Pantherpilz (re., S. 119) unterscheidet sich vom Grauen Wulstling (li.) durch die ungeriefte Manschette, das Fehlen des starken Rettichgeruchs und die andersartige Stielknolle.

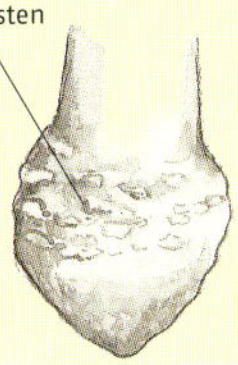

Fransen-Wulstling

Amanita strobiliformis (Knollenblätterpilze)
Hut 10–25 cm Juni–Oktober

Vorkommen *unter Laubbäumen, an wärmebegünstigten Stellen auf basenhaltigen Böden, oft in Parks und Gärten.*

- ***Lamellen angewachsen***
- ***Geruch und Geschmack schwach nach Rettich***
- ***Sporenpulver weiß***
- ***Verbreitung in Südeuropa häufiger, sonst zerstreut bis selten***
- ***Doppelgänger Knollenblätterpilz (Albino)***

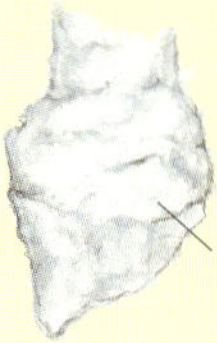

Stielbasis rübenförmig, zugespitzt, mit flockigen Hüllresten

Beim Fransen-Wulstling kann man seit einigen Jahren eine deutliche Zunahme feststellen, die vor allem im Bereich von Städten deutlich wird. Man kann die Ausbreitung dieser Art als Indiz für die zunehmende Erwärmung werten. Er ist zwar essbar, jedoch nur bei Beachtung sämtlicher Merkmale sicher zu erkennen, wobei die vollständig erhaltene Stielbasis besonders wichtig ist. In Südeuropa kommen noch viele weitere weiße Knollenblätterpilzarten vor, die teilweise essbar, meist aber giftig sind!

Vorsicht giftig!
Weiße Formen des Grünen Knollenblätterpilzes (S. 116) unterscheiden sich eindeutig durch die sackartige Volva an der Stielbasis, aber auch durch andersartige Velumreste und den Geruch.

Ähnlich ist der Spitzkegelige Wulstling *(A. solitaria)*, der sich im Wesentlichen durch die pyramidalen und regelmäßig angeordneten Velumreste unterscheidet.

Rotbrauner Scheidenstreifling

Amanita fulva (Knollenblätterpilze)
Hut 6–15 cm Juni–Oktober

***Vorkommen** unter Nadel- und Laubbäumen, auf sauren Böden, gerne an Moorrändern.*

> ***Lamellen frei, stets weiß***
> ***Sporenpulver weiß***
> ***Verbreitung in ganz Europa häufig***

Scheidenstreiflinge erkennt man am auffallend gerieften Hutrand in Verbindung mit sackartiger Volva und dem Fehlen eines Ringes. Alle Scheidenstreiflinge sind essbar, doch Vorsicht: Bei den beringten Knollenblätterpilzen kann der Ring durch Witterungseinflüsse manchmal auch fehlen!

Hut orangebraun, ohne Hüllreste

Stiel weißlich, glatt

Der Orangegelbe Scheidenstreifling *(A. crocea)*, wird größer, hat einen genatterten Stiel und keine Rostflecken an der Volva. Er wächst besonders gerne unter Birken.

Volva sackartig, anliegend, rostbraun gefleckt

Grauhäutiger Scheidenstreifling

Amanita submembranacea (Knollenblätterpilze)
Hut 6–15 cm Juni–September

***Vorkommen** im Bergnadelwald, auf sauren Böden.*

> ***Lamellen frei, stets weiß***
> ***Sporenpulver weiß***
> ***Verbreitung europaweit in den Berglagen häufig***

Regional ist der Grauhäutige Scheidenstreifling eine sehr häufige Art, z. B. im Thüringer und Bayerischen Wald. Gerade Anfang Sommer, wenn noch nicht viele Speisepilze zu finden sind, tritt er oft in Massen auf, sodass sich das Sammeln lohnt. Scheidenstreiflinge sind allerdings sehr zerbrechlich und verderben rasch.

Hut graubraun bis olivgrau

Stiel mit unauffälliger bis deutlicher Natterung

Der Zweifarbige Scheidenstreifling *(A. battarae)* hat eine dunkle Zone im Hut, eine rostfleckige Volva und schwarze Lamellenschneiden.

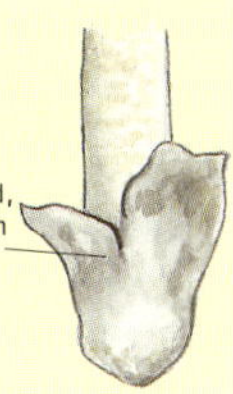

Volva sackartig, anliegend, von innen her grau werdend

Stink-Schirmling

Lepiota cristata (Schirmlinge)

Hut 3–6 cm   Juli–Oktober

Vorkommen *an Wegrändern und ruderalen Stellen, unabhängig von bestimmten Biotopen oder Böden.*

- ***Geruch arttypisch stark, unangenehm metallisch***
- ***Lamellen frei, stets weiß***
- ***Sporenpulver weiß***
- ***Verbreitung in ganz Europa häufig***

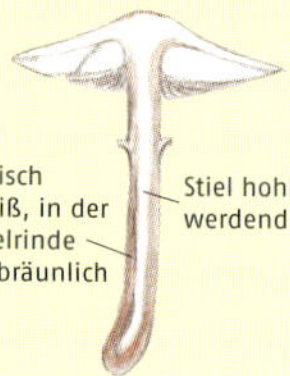

Die Gattung der Schirmlinge umfasst weltweit mehrere Hundert Arten, die allesamt als giftig oder zumindest giftverdächtig gelten. Einige Arten enthalten das Knollenblätterpilzgift Phallotoxin und wirken nachweislich tödlich. Der häufige Stink-Schirmling ist nur schwach giftig, ihn kennzeichnet unter anderem der relativ stabile Ring.

Vorsicht giftig!

An ähnlichen Standorten kommen selten weitere Schirmlingsarten vor, die teilweise tödlich giftig sind. Vermutet wird dies auch vom Lila Schirmling (L. lilacea), den die grauviolette Farbe von Ring und Hutschuppen kennzeichnet.

Kastanienbrauner Schirmling

Lepiota castanea (Schirmlinge)

Hut 3–6 cm   August–Oktober

In Europa kommen etwa 200 Schirmlingsarten vor, deren Unterscheidung oft nur mikroskopisch möglich ist. Die überwiegende Mehrheit davon ist selten und oft an sehr spezielle Biotope gebunden (Sanddünen, Auwälder). Der Kastanienbraune Schirmling ist eine der häufigsten Arten.

***Vorkommen** im Laubwald an Wegrändern und an ruderalen Stellen, vor allem auf lehmigen Böden.*

Hutmitte geschlossen rotbraun, nach außen schuppig aufreißend

Stiel im unteren Bereich braun geschuppt

Eine der ganz wenigen in der Nadelstreu wachsenden Schirmlingsarten ist der Schwarzschuppige Schirmling *(L. felina)*. Er riecht etwas nach Zedernholz.

- ***Lamellen frei, stets weiß***
- ***Sporenpulver weiß***
- ***Verbreitung in ganz Europa häufig***

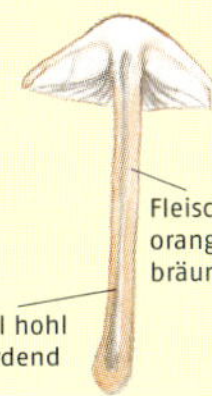

Fleisch blass orange-bräunlich

Stiel hohl werdend

Grünspan-Schirmling

Lepiota grangei (Schirmlinge)

Hut 3–6 cm   August–Oktober

Der Grünspan-Schirmling ist wohl die farblich schönste Schirmlingsart. Das intensive Blaugrün der jungen Fruchtkörper verändert sich jedoch mit der Zeit. Da die meisten dieser Arten in Standortgemeinschaft vorkommen, kann man an seinem Fundort meist noch andere seltene Schirmlinge finden.

***Vorkommen** in nährstoffreichen Laubwäldern, gerne an warmen Stellen.*

Hut jung geschlossen blaugrün

Stiel im unteren Bereich blaugrün geschuppt

Ältere Pilze sind dunkler und die blaugrüne Farbe oxidiert zu Orange.

- ***Lamellen frei, stets weiß***
- ***Sporenpulver weiß***
- ***Verbreitung in ganz Europa selten***

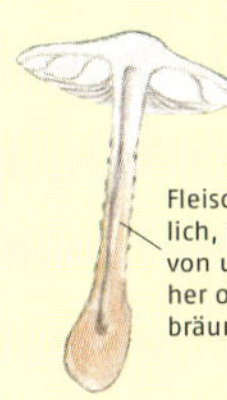

Fleisch weißlich, im Stiel von unten her orange-bräunlich

Rosenroter Schirmling

Lepiota subincarnata (Schirmlinge)

Hut 3–6 cm   August–Oktober

***Vorkommen** in nährstoff- oder basenreichen Laubwäldern, im Süden auch unter Kiefern, am Atlantik auch unter Zypressen.*

> ***Lamellen frei, stets weiß***
> ***Sporenpulver weiß***
> ***Verbreitung in Südeuropa zerstreut, nach Norden zu seltener***

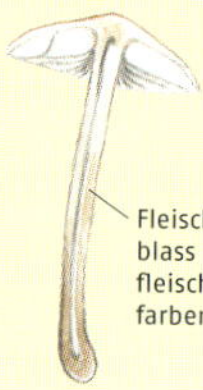

Bei allen kleinen fleisch- bis rosafarbenen Schirmlingsarten ist höchste Vorsicht geboten. Alle gelten als tödlich giftig, sie stehen in ihrer Wirkung dem Grünen Knollenblätterpilz in nichts nach! Die meisten dieser Arten können auch in Gartenbeeten, Gewächshäusern und Blumentöpfen auftreten.

Tödlich giftig ist auch der Fleischbraune Schirmling *(L. brunneoincarnata)*, der hin und wieder in Parkanlagen, Gärten und an Wegrändern vorkommt. Von ihm gibt es auch Formen, denen jegliche Rosatöne fehlen.

Vorsicht giftig!

Durch deutlicher isolierte, konzentrische Hutschuppen gekennzeichnet ist der vorwiegend mediterran verbreitete Fleischrötliche Schirmling (L. helveola), der nördlich der Alpen nur selten in Gärten und Parkanlagen vorkommt. Auch dieser Pilz ist tödlich giftig!

Wollstiel-Schirmling

Lepiota clypeolaria (Schirmlinge)
Hut 5–10 cm   August–Oktober

Manchmal kann diese Art und ihre Verwandten so groß werden, dass man sie für kleine Riesenschirmlinge halten könnte. Diese Verwechslung mit ihren unangenehmen Folgen kann man vermeiden, wenn man die wattigen Velumflocken am Stiel beachtet. Im Gegensatz dazu haben Riesenschirmlinge (S. 130/131) einen verschiebbaren, häutigen Ring.

Schon gewusst?

Ähnlich sind der Feuerfüßige Schirmling (L. ignivolvata) mit orangebrauner Ringzone (li.) und der Gelbflockige Schirmling (L. magnispora) mit freudig gelborangen Velumresten (re.). Beide wachsen an ähnlichen Standorten.

***Vorkommen** in Laub- und Nadelwäldern, weitgehend boden unabhängig, auf sehr sauren Böden fehlend.*

- > ***Lamellen frei, stets weiß***
- > ***Geruch stark, unangenehm***
- > ***Sporenpulver weiß***
- > ***Verbreitung in ganz Europa verbreitet***

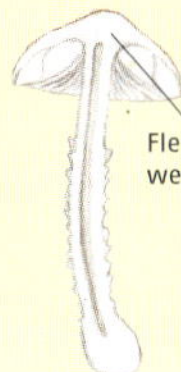

Gemeiner Riesenschirmling, Parasol

Macrolepiota procera (Schirmlinge)

Hut 15–25 cm August–Oktober

***Vorkommen** in Laub- und Nadelwäldern, weitgehend bodenunabhängig, auf sehr sauren Böden fehlend.*

- ***Lamellen frei, stets weiß***
- ***Fleisch unveränderlich***
- ***Sporenpulver weiß***
- ***Verbreitung in ganz Europa verbreitet***
- ***Doppelgänger Grünspornschirmlinge***

Der Parasol ist zu Recht einer der beliebtesten Speisepilze. Zum einen ist er nahezu unverwechselbar, zum anderen kann er vielfältig zubereitet werden. Große Hüte brät man im Ganzen paniert wie Schnitzel. Die Stiele werden schnell holzig, können aber getrocknet und zerrieben als Würzpulver für Soßen verwenden werden. Junge Pilze in Paukenschlegelform kann man als Misch- oder Einzelgericht dünsten oder braten.

Vorsicht giftig!

Riesenschirmlinge mit rötendem Fleisch und nicht genattertem Stiel können giftig sein (S. 131–132). Der Parasol hat immer unveränderliches Fleisch und einen auffällig genatterten Stiel!

Sehr junge Riesenschirmlinge schieben zunächst den Hut aus der riesig anmutenden Stielknolle. Der Stiel streckt sich erst nach und nach.

Der ebenfalls essbare Zitzen-Riesenschirmling *(M. mastoidea)* mit brustwarzenartigem Hutbuckel bleibt stets kleiner. Sein Stiel kann glatt oder genattert sein.

Safran-Riesenschirmling

(🍴)

Macrolepiota rhacodes (Schirmlinge)

Hut 10–15 cm August–Oktober

Der Safran-Schirmling galt allgemein als guter Speisepilz, der aufgrund der Fleischverfärbung auch problemlos erkennbar ist. Doch vor allem die Exemplare aus Gärten und von Komposthaufen verursachten nicht selten Magen-Darm-Probleme und weitere, sehr nahe verwandte Arten sind als giftig bekannt. Will man diese Art essen, so sollte man die persönliche Verträglichkeit an einer kleinen Mahlzeit testen und außerdem Gartenformen meiden.

***Vorkommen** vor allem in der Nadelstreu von Fichtenwäldern, seltener im Laubwald, auch unter gepflanzten Hecken (z. B. Thuja), bodenunabhängig.*

> ***Lamellen frei, stets weiß***
> ***Sporenpulver weiß***
> ***Verbreitung in ganz Europa verbreitet***

Hutschuppen grob, etwas dachziegelartig

Stiel weißlich, glatt

An überdüngten Stellen wächst die var. *hortensis* mit groben Hutschuppen. Ihre Essbarkeit wird diskutiert. Diese Pilze sollten besser nicht gesammelt werden!

Fleisch sofort safranorange anlaufend

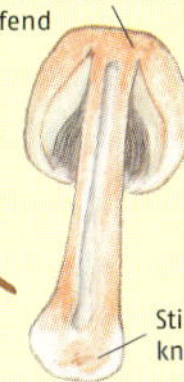

Stielbasis knollig

Gift-Riesenschirmling

☠

Macrolepiota venenata (Schirmlinge)

Hut 6–15 cm August–Oktober

Dieser Pilz wurde erst vor rund 30 Jahren, im Anschluss an einen Vergiftungsfall in Frankreich, als neue Art beschrieben. Bis heute ist nicht restlos geklärt, ob nur besonders empfindliche Personen Probleme mit ihm haben, oder ob der Pilz tatsächlich stark giftig ist. Ähnlich wie beim Karbol-Champignon gibt es Leute, die ihn problemlos essen können, bis hin zu Personen, die davon schwere Magen-Darm-Störungen bekommen.

***Vorkommen** in Mitteleuropa bisher nur in Gewächshäusern und Blumentöpfen, in Südeuropa auch im Freiland in Beeten.*

> ***Lamellen frei, stets weiß***
> ***Sporenpulver weiß***
> ***Verbreitung in ganz Europa sehr selten***

Der eigentlich tropisch-subtropisch verbreitete Giftige Grünsporschirmling *(Chlorophyllum molybdites)*, tritt sehr selten auch in Europa in Gewächshäusern auf. Er hat schon Todesfälle verursacht!

Hut mit violettbrauner, sternförmig aufgerissener Mitte

Stiel weißlich, glatt

Fleisch erst orange, dann trüb weinrot verfärbend

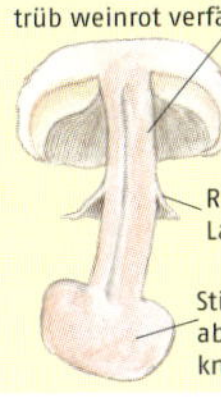

Ring ohne Laufrille

Stielbasis abgesetzt knollig

Spitzschuppiger Stachel-Schirmling

Lepiota aspera (Schirmlingsartige)
Hut 4–8(15) cm Juli–Oktober

***Vorkommen** an Wegrändern, Kompost-, Rindenmulch- und Laubhaufen, gerne bei Springkraut oder Brennnesseln, Stickstoffzeiger.*

> ***Lamellen frei, stets weiß***
> ***Sporenpulver weiß***
> ***Verbreitung in ganz Europa häufig***

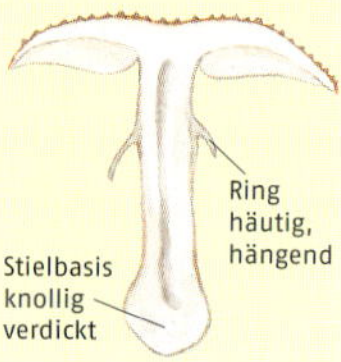

An stärker gedüngten Stellen kann diese Art sehr groß werden und wird dann oft für einen der essbaren Riesenschirmlinge gehalten (S. 130). Bei diesen ist der Ring jedoch stabiler und nicht mit dem Stiel verwachsen, somit also am Stiel entlang verschiebbar, während der Stachel-Schirmling einen fest mit dem Stiel verwachsenen, hängenden, dünnen Ring hat. Entgegen älterer Pilzbücher verursacht diese Art starke Magen-Darm-Vergiftungen!

Ein gutes Kennzeichen sind die sehr eng stehenden Lamellen, die jung von einer häutigen Membran verdeckt sind.

Schon gewusst?

Der Kakaobraune Stachel-Schirmling (L. perplexa) weist nur eine flüchtige Faserzone statt einem Ring auf. Vorsicht: Alle Stachel-Schirmlinge gelten als giftig.

Rosablättriger Egerlings-Schirmling

Leucoagaricus leucothites (Schirmlingsartige)

Hut 4–10 cm   Juni–Oktober

Vorkommen *an grasigen Wegrändern, Böschungen, in Gärten, frisch angelegten Beeten und auf Rindenmulch.*

Die Essbarkeit des Egerlings-Schirmlings wird aufgrund eines Vergiftungsfalles in der Schweiz neuerdings in Zweifel gezogen. Ob es sich dabei nur um eine individuelle Unverträglichkeit gehandelt hat, ist ungewiss, da er von vielen Leuten gut vertragen wird. Dennoch sollte die Art besser nicht zum Verzehr gesammelt werden. Oft wird der Pilz von Ratsuchenden in die Pilzberatungsstellen gebracht, weil er wie ein Wiesen-Egerling (S. 138) aussieht, aber mehr oder weniger weiß bleibende Lamellen hat wie die Schirmlinge und Knollenblätterpilze.

- > ***Lamellen frei, weiß, alt oft leicht rosa***
- > ***Sporenpulver weiß***
- > ***Verbreitung in ganz Europa zunehmend häufiger***
- > ***Doppelgänger Weißer Knollenblätterpilz***

Nur selten wird man den kleineren Zwiebelfüßigen Faltenschirmling *(Leucocoprinus cepistipes)* antreffen. Er wächst auf Rindenmulch- und Komposthaufen, häufiger noch in Gewächshäusern.

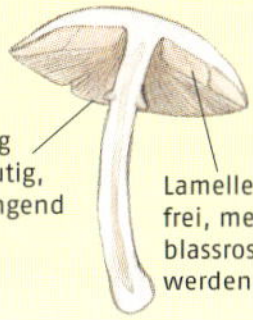

Vorsicht giftig!

Tödlich könnten Verwechslungen mit weißen Knollenblätterpilzen verlaufen. Am besten lassen diese sich durch die Volva an der Stielbasis erkennen, wofür der Pilz aber im Ganzen aus dem Boden genommen werden muss und nicht am Stielgrund abgeschnitten werden darf!

Gelber Faltenschirmling

Leucocoprinus birnbaumii (Schirmlingsartige)

Hut 2–4 cm   ganzjährig

***Vorkommen** adventiv in Gewächshäusern und in Blumentöpfen, nie im Freiland.*

- > **Lamellen frei, blass gelblich**
- > **Sporenpulver weiß**
- > **Verbreitung weltweit verbreitet**

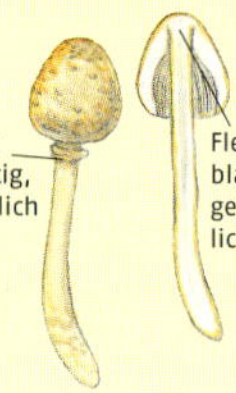

Von den in Europa sporadisch vorkommenden tropischen Arten ist der Gelbe Faltenschirmling der häufigste. Er wird durch Blumenerde verbreitet und erscheint nach dem Umtopfen von Zimmerpflanzen. Der Pilz schädigt die Pflanzen nicht und ist auch für den Menschen ungefährlich.

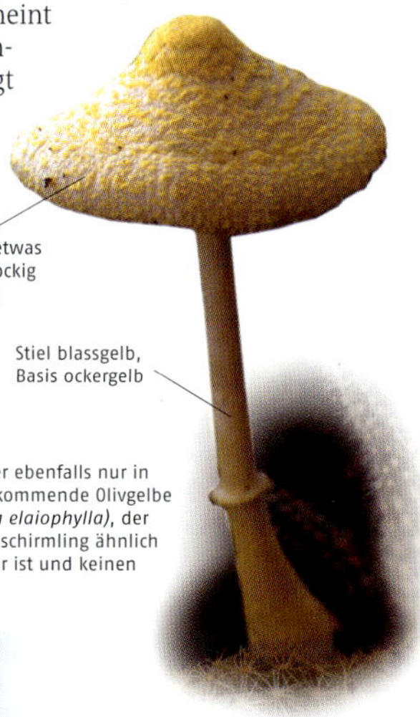

Tödlich giftig ist der ebenfalls nur in Blumentöpfen vorkommende Olivgelbe Schirmling *(Lepiota elaiophylla)*, der dem Gelben Faltenschirmling ähnlich sieht, aber robuster ist und keinen Ring hat.

Zierlicher Mehlschirmling

Cystolepiota seminuda (Schirmlingsartige)

Hut 1–3 cm   August–November

***Vorkommen** in Buchen- oder anderen edellaubholzreichen Laubwäldern, etwas nährstoffliebend.*

- > **Lamellen frei, weiß**
- > **Sporenpulver weiß**
- > **Verbreitung in ganz Europa häufig**

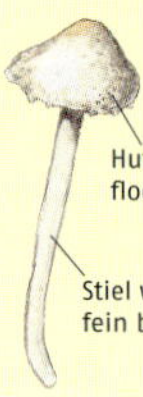

Der Name Mehlschirmling kommt nicht etwa von einem mehlartigen Geruch, sondern von der pulverigen Hutoberfläche, die wie mit Mehl bestäubt wirkt. Der Geruch aller Mehlschirmlinge (Ausnahme: Violetter Mehlschirmling) ist unangenehm metallisch und gleicht dem der Stäublinge (S. 266ff).

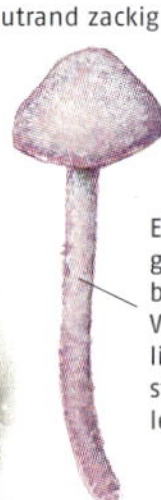

Einheitlich violett gefärbt und weiß bepudert ist der Violette Mehlschirmling *(C. bucknalli)*. Er stinkt unangenehm leuchtgasartig.

Fleckender Schmierschirmling

Chamaemyces fracidus (Schirmlingsartige)

Hut 3–6 cm August–November

Der Fleckende Schmierschirmling ist der einzige Schirmlingsverwandte, der keine freien Lamellen besitzt. Daher wird er oft fälschlich für einen Ritterling gehalten. Der strumpfartige Stielüberzug und die meist vorhandenen Tropfen lassen ihn jedoch einfach erkennen.

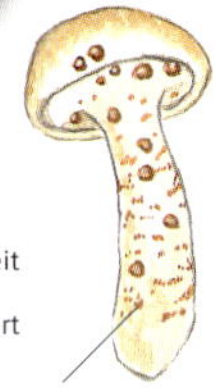

Junge Fruchtkörper sind bei nicht zu trockener Witterung mit bernsteinfarbenen Tröpfchen besetzt.

***Vorkommen** unter Kiefern oder sehr selten Fichten, auf basenreichen Böden, wärmeliebend.*

> **Geruch nach Gurkenschalen**
> **Sporenpulver weiß**
> **Verbreitung in ganz Europa zerstreut**

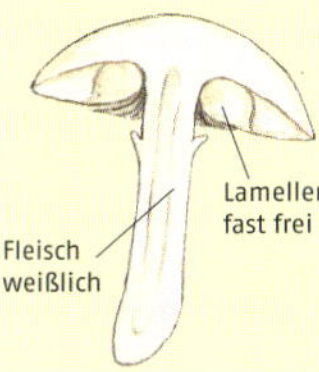

Getropfter Schleimschirmling

Limacella guttata (Wulstlingsartige)

Hut 5–12 cm August–Oktober

Die Gattung der Schleimschirmlinge besteht nur aus wenigen, sehr seltenen Arten. Lediglich der Getropfte Schleimschirmling ist stellenweise häufiger und wird dann auch gelegentlich zum Essen gesammelt. Er schmeckt etwa wie der Mai-Ritterling (S. 67). Aufgrund mikroskopischer Merkmale stehen diese Arten den Knollenblätterpilzen näher als den Schirmlingen.

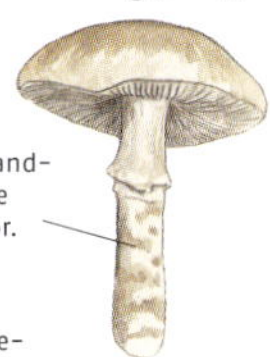

Im Mittelmeergebiet kommt unter Strandkiefern der etwas kleinere Graubraune Schleimschirmling *(L. subfurnacea)* vor.

***Vorkommen** in Laub- oder Nadelwäldern auf Kalkboden, besonders in montanen Lagen.*

> **Geruch stark nach Gurkenschale**
> **Hut feucht schmierig**
> **Verbreitung in Europa zerstreut bis selten, örtlich jedoch verbreitet**

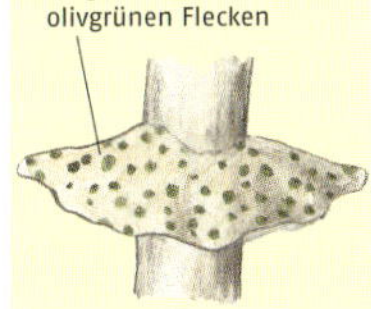

Starkriechender Körnchenschirmling

Cystoderma carcharias (Ritterlingsartige)

Hut 2–5 cm   Juli–Oktober

***Vorkommen** Nadelwälder und moosige Bergwiesen, flechtenreiche Kiefernwälder, auf eher nährstoffarmen Böden.*

> **Geruch stark staubartig**
> **Fleisch leicht cremeweiß**
> **Verbreitung in ganz Europa verbreitet**

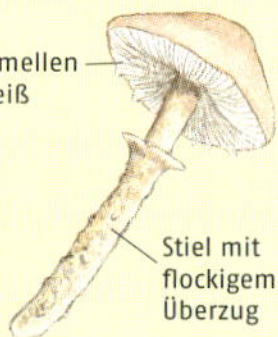

Lange Zeit hielt man die Körnchenschirmlinge für Schirmlingsverwandte, was ja auch in ihrem Namen zum Ausdruck kommt. Sie haben aber ausgebuchtet bis breit angewachsene Lamellen und sind daher zu den Ritterlingsartigen zu zählen. Aufgrund ihrer Ähnlichkeit mit den Schirmlingen werden sie in diesem Buch dennoch hier behandelt.

Amianth-Körnchenschirmling

Cystoderma amianthinum (Ritterlingsartige)

Hut 2–4 cm   August–November

***Vorkommen** in nährstoffarmen Nadelwäldern, gerne zusammen mit Becher- oder Rentierflechten.*

> **Geruch etwas fruchtig oder leicht erdig**
> **Sporenpulver weiß**
> **Verbreitung in ganz Europa verbreitet**

Die Variabilität dieser Art ist groß. Neben intensiv rostorangenen und eher orangegelben Exemplaren gibt es auch blassgelbe. Die Hüte können vom Regen völlig abgewaschen und glatt sein, oft werden sie aber auch stark runzelig. Die Hutform variiert von spitzkegelig bis flach ausgebreitet.

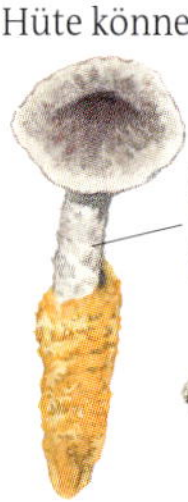

Sehr selten werden Fruchtkörper dieser Art von einem weiteren Lamellenpilz parasitiert, dem Goldstiel-Schuppenritterling *(Squamanita paradoxa)*. Nur der kleine Stielrest verrät seinen Wirt. Er wurde in Europa erst wenige Male gefunden.

Rostroter Körnchenschirmling

Cystoderma granulosum (Ritterlingsartige)

Hut 2–7 cm Juli–Oktober

War der Rostrote Körnchenschirmling noch vor einigen Jahrzehnten in allen Höhenlagen recht verbreitet, so sind in den tieferen, meist intensiver landwirtschaftlich genutzten Lagen starke Rückgänge zu verzeichnen. Heute ist diese Art in Mitteleuropa vor allem noch in den montanen Lagen zu finden.

Aufgrund seiner Färbung unverwechselbar ist der seltene Weinrote Körnchen-Schirmling *(C. superbum)*.

***Vorkommen** in Nadelwäldern und auf extensiv genutzten Bergwiesen, auf saurem, eher nährstoffarmem Boden.*

- ***Geruch schwach schirmlingsartig***
- ***Verbreitung in Südeuropa selten, in Mitteleuropa zerstreut, im Norden und Osten häufiger***

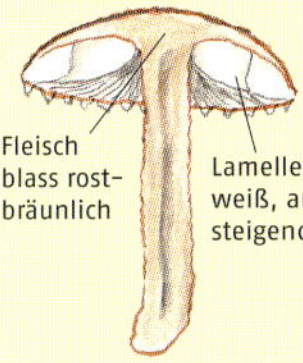

Glimmerschüppling

Phaeolepiota aurea (Ritterlingsartige)

Hut 15–25(30) cm Juli–Oktober

Eigentlich gilt der Glimmerschüppling als essbar, doch hat man einen relativ hohen Blausäuregehalt festgestellt. Es wird daher abgeraten, diesen Pilz zu essen, was aufgrund seiner Größe und Ergiebigkeit natürlich bedauerlich ist.

***Vorkommen** an ruderalen Standorten wie Böschungen oder Gärten, oft zusammen mit Brennnesseln, stickstofftolerant.*

- ***Geruch schwach nach Bittermandel***
- ***Sporenpulver ockerbraun***
- ***Verbreitung in ganz Europa selten, im Alpenvorland zerstreut***

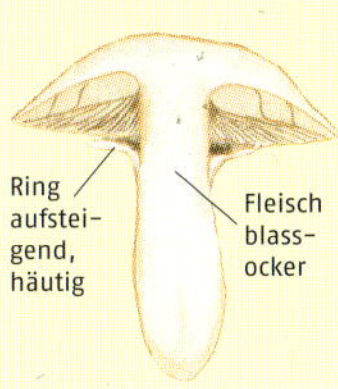

Wiesen-Egerling, Wiesen-Champignon

Agaricus campestris (Champignonartige)

Hut 4–10 cm Juni–Oktober

***Vorkommen** auf mäßig gedüngten Wiesen und Weiden, empfindlich gegen Gülle und Kunstdünger.*

- ***Geruch** pilzartig*
- ***Sporen** dunkelbraun*
- ***Verbreitung** in ganz Europa verbreitet, insgesamt rückläufig*
- ***Doppelgänger** Karbol-Egerlinge, Knollenblätterpilze*

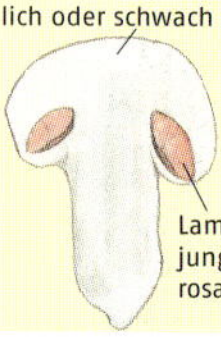

An seinen typischen Standorten in Wiesen und Weiden fernab von Bäumen hat der Wiesen-Egerling keine giftigen Doppelgänger. Wächst er aber in der Nähe des Waldes, also weniger als 30 Meter von Bäumen entfernt, muss man mit dem Auftreten von Knollenblätterpilzen rechnen. Eine sorgfältige Prüfung der Lamellenfarbe und der Stielmerkmale ist unverzichtbar – wenn der Pilzfreund nicht im Krankenhaus landen möchte!

Schon gewusst?

Manchmal findet man den Wiesen-Egerling auch mit schuppigen Hüten. Diese Varietät unterscheidet sich aber ansonsten in nichts und ist ebenso wohlschmeckend.

Wo die Art ungestört wachsen kann, bildet sie große Hexenringe. Daran kann man ihre Standorte erkennen, auch wenn keine Fruchtkörper zu sehen sind.

Schaf-Egerling, Schaf-Champignon

Agaricus arvensis (Champignonartige)
Hut 8–15 cm Juni–Oktober

Der Schaf-Egerling ist aufgrund seiner Ergiebigkeit ein sehr geschätzter Speisepilz. Im Gegensatz zum Wiesen-Egerling kommt er aber auch gelegentlich in Wäldern vor, wo die Verwechslungsgefahr mit Karbol-Egerlingen und selbst Knollenblätterpilzen (S.116ff) besteht.

Vorsicht giftig!
Der giftige Karbol-Egerling (S.141) ist am chromgelb anlaufenden Stielfleisch gut zu unterscheiden, dagegen gilbt der Schaf-Egerling nur außen an Druckstellen und nicht im Fleisch.

***Vorkommen** auf extensiv genutzten Wiesen und Weiden, seltener in Parkanlagen und selbst in Fichtenforsten.*

- ***Geruch anisartig***
- ***Druckstellen gilbend***
- ***Sporen dunkelbraun***
- ***Verbreitung in ganz Europa verbreitet***
- ***Doppelgänger Karbol-Egerling***

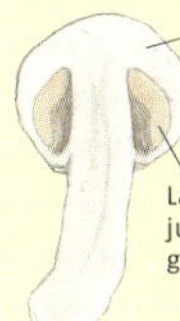

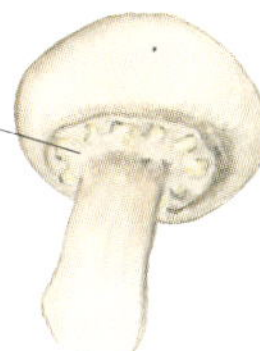

Anis-Egerling, Anis-Champignon

Agaricus silvicola (Champignonartige)
Hut 4–10 cm   Juni–Oktober

***Vorkommen** in Nadelforsten, aber auch in Laubwäldern, bodenvag, auf eher trockenen Böden.*

> ***Geruch nach Bittermandel***
> ***Druckstellen gelb fleckend***
> ***Verbreitung in ganz Europa verbreitet***
> ***Doppelgänger Knollenblätterpilz***

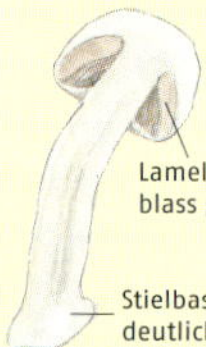

Wie die meisten Egerlinge gilt auch diese Art als schmackhafter Speisepilz. Er ist zwar ziemlich dünnfleischig, dafür ist er häufig anzutreffen und an seinen Standorten oft recht zahlreich. Allerdings ist von allen gilbenden Champignons bekannt, dass sie in besonderem Maße Schwermetall, insbesondere Caesium, aus dem Boden aufnehmen. Daher sollte man sie nur gelegentlich essen.

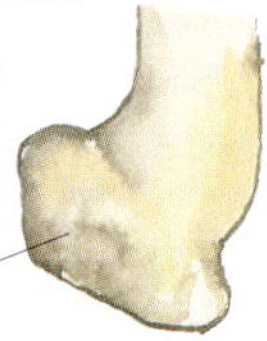

Bisweilen werden die Exemplare mit schräg abgeschnittener Knolle als eigene Art angesehen.

Vorsicht giftig!
Da der Anis-Egerling stark gelb verfärben kann, ist er oft farblich dem Grünen Knollenblätterpilz (S.116) sehr ähnlich. Bei solchen gelb verfärbten Exemplaren ist ein sorgfältiger Vergleich der Trennmerkmale daher besonders wichtig!

Gemeiner Karbol-Egerling, Karbol-Champignon

Agaricus xanthoderma (Champignonartige)
Hut 6–15 cm   Juni–Oktober

Die Gruppe der Karbol-Egerlinge sind die einzigen Champignons die giftig sind. Sie rufen je nach individueller Veranlagung mehr oder weniger starke Magen-Darm-Störungen hervor. Der namensgebende Geruch nach Karbol (oder Heftpflaster) verstärkt sich beim Kochen noch.

Vorkommen an ruderalen Stellen in Laubwäldern, in Gärten, Park- und Friedhofsanlagen, an nährstoffreichen Plätzen.

Schon gewusst?
Es gibt mehrere Arten von giftigen Karbol-Egerlingen, wie den Rebhuhn-Egerling (A. praeclaresquamosus) mit schuppigem Hut. Diese Gruppe zeichnet sich durch das Gilben in der Stielbasis aus. Sie ist daran leicht zu erkennen.

- ***Geruch karbolartig***
- ***Druckstellen chromgelb verfärbend***
- ***Sporen dunkelbraun***
- ***Verbreitung in ganz Europa häufig, Tendenz zunehmend***

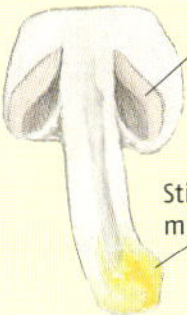

Stadt-Egerling, Stadt-Champignon

Agaricus bitorquis (Champignonartige)

Hut 3–8 cm Juni–Oktober

***Vorkommen** an Straßen- und Wegrändern, auf Gehwegen, stets auf stark verdichteten Böden.*

- ***Sporenpulver schokoladenbraun***
- ***Geruch angenehm pilzartig***
- ***Verbreitung in ganz Europa häufig***

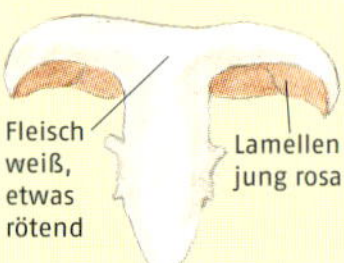

Obwohl Pilze relativ zarte Gebilde sind und zum größten Teil aus Wasser bestehen, ist ihre Kraft schier unglaublich. Der Stadt-Egerling beispielsweise durchbricht beim Wachsen mühelos Asphalt und so mancher Gehweg muss jährlich wegen ihm erneuert werden.

Der grobschuppige Salzwiesen-Egerling *(A. bernardii)* dringt entlang salzgestreuter Straßen ins Binnenland vor. Er schmeckt unangenehm.

Weinrötlicher Zwerg-Egerling, Weinrötlicher Zwerg-Champignon

Agaricus semotus (Champignonartige)

Hut 2–4 cm Juli–Oktober

***Vorkommen** in Wäldern aller Art, etwas häufiger in Nadelwäldern, bodenunabhängig.*

- ***Geruch schwach nach Marzipan***
- ***Sporenpulver schokoladenbraun***
- ***Verbreitung in ganz Europa verbreitet***

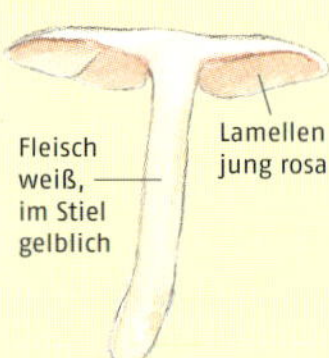

Den wenigsten dürfte bekannt sein, dass es auch Champignons gibt, die nie größer als 4 oder 5 cm werden. Dabei sind diese Zwerg-Egerlinge gar nicht so selten. Und doch gehen die meisten Pilzsammler unbemerkt an ihnen vorbei. Alle Zwerg-Egerlinge sind essbar.

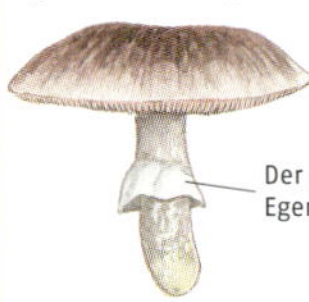

Der größte unter den Zwerg-Egerlingen ist der Purpurfaserige Egerling *(A. porphyrhizon)*. Er ist nur örtlich etwas häufiger.

Riesen-Egerling, Riesen-Champignon

Agaricus augustus (Champignonartige)
Hut 10–25 cm   Juli–Oktober

Vorkommen *vor allem im Nadelwald, vorzugsweise auf basenreichen Böden, seltener im Laubwald oder Parkanlagen.*

Dieser wohlschmeckende Egerling kann schon aufgrund seiner Größe kaum verwechselt werden, der schuppige Hut und der Marzipangeruch sind weitere deutliche Merkmale. Er kommt meist nur einzeln oder mit einigen wenigen Exemplaren vor, doch benötigt man von diesem sehr ergiebigen Pilz auch nur wenige Exemplare für ein Essen.

Ähnlich große Fruchtkörper bildet der weißhütige Große Anis-Egerling *(A. macrocarpus)*, den man meist auf Wiesen antrifft.

- > ***Geruch nach Bittermandel***
- > ***Sporenpulver schokoladenbraun***
- > ***Verbreitung in ganz Europa häufig***
- > ***Doppelgänger Spitzschuppiger Schirmling***

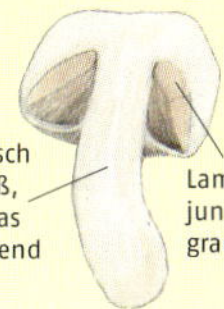

Vorsicht giftig!
Entfernte Ähnlichkeit hat der Spitzschuppige Schirmling *(S. 132)**, der jedoch weiß bleibende Lamellen und einen eher unangenehmen Geruch aufweist.*

Blut-Egerling, Blut-Champignon

Agaricus silvaticus (Champignonartige)
Hut 4–8 cm   August–Oktober

***Vorkommen** in Nadelwäldern auf verschiedenen Böden, nicht selten auch im Laubwald in der Laubstreu.*

> ***Sporenpulver schokoladenbraun***
> ***Geruch etwas dumpf erdartig***
> ***Verbreitung in ganz Europa häufig***
> ***Doppelgänger Kompost-Egerling***

Die Fleischverfärbung des Blut-Egerlings ist auffallend und vollzieht sich rasch: Vom Durchschneiden über die erst gelborange, dann orangerote, bis schließlich zur tief blutroten Verfärbung vergeht ungefähr nur eine Minute. Aufgrund dieses intensiven Anlaufens in Verbindung mit braun werdenden Lamellen kann man ihn mit keinem Giftpilz verwechseln. Die Blut-Egerlinge sind sehr schmackhaft, aber auch sehr zerbrechlich.

Wie eine Albinoform wirkt der seltene Weißschuppige Blut-Egerling *(A. benesii)*.

Vorsicht giftig!

Der weniger stark rötende Kompost-Egerling (A. vaporarius) ist zwar nicht gerade giftig, schmeckt aber nicht gut und kann bisweilen leichte Magenbeschwerden hervorrufen.

Schopf-Tintling

Coprinus comatus (Champignonartige)

Hut 4–10 cm hoch Juli–Oktober

Fängt man die Tinte eines zerfließenden Schopf-Tintlings in einem Becher auf und versetzt sie mit einigen Tropfen Gummi Arabicum, dann erhält man eine schreibfähige Tinte, die früher tatsächlich auch benutzt wurde. In den entsprechenden Schriftstücken sind auch nach Jahrhunderten noch die Sporen des Pilzes nachweisbar.

Vorkommen an stark gedüngten Stellen an Weg- und Wiesenrändern, auch auf vermodernden pflanzlichen Abfällen an Waldrändern.

Vorsicht giftig!

Der im Zusammenhang mit Alkohol giftige Falten-Tintling (S.146) ist nicht so langstielig und sein Hut ist glatt, graubraun und nicht so ausgeprägt walzenförmig.

- **Sporen schwärzlich**
- **Fleisch sehr brüchig**
- **Verbreitung in ganz Europa häufig**
- **Doppelgänger Falten-Tintling**

In manchen Ländern wird aus zu Tinte zerflossenen Schopf-Tintlingen eine Suppe zubereitet. Der Genuss von zerfließenden Exemplaren soll aber auch zu Lebensmittelvergiftungen führen können!

Falten-Tintling

(🍴)

Coprinus atramentarius (Tintlingsartige)
Hut 3–7 cm Mai–Oktober

Vorkommen *Wiesen, Gärten und sonstige Grünflächen, ebenso in Auwäldern und an Wegrändern, bodenunabhängig.*

> ***Sporen schwarz***
> ***Lamellen zerfließend***
> ***Verbreitung in ganz Europa häufig***

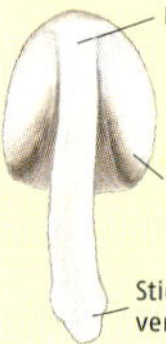

Wenn man zu einem Pilzessen mit Falten-Tintling Alkohol trinkt, kommt es zu schweren allergischen Reaktionen, unter anderem in Form von Gesichtsrötung, Herzrasen und Kreislaufstörungen. Diese Symptome können aber auch dann auftreten, wenn man zwei oder drei Tage nach dem Pilzessen Alkohol trinkt!

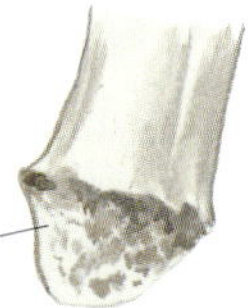

Wegen des Wulstes an der Stielbasis wird die Art manchmal auch Knoten-Tintling genannt.

Schon gewusst?

Der nahe verwandte Silbergraue Falten-Tintling (C. insignis) wächst am Fuß von lebenden Bäumen. Man kann ihn mikroskopisch sehr gut auch an den warzigen Sporen erkennen.

Specht-Tintling

Coprinus picaceus (Tintlingsartige)
Hut 5–12 cm hoch Juli–Oktober

Dieser hübsche Tintling ist die größte Art der Gattung, sie übertrifft sogar den Schopf-Tintling (S. 145). Sein in Flecken auf dem Hut liegendes Velum erinnert an das Gefieder mancher Spechtarten. Andere sehen wiederum eher eine Ähnlichkeit zum Federkleid der Elstern – daher heißt er auch Elstern-Tintling.

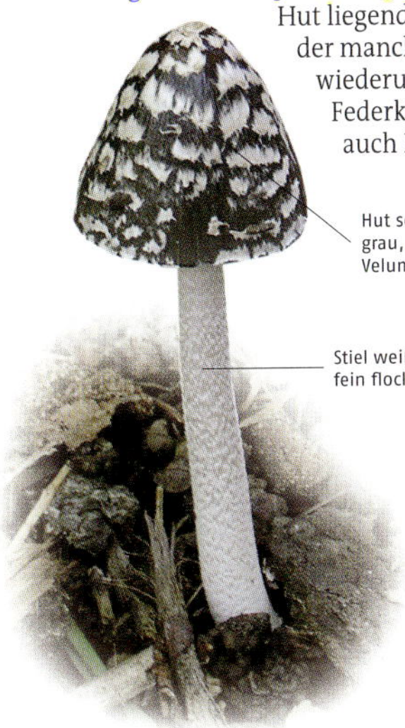

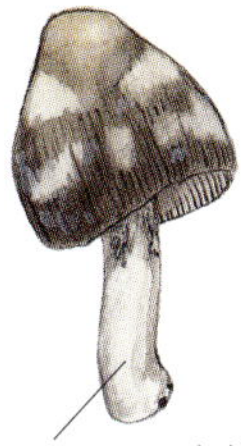

Auf Trockenrasen wächst ein kleiner Doppelgänger: der Beigegraue Tintling *(C. stanglianus)*. Er wurde erst 1988 neu entdeckt.

***Vorkommen** in Laubwäldern auf basenreichen, lehmigen Böden, vor allem in der Buchenlaubstreu.*

- > **Sporen schwarz**
- > **Lamellen zerfließend**
- > **Geruch oft aufdringlich nach Mottenpulver**
- > **Verbreitung in Süd- und Mitteleuropa zerstreut, in Nordeuropa sehr selten**

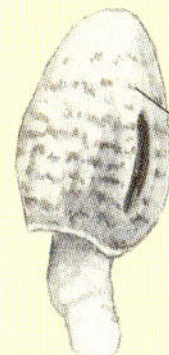

Glimmer-Tintling

Coprinus miccaceus (Tintlingsartige)
Hut 2–5 cm Juli–Oktober

In vielen Pilzbüchern wird vor dem Verzehr des Glimmer-Tintlings in Verbindung mit Alkohol gewarnt, so wie dies für den Falten-Tintling (S.146) zutrifft. Dies ist zwar keineswegs erwiesen, vorsichtshalber sollte man jedoch diese Einschränkung beachten!

Der Falsche Holz-Tintling *(C. ellisii)* wächst einzeln auf am Boden liegenden kleinen Holzresten.

***Vorkommen** in nährstoffreichen Laubwäldern aller Art, in Parks und Gärten, am Fuß von Bäumen oder auf vergrabenem Holz.*

- > **Sporen schwarz**
- > **Lamellen verwelkend**
- > **Verbreitung in ganz Europa häufig**

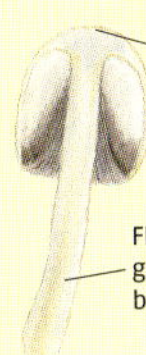

Haus-Tintling

Coprinus domesticus (Tintlingsartige)

Hut 2–5 cm April–September

Vorkommen *in nährstoffreichen Laubwäldern aller Art, vor allem in Auwäldern, stets an Laubholz.*

> ***Sporen schwarz***
> ***Lamellen verwelkend***
> ***Verbreitung in ganz Europa häufig***

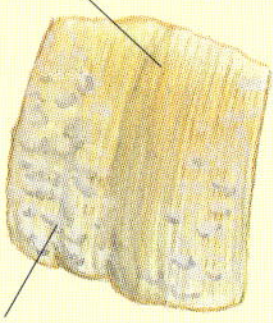

Der Haus-Tintling hat seinen Namen vermutlich daher, weil er des Öfteren auch an verbautem Holz in Gebäuden vorkommen kann. Dies trifft aber gelegentlich auch für andere Tintlingsarten zu, beispielsweise für den Glimmer-Tintling (S. 147).

Der Haus-Tintling wächst auf einer filzigen Unterlage, Ozonium genannt, die fast ganzjährig zu finden ist.

Hasenpfote

Coprinus lagopus (Tintlingsartige)

Hut 2–4 cm Juni–Oktober

Vorkommen *an menschlich beeinflussten Stellen in Wäldern, auf Rindenschrot, Holzhäckseln und sonstigem kleinen holzigen Material.*

> ***Lamellen beim Vergehen einrollend***
> ***Sporen schwarz***
> ***Verbreitung in ganz Europa häufig***

Schaut man sich die jungen Exemplare dieser Art an, so erinnern diese durch das plüschig weiße, weiche und pelzige Velum an eine Hasenpfote. Ihr Speisewert ist nicht genau bekannt, vermutlich ist sie nicht giftig.

Durch den feurig orangerot gepuderten Hut und Stiel ist der seltene Rotbestäubte Tintling (*C. erythrocephalus)* im jungen Zustand einfach zu erkennen.

Gesäter Tintling

Coprinus disseminatus (Tintlingsartige)
Hut 0,5–1,5 cm Mai–Oktober

Da der Pilz häufig auch in Privat- und Kindergärten auftritt und aufgrund seiner großen Fruchtkörperzahl kaum übersehen werden kann, kommt es immer wieder vor, dass kleine Kinder von dieser Art naschen. Vergiftungsfälle sind jedoch bisher in keinem Fall bekannt geworden.

Vorkommen *unabhängig von bestimmten Biotopen auf Laubholz-Stümpfen, dicken Stämmen und toten Wurzeln.*

> ***Lamellen verwelkend***
> ***Sporen schwarzbraun***
> ***Verbreitung in ganz Europa häufig***

Hutmitte ungerieft, bräunlich

Hut kegelig-glockig, glimmernd

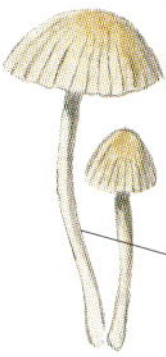

Nicht ganz so dichtrasig wächst der etwas bräunlichere Zwerg-Faserling *(Psathyrella pygmaea)*. Er ist nur mithilfe mikroskopischer Merkmale sicher zu trennen.

Hut graubeige, stark gerieft

Stiel graubeige, glatt

Braunhaariger Tintling

Coprinus auricomus (Tintlingsartige)
Hut 1–2 cm Mai–November

Wer diesen und ähnliche Tintlinge beobachten will, der muss sich morgens auf den Weg machen. Die zarten Fruchtkörper solcher Arten sind sehr vergänglich und manchmal bereits nachmittags zur Unkenntlichkeit verwelkt.

Vorkommen *an Weg- und Straßenrändern, auf Waldwegen, Holzlagerplätzen und Rindenmulch.*

> ***Lamellen verwelkend***
> ***Sporen schwarzbraun***
> ***Verbreitung in ganz Europa häufig***

Hut alt bräunlichgrau, faltig gerieft

Hut jung rotbräunlich, fast glatt

Vor allem in reifem Zustand kaum unterscheidbar sind die Scheibchen-Tintlinge (*C. plicatilis* agg.).

Stiel weiß bis blass bräunlich

Lamellen graubraun, sehr entfernt stehend

Brauner Kohlen-Tintling

Coprinus angulatus (Tintlingsartige)
Hut 1–3 cm hoch   Mai–November

***Vorkommen** auf Brandflächen und alten Feuerstellen im Anfangs- bis Spätstadium.*

> ***Lamellen zerfließend***
> ***Sporen schwarzbraun***
> ***Verbreitung in ganz Europa häufig***

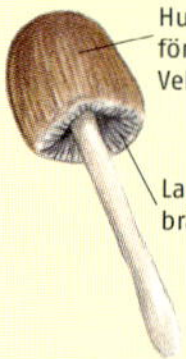

Es gibt mehrere hundert Pilzarten, die ausschließlich oder zumindest bevorzugt auf alten Feuerstellen vorkommen. Unter diesen brandstellenbewohnenden Tintlingen ist der Braune Kohlen-Tintling der häufigste und am nackten, braunen Hut gut zu erkennen.

Alte Brandstellen sind an den ausgedehnten Rasen des Wetteranzeigenden Drehmooses *(Funaria hygrometrica)* zu erkennen.

Aschgrauer Mist-Tintling

Coprinus cinereus (Tintlingsartige)
Hut 1–3 cm hoch   Mai–November

***Vorkommen** auf mit Dung durchsetztem Stroh, alten Misthaufen und ähnlichen, stark nitrathaltigen Substraten.*

> ***Lamellen zerfließend***
> ***Sporen schwarzbraun***
> ***Verbreitung in ganz Europa häufig***

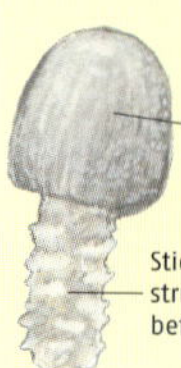

Ein großer Teil der etwa 100 europäischen Tintlingsarten wächst ausschließlich auf Mist oder Dung. Dabei wachsen sie oft in einer speziellen Gemeinschaft und häufig kann man auf ein und demselben Misthaufen mehrere Arten gleichzeitig finden.

Direkt auf Dung kommt der häufige Struppige Mist-Tintling *(C. stercoreus)* mit nur 3–5 mm breitem Hut vor.

Behangener Düngerling

Panaeolus papilionaceus (Tintlingsartige)
Hut 1–4 cm Juni–November

Die Gattung der Düngerlinge sind an den schwarzen, unregelmäßig fleckigen Lamellen und dem auf voller Länge bereiften Stiel erkennbar. Mit einer Ausnahme kommen alle Arten, wie der Name schon erwarten lässt, auf Dung vor.

Am klebrig-glatten Hut und dem dünnen Ring kann man den Ring-Düngerling *(P. semiovatus)* leicht unterscheiden.

Vorkommen *auf Pferdemist, Kuhfladen sowie Dung einer großen Zahl weiterer Pflanzenfresser.*

- > ***Lamellen unregelmäßig gescheckt***
- > ***Sporenpulver braunschwarz***
- > ***Verbreitung in ganz Europa häufig***

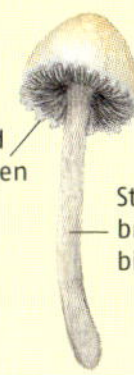

Heu-Düngerling

Panaeolus foenisecii (Tintlingsartige)
Hut 1–3 cm Juni–November

Der Heu-Düngerling kommt stets kurz nach dem Mähen der Wiesen und heißt daher auch Heuschnittpilz. An manchen Fundorten soll er geringe Mengen des rauscherzeugenden Psilocybins enthalten haben. An anderen Stellen konnte es dagegen nicht nachgewiesen werden. Roh gegessen führt er aber in jedem Fall zu Magen-Darm-Vergiftungen!

Rauscherzeugend wirkt der nur regional etwas häufigere Dunkelrandige Düngerling *(P. cinctulus)*.

Vorkommen *auf Pferdemist, Kuhfladen sowie Dung einer großen Zahl weiterer Pflanzenfresser.*

- > ***Lamellen unregelmäßig gescheckt***
- > ***Sporenpulver schwarzbraun***
- > ***Verbreitung in ganz Europa häufig***

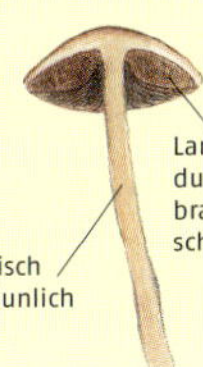

Behangener Faserling

Psathyrella candolleana (Tintlingsartige)

Hut 2–6 cm Juni–November

Vorkommen *besonders an Weg- und Wiesenrändern, ohne besondere Bodenansprüche.*

- ***Stiel sehr brüchig***
- ***Sporenpulver schwarzbraun***
- ***Verbreitung in ganz Europa häufig***

Der Speisewert dieses Faserlings wird unterschiedlich bewertet. Einerseits ist er zwar essbar, andererseits auch sehr zerbrechlich und wenig geschmacksintensiv. Für Suppen und helle Saucen ist die Art in jungem Zustand aber durchaus brauchbar. Alte Pilze wirken durch das dunkelbraune Sporenpulver eher unnsehnlich.

Die violettgrau getönten, sehr dicht stehenden Lamellen sind artcharakteristisch.

Schon gewusst?

Der ähnliche Beringte Faserling (P. leucotephra) hat einen Faserring und wächst büschelig. Diese eher seltene Art wächst gerne in Auwäldern oder Parks und scheint stickstoffliebend zu sein. Ihr Speisewert ist unbekannt.

Schmalblättriger Faserling

Psathyrella spadiceogrisea (Tintlingsartige)

Hut 2–6 cm (April)Mai–Juni

Herbstfunde dieser Frühjahrsart kommen zwar gelegentlich vor, doch in den meisten Fällen handelt es sich dann um Verwechslungen mit ähnlichen Arten. Es gibt noch rund ein Dutzend weiterer, sehr ähnlicher Arten, was sie innerhalb der Faserlinge auch für Fachleute zur schwierigsten Gruppe macht. Es sind aber keine Giftpilze darunter bekannt.

Abgetrocknete Exemplare werden sehr blass und sehen dann wie eine eigene Art aus.

***Vorkommen** an lichten Stellen in Laubwäldern, an Wald- und Wegrändern, saure Böden weitgehend meidend.*

> ***Stiel sehr brüchig***
> ***Sporenpulver dunkelbraun***
> ***Verbreitung in ganz Europa häufig***

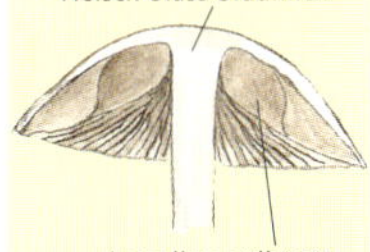

Schon gewusst?

Unter den vielen beschrieben Varietäten ist am ehesten die var. vernalis an ihren helleren Hutfarben, dem in der Mitte gelb werdenden Stiel und der früheren Erscheinungszeit (April) erkennbar.

Huthaar-Faserling

Psathyrella conopilea (Tintlingsartige)
Hut 2–6 cm (April)Mai–Juni

***Vorkommen** an Wegrändern und lichten Stellen in Laubwäldern, oft im Falllaub oder an nährstoffangereicherten Stellen.*

- ***Hut unter der Lupe mit feinen Härchen***
- ***Sporenpulver dunkelbraun***
- ***Verbreitung in ganz Europa häufig***

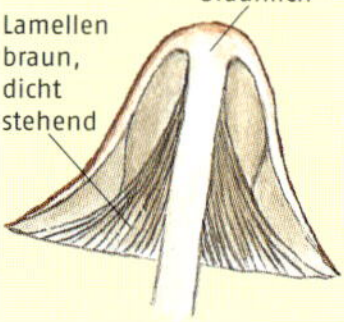

Aufgrund seines sehr langen, bis 15 cm hohen Stieles ist der Huthaar-Faserling die wohl größte Art dieser Gattung. Er wächst stets in individuenreicher Gemeinschaft, Einzelexemplare werden kaum einmal gefunden. Man könnte ihn essen, er schmeckt jedoch fade.

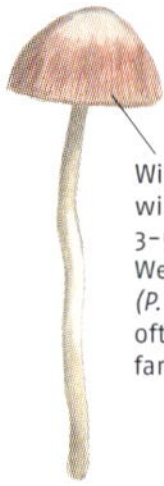

Wie ein Zwerg wirkt der nur 3–5 cm hohe Wegrand-Zärtling *(P. prona)*, der oft deutlich rosafarben ausblasst.

Dünen-Faserling

Psathyrella ammophila (Tintlingsartige)
Hut 2–5 cm Juni–Dezember

***Vorkommen** im reinen Sand in Weiß- und Graudünen, den unterirdischen Teilen des Strandhafers aufsitzend.*

- ***Sporenpulver dunkelbraun***
- ***Verbreitung in ganz Europa an den Küsten häufig***

Selbst beim Strandurlaub ist man nicht vor Pilzen sicher, denn überraschenderweise finden sich auch direkt im Dünensand einige Pilzarten, von denen dieser Faserling eine der häufigsten ist. Funde im Binnenland in aufgelassenen Sandgruben oder auf Binnendünen sind dagegen große Seltenheit.

In dichten Büscheln zu 100 und mehr Fruchtkörpern mit gemeinsamer Stielbasis wächst der Büschelige Faserling *(P. multipedata)*

Weißstieliges Stockschwämmchen

Psathyrella piluliformis (Tintlingsartige)
Hut 2–5 cm   Juni–November

Zwar ist dieser Pilz trotz seines Namens mit dem Stockschwämmchen nur fern verwandt, doch zeigt sein Hut einen ähnlichen Farbwechsel beim Trocknen wie dieses. Verwechslungen dieser beiden miteinander wären weniger tragisch, denn beide sind essbar. Sein Geschmack ist aber nicht sehr intensiv und man sollte daher bei seiner Zubereitung auf starke Gewürze oder gar Speck verzichten.

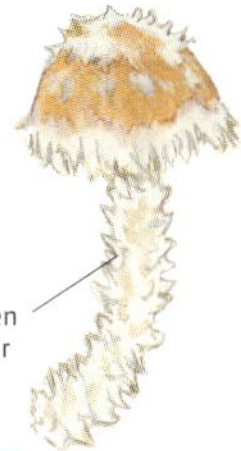

Wie mit Kokosflocken bestreut wirken junge Pilze des Süßriechenden Faserlings *(P. sacchariolens)*. Sein auffallend süßlicher Geruch ist für ihn kennzeichnend.

Schon gewusst?

Nur eine einzige der rund 60 Faserlingsarten kommt auf Kuhfladen vor, der Flockige Mist-Faserling (P. hirta). Wie bei allen Faserlingen mit Faserschuppen verlieren diese sich rasch und sind nur jung so schön sichtbar.

Vorkommen *auf morschem, meist dickem Laubholz oder Holzstümpfen, in Wäldern verschiedenster Art.*

> ***Sporenpulver dunkelbraun***
> ***Wuchs büschelig***
> ***Verbreitung in ganz Europa häufig***

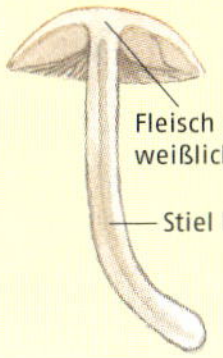

Langstieliger Pinsel-Faserling

Psathyrella cotonea (Tintlingsartige)

Hut 3–8 cm   Juni–November

***Vorkommen** in Buchenwäldern, auf morschen Holzstümpfen oder vergrabenem Holz, seltener in anderen Waldtypen.*

> ***Sporenpulver dunkelbraun***
> ***Wuchs dicht büschelig***
> ***Verbreitung in ganz Europa zerstreut bis selten***

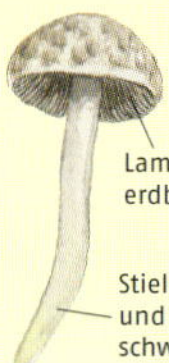

Diese Art gehört zu einer Gruppe von Faserlingen, bei denen das Velum am Hut angewachsen ist und nicht wie bei den meisten Arten lose aufliegt. Über ihren Speisewert ist allerdings nichts Genaues bekannt.

Nicht nur der Hut, sondern auch der ganze Stiel ist beim Medusenhaupt *(P. caput-medusae)* abstehend beschuppt.

Tränender Saumpilz

Lacrymaria lacrymabunda (Tintlingsartige)

Hut 3–8 cm   Mai–November

***Vorkommen** entlang von Weg- und Wiesenrändern, an lichten Waldrändern, besonders an etwas nährstoffreicheren Stellen.*

> ***Sporenpulver dunkel violettbraun***
> ***Wuchs gesellig, in großen Gruppen***
> ***Verbreitung in ganz Europa häufig***

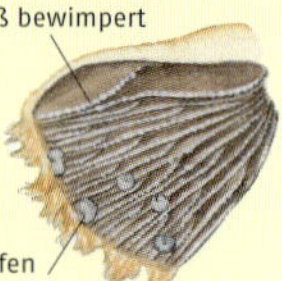

Vor allem bei jungen Exemplaren sind an der Lamellenschneide wässrige Tropfen zu beobachten, durch die der Pilz auch zu seinem Artnamen kam. Der Gattungsname Saumpilz kommt von seiner Vorliebe, an Weg- und Wiesensäumen zu wachsen. Er ist jung essbar, aber nicht besonders wohlschmeckend.

Es gibt eine freudig rostorange gefärbte Varietät, den Feurigen Saumpilz *(var. pyrotricha)*

Roststieliges Samthäubchen

Conocybe tenera (Mistpilzartige)
Hut 1–3 cm Mai–November

Samthäubchen sind eine artenreiche Gattung mit meist nur mikroskopisch voneinander trennbaren Arten. Unter all diesen Arten ist kein Speisepilz bekannt, wohl aber einige giftige. Daher ist von ihrem Genuss prinzipiell abzuraten.

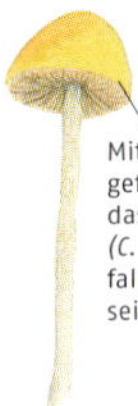

Mit seinem goldorange gefärbten Hut gehört das Gold-Samthäubchen *(C. aurea)* zu den auffallenderen Vertretern seiner Gattung.

Vorkommen *entlang von Weg- und Wiesenrändern, in Grünflächen, vor allem an nährstoffreicheren Stellen.*

> ***Sporenpulver rostbraun***
> ***Stiel sehr schlank, zerbrechlich***
> ***Verbreitung in ganz Europa häufig***

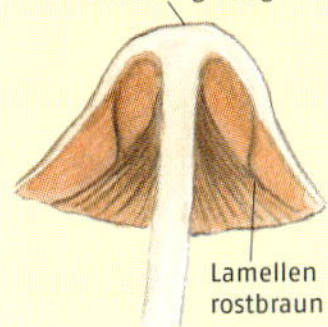

Gerandetknolliges Samthäubchen

Conocybe subovalis (Mistpilzartige)
Hut 1–3 cm Mai–November

Einige wenige Samthäubchen weisen an der Stielbasis eine knollige Verdickung auf, die bei dieser Art besonders stark ausgeprägt ist. Daran und am leicht olivfarbenen Ton des Hutes kann man diese häufig in Beeten oder Blumentöpfen auftretende Art leicht erkennen.

An ähnlichen Standorten kommt das Milchweiße Samthäubchen *(C. lactea)* vor, das einen auffallend hohen Hut aufweist.

Vorkommen *entlang von Weg- und Wiesenrändern, in Grünflächen, Blumenbeeten und Gewächshäusern.*

> ***Sporenpulver rostbraun***
> ***Fruchtkörper relativ robust für die Gattung***
> ***Verbreitung in ganz Europa häufig***

Runzeliger Glockenschüppling

Pholiotina filaris (Mistpilzartige)

Hut 1–2 cm   Mai–Oktober

***Vorkommen** entlang von Wegrändern, auf ehemaligen Holzlagerplätzen, in Gärten, oft an frisch gestörten Stellen.*

> ***Sporenpulver rostbraun***
> ***Fleisch blassocker, in der Stielbasis bräunlich***
> ***Verbreitung in ganz Europa zerstreut***

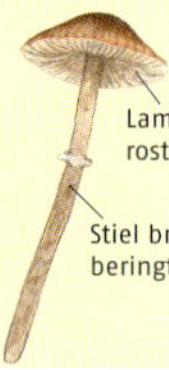

Seit den aus Amerika gemeldeten Vergiftungsfällen durch Verwechslung mit dem Spitzkegeligen Kahlkopf (S.165) weiß man, dass diese kleine Art tödlich giftig sein kann. Sie enthält große Mengen Amatoxine, zumindest in Pilzen amerikanischer Herkunft. In europäischen Funden konnten diese Giftstoffe bisher nicht nachgewiesen werden. Dennoch ist höchste Vorsicht angebracht!

Ähnlich ist beispielsweise der ringlose Säuerliche Glockenschüppling *(P. subnuda)*. Über eine eventuelle Giftigkeit ist nichts bekannt.

Frühlingsglockenschüppling

Pholiotina aporos (Mistpilzartige)

Hut 1–2 cm   Mai–Oktober

***Vorkommen** an Wegrändern, auf ehemaligen Holzlagerplätzen, in Gärten, aber auch an bewuchsfreien Stellen im Laubwald.*

> ***Sporenpulver rostbraun***
> ***Lamellen ocker- bis rostbraun***
> ***Verbreitung in ganz Europa häufig***

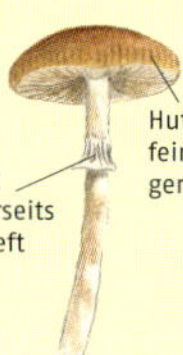

Durch die frühe Erscheinungszeit ist diese Art gut charakterisiert, doch die endgültige Bestimmung der verschiedenen Glockenschüpplinge kann nur mithilfe des Mikroskops erfolgen. Sein Speisewert ist unbekannt.

Erst im Herbst erscheint der täuschend ähnliche Rotbraune Glockenschüppling *(P. arrhenii)*.

Gold-Mistpilz

Bolbitius vitellinus (Mistpilzartige)
Hut 2–5 cm   Mai–Oktober

Mistpilze sind meist zarte und leicht vergängliche Pilze, die in ihrer Erscheinung stark an manche Tintlinge erinnern (S. 148/149). Sie zerfließen jedoch nicht und haben ein viel heller braunes Sporenpulver.

Die Art ist sehr vielgestaltig und kann manchmal recht robust sein, der Hut ist oft runzelig.

***Vorkommen** an grasigen Wegrändern, auf Holzhäcksel, in Wiesen und Gärten, an nährstoffreichen Stellen.*

> **Sporenpulver rostocker**
> **Hut feucht schmierig**
> **Verbreitung in ganz Europa häufig**

Netzadriger Mistpilz

Bolbitius reticulatus (Mistpilzartige)
Hut 1–3 cm   Juni–Oktober

Alle bei uns vorkommenden Mistpilzarten zeigen eine feine geaderte bis runzelige Hutoberfläche. Vor allem in etwas getrocknetem Zustand ist dies oft sehr deutlich, manchmal muss man aber eine Lupe zu Hilfe nehmen.

Ähnlich sind manche Dachpilzarten, beispielsweise der Runzelige Dachpilz (*Pluteus phlebophorus*, S. 115).

***Vorkommen** in Laubwäldern verschiedener Art, stets an morschem Laubholz, vor allem an liegenden, dicken Stämmen.*

> **Sporenpulver rostocker**
> **Hut feucht schmierig**
> **Verbreitung in ganz Europa zerstreut, wird oft übersehen**

Voreilender Ackerling

Agrocybe praecox (Mistpilzartige)
Hut 3–8(10) cm Mai–Juli(Oktober)

***Vorkommen** an Wegrändern, Ruderalstellen, auf Rindenmulch und Holzhäckselhaufen, seltener in lichten Laubwäldern.*

- ***Sporenpulver erdbraun***
- ***Geruch ranzig mehlartig***
- ***Geschmack etwas bitter***
- ***Verbreitung in ganz Europa häufig***

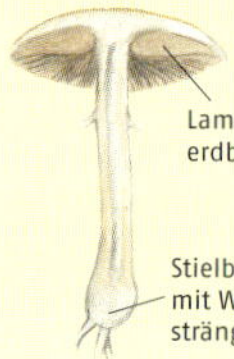

Diese Art findet man vor allem im Frühjahr bis zum Sommeranfang, er kann jedoch vereinzelt noch bis in den Spätherbst vorkommen. Er gilt als essbar, sein etwas bitterer, dumpfer Geschmack stellt jedoch nach Meinung vieler Pilzfreunde keinen besonders lohnenden Genuss dar.

Schon gewusst?

Der Weiße Ackerling (A. dura, li.) unterscheidet sich durch seine sehr helle Hutfärbung, der Raustielige Ackerling (A. pediades, re.) durch den kleinen Fruchtkörper ohne Ring vom Voreilenden Ackerling. Beide kommen in Wiesen und Trockenrasen vor.

Leberbrauner Ackerling

Agrocybe erebia (Mistpilzartige)
Hut 3–8 cm Juli–Oktober

Von allen anderen Ackerlingen ist diese Art durch den sehr dunklen Hut gut zu unterscheiden. Über Vergiftungsfälle ist bisher nichts bekannt geworden, sein etwas bitterer Geschmack lädt jedoch sowieso nicht zum Essen ein.

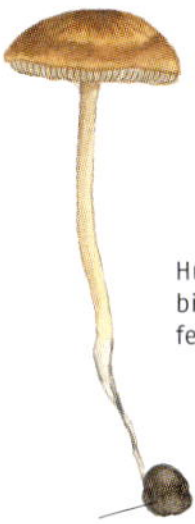

Der Geschwänzte Ackerling (A. arvalis) wächst aus einem kleinen Sklerotienknöllchen hervor, das man bei vorsichtigem Graben finden kann.

Vorkommen *an Wegrändern und Böschungen, seltener in lichten Laubwäldern, bevorzugt basenhaltige Böden.*

> ***Sporenpulver erdbraun***
> ***Geschmack etwas bitter***
> ***Verbreitung in ganz Europa zerstreut, örtlich häufiger***

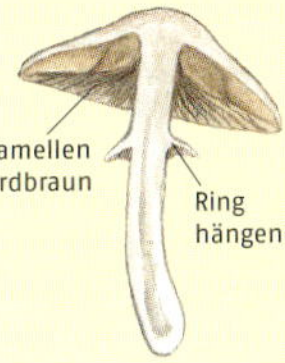

Südlicher Ackerling

Agrocybe cylindracea (Mistpilzartige)
Hut 4–10 cm April–Oktober

Dieser auch Südlicher Schüppling genannte Pilz war schon den Römern als wohlschmeckender Speisepilz bekannt und wird in Südeuropa viel gesammelt. Seine Kultur ist recht einfach und gelegentlich wird er auch als Zuchtpilz angeboten.

Ebenfalls an Pappelholz wächst der viel größere und kompakte Pappel-Schüppling (S. 172), der bitter und somit ungenießbar ist.

Vorkommen *in Auwäldern und feuchten Laubgebüschen, wärmeliebend, fast ausschließlich an Pappelholz.*

> ***Sporenpulver erdbraun***
> ***Geschmack mild***
> ***Verbreitung in Südeuropa häufig, nördlich der Alpen selten***

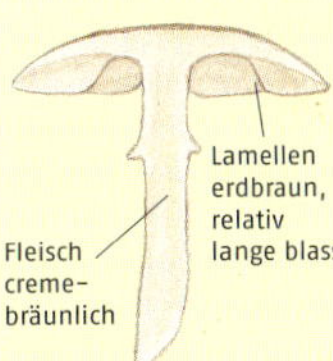

Grünspan-Träuschling

Psilocybe aeruginosa (Träuschlingsartige)

Hut 3–7 cm   August–Dezember

***Vorkommen** an Weg- und Waldrändern, an nährstoffreichen, lichten Stellen im Laub- und Nadelwald.*

- ***Sporenpulver violettbraun***
- ***Geruch schwach rettichartig***
- ***Verbreitung in Europa häufig***

Pilzberater ernten meist ungläubige Blicke, wenn sie diesen „giftig aussehenden“ Pilz als essbar freigeben. Tatsächlich kann aber auch ein Pilz mit knalligen Farben durchaus essbar sein, wohingegen manche noch so appetitlich aussehende Art giftig ist.

Schon gewusst?

Der Blaue Träuschling (P. caerulea) unterscheidet sich nur durch das schwächer ausgeprägte Velum, oder die etwas andere Lamellentönung. Wegen seiner Sporenfarbe heißt er auch Braunsporiger Träuschling.

Das blaugrüne Pigment scheint lichtempfindlich zu sein, denn beide Arten blassen bei Sonneneinstrahlung schnell ockergelb aus.

Krönchen-Träuschling

Stropharia coronilla (Träuschlingsartige)

Hut 2–4 cm Juli–November

Manche Pilzkundige stufen die Art als essbar ein, andere wiederum bezeichnen ihn als giftverdächtig. Nach eigenen Erfahrungen ist er zwar unschädlich, vorsichtshalber wird aber vom Sammeln abgeraten. Die Art kann leicht mit Zwerg-Egerlingen (S. 142) verwechselt werden.

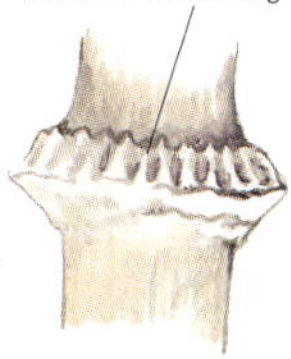

***Vorkommen** auf extensiv genutzten Wiesen und Weiden, auf abgeernteten Feldern, selten auch in Gärten.*

- > ***Sporenpulver violettbraun***
- > ***Geruch schwach krautig***
- > ***Verbreitung in Europa häufig***

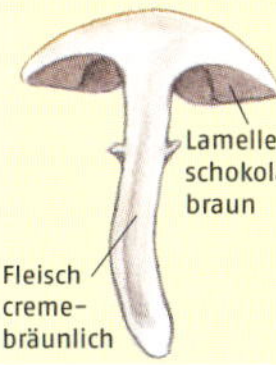

Schuppiger Träuschling

Psilocybe squamosa (Träuschlingsartige)

Hut 2–4 cm Juli–November

Auch diese Art gilt bisweilen als giftverdächtig oder gar schwach giftig. Zwar konnte dies bisher noch nicht nachgewiesen werden, aber dennoch ist von ihrem Genuss auf alle Fälle abzuraten.

Seit einigen Jahren breiten sich von Westeuropa her zwei ähnliche Arten aus: Der Orangerote Träuschling (*P. aurantiaca*, li.) und der Feuerfüßige Träuschling (*P. percevalii*, re.)

***Vorkommen** an Weg- und Waldrändern, an lichten Stellen im Laubwald, auf Rindenhäcksel und Holzlagerplätzen.*

- > ***Sporenpulver schokoladenbraun***
- > ***Geruch schwach nach Rettich***
- > ***Verbreitung in Europa häufig***

Rotbrauner Riesen-Träuschling

Psilocybe rugoso-annulata (Träuschlingsartige)
Hut 8–20 cm   Juni–November

***Vorkommen** in Mais- und Getreidefeldern, auf Rindenschrot und zunehmend auch an Straßenrändern.*

- ***Sporenpulver violettbraun***
- ***Geruch und Geschmack etwas erdig***
- ***Verbreitung in Europa noch mäßig häufig, nimmt zu***
- ***Doppelgänger Üppiger Träuschling***

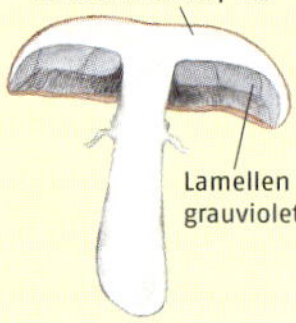

In der ehemaligen DDR wurde dieser Pilz erstmals mit Erfolg kultiviert und als Zuchtpilz vermarktet, seither ist er als „Braunkappe" im Handel erhältlich. Sein Geschmack wird recht kontrovers beurteilt, viele stören sich an seinem etwas erdigen Beigeschmack.

Bisweilen gibt es Myzelien, die nur gelbhütige Fruchtkörper hervorbringen.

Vorsicht giftig!
Der vorwiegend nordisch verbreitete, aber giftige Üppige Träuschling (P. hornemannii) ist am schuppigen Stiel und seinem Vorkommen in Nadelwäldern zu unterscheiden.

Spitzkegeliger Kahlkopf

Psilocybe semilanceata (Träuschlingsartige)
Hut 1–2 cm   Juni–November

Alle blauenden Kahlkopfarten sind giftig, da sie halluzinogen wirken. Gerade diese Eigenschaft verleitet aber auch manche, sie als Rauschpilze zu sammeln. Da es viele ähnliche, teils sogar tödlich giftige, kleine, braune Pilze gibt, ist dies ohne genaue Kenntnis ein höchst riskantes Unterfangen.

Vorsicht giftig!
Hinterlässt der Kahlkopf wenigstens keine bleibenden Schäden, so kann dies bei Verwechslung mit Häublingsarten schon schlimmer ausgehen, denn manche unter ihnen wirken durch ihre Lebergifte tödlich.

***Vorkommen** in extensiv beweideten Wiesen und Kuhweiden, bisweilen an grasigen Wegrändern, nie direkt auf Dung sitzend.*

- ***Sporenpulver violettbraun***
- ***Geruch und Geschmack etwas erdig***
- ***Verbreitung in Europa zerstreut, örtlich häufig***

Die höchste Konzentration an Psilocybin hat der erst 1995 in den USA neu beschriebene Stattliche Kahlkopf *(P. azurescens)*. Er wurde 2000 erstmals auch in Europa aufgefunden.

Rauchblättriger Schwefelkopf

Hypholoma capnoides (Träuschlingsartige)

Hut 2–4 cm (August)Oktober–März

***Vorkommen** in trockenen Nadel- und Nadelmischwäldern, stets auf oder an morschen Nadelbaumstümpfen.*

- ***Sporenpulver violettschwarz***
- ***Geschmack mild, etwas herb***
- ***Verbreitung in Europa häufig***
- ***Doppelgänger Grünblättriger Schwefelkopf***

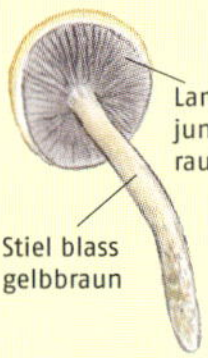

Er ist einer der wenigen Speisepilze des Winterhalbjahrs, den man in milden Perioden oft in großen Mengen finden kann. Bei entsprechender Witterung kommt er gelegentlich schon ab August oder bis in den Mai hinein vor. Am besten schmeckt er gedünstet oder als Pilzsuppe zubereitet.

Vor allem bei jüngeren Exemplaren sind die Lamellenfarben des Rauchblättrigen (re.) und des Grünblättrigen Schwefelkopfs (li.) deutlich verschieden.

Vorsicht giftig!

Der Grünblättrige Schwefelkopf (S. 167) ist nicht nur sehr bitter, sondern auch giftig.

Grünblättriger Schwefelkopf ☠

Hypholoma fasciculare (Träuschlingsartige)
Hut 2–6 cm   April–Dezember

Viele Pilzsucher sind sich unsicher im Erkennen dieser Art gegenüber dem Rauchblättrigen Schwefelkopf. In solchen Zweifelsfällen hilft ganz einfach eine Geschmacksprobe: mild = Rauchblättriger, bitter = Grünblättriger Schwefelkopf. Doch Vorsicht: das gilt aber nur für diese beiden Arten und lässt sich nicht für alle Pilze verallgemeinern!

Schon gewusst?
Vom Grünblättrigen Schwefelkopf gibt es auch eine sehr kleine, fast rein gelbgrüne Form (f. viridis). Sie ist ebenso giftig und auch bitter wie die typische Form, aber durch ihre Größe und Färbung nicht mit Speisepilzen zu verwechseln.

***Vorkommen** in Wäldern aller Art, an morschem Laub- oder Nadelholz, an Holzstümpfen, Wurzeln oder auf vergrabenem Holz.*

- > ***Sporenpulver violett-schwarz***
- > ***Geschmack bitter***
- > ***Verbreitung in Europa sehr häufig***

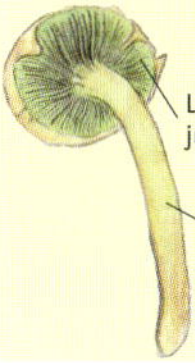

Ziegelroter Schwefelkopf

Hypholoma lateritium (Träuschlingsartige)
Hut 3–8 cm August–Dezember

***Vorkommen** in Wäldern aller Art, stets an morschem, dickem Laubholz, seltener auf vergrabenem Holz.*

- ***Sporenpulver violettschwarz***
- ***Geschmack schwach bitter***
- ***Verbreitung in Europa häufig***

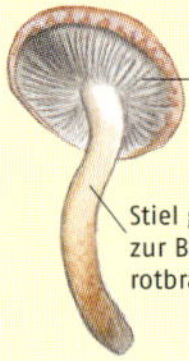

Der Ziegelrote Schwefelkopf ist nur mäßig bitter und wird von manchen Leuten gegessen, da er angeblich gegen Rheuma helfen soll. Dies ist jedoch umstritten und wird von der Schulmedizin abgelehnt. Wem der herbe Geschmack also zusagt, der könnte die Art essen, doch ein Genuss wird es bestimmt nicht sein.

Schon gewusst?
Es gibt mehrere holzbewohnende Arten mit auffallend orange- bis ziegelroten Hutfarben, beispielsweise der Safran-Schüppling (Pholiota astragalina, li.) oder der Orangerote Träuschling (Psilocybe aurantiaca, re.)

Torfmoos-Schwefelkopf

Hypholoma elongatum (Träuschlingsartige)

Hut 1–3 cm Juli–Oktober

In den Mooren wachsen vier verschiedene Schwefelköpfe, die man nur mit Hilfe des Mikroskops sicher unterscheiden kann. Der Torfmoos-Schwefelkopf ist der mit Abstand häufigste von ihnen.

Der dunklere Rausporige Schwefelkopf *(Pholiota udum)* wächst auch ohne Torfmoos auf nackten Moor- und Torfböden.

***Vorkommen** in Torfmooren und Sumpfstellen in Nadelwäldern, immer in Verbindung mit Torfmoos (Sphagnum).*

> ***Sporenpulver violett-schwarz***
> ***Geschmack schwach bitter***
> ***Verbreitung in Europa häufig***

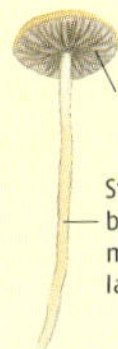

Geselliger Schwefelkopf

Hypholoma marginatum (Träuschlingsartige)

Hut 1–3 cm Juli–Oktober

Aufgrund ihrer auffallenden Stieloberfläche nennt man diese Art auch Natternstieliger Schwefelkopf. Um sie deutlich zu sehen muss man dem Pilz über den Hutrand hinweg längs den Stiel entlang schauen.

In ähnlichen Biotopen wächst auch der Wurzelnde Schwefelkopf *(H. radicosum)*, der an der auffallend langen Stielwurzel erkennbar ist.

***Vorkommen** in feuchten Nadelwäldern, auf morschem Holz oder auf dem Boden, vor allem in Berglagen.*

> ***Sporenpulver violett-schwarz***
> ***Geschmack schwach bitter***
> ***Verbreitung in Europa örtlich häufig***

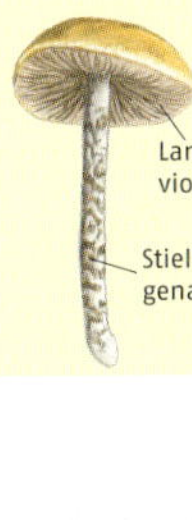

Sparriger Schüppling

Pholiota squarrosa (Träuschlingsartige)
Hut 3–8 cm Juli–Oktober

Vorkommen *in diversen Waldtypen, in Parkanlagen, Obstwiesen, am Fuß stehender Bäume.*

> ***Sporenpulver erdbraun***
> ***Geschmack bitter***
> ***Wuchs büschelig***
> ***Verbreitung in Europa häufig***

Dieser Pilz wächst bevorzugt büschelig am Fuß stehender Bäume (Laub- wie Nadelgehölze). Seine Sporen gelangen über Wundlöcher in den Baum und können die sogenannte Weißfäule verursachen. Unter den Schüpplingen ist er die einzige beschuppte Art mit trockenem Hut und Stiel. Ähnliche Arten haben entweder einen schleimigen Hut oder aber keine abstehenden Schuppen. Trotz seiner Bitterkeit wird er bisweilen gegessen.

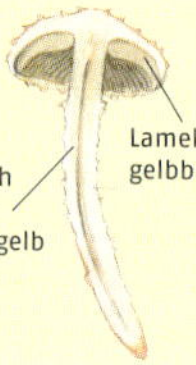

Fast schuppenlos ist der lebhaft gelbe, nach Zitronenmelisse riechende Erlen-Schüppling *(P. alnicola)*

Vorsicht giftig!

Einzeln und auf dem Erdboden wächst der giftige Schuppenstielige Risspilz (Inocybe terrigena). Man findet ihn nur auf Kalkböden, unter Fichten.

Feuer-Schüppling

Pholiota flammans (Träuschlingsartige)

Hut 2–6 cm Juli–Oktober

Seine auffallend leuchtend orangegelbe Färbung gab dem Feuer-Schüppling seinen Namen. Wie fast alle Schüpplinge ist er aber bitter und daher nicht zum Essen geeignet.

Stachelschuppig ist der rotbraune Igel-Schüppchenschnitzling *(Phaeomarasmius erinaceus).*

Vorkommen *in Nadelwäldern oder in Mischwäldern, stets auf morschem Nadelholz.*

> ***Sporenpulver erdbraun***
> ***Geschmack bitter***
> ***Verbreitung in Europa häufig***

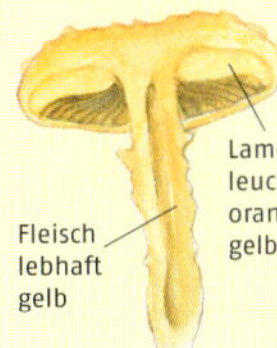

Goldfell-Schüppling

Pholiota cerifera (Träuschlingsartige)

Hut 3–7 cm Juli–Oktober

Diese Art kann in mehreren Metern Höhe an scheinbar gesunden Bäumen wachsen. Sie fasst oft in Astlöchern und ähnlichen Verletzungen des Baumes Fuß. Da sie nur schwach parasitisch ist, wird der befallene Baum nur unwesentlich geschädigt.

Der Pinsel-Schüppling *(P. jahnii)* ist durch das scheinbare Wachsen auf der Erde und die abstehenden Hutschuppen mit schwarzer Spitze gut zu erkennen.

Vorkommen *in Laubwäldern, an stehenden Buchen und anderen Laubbäumen, auch auf liegendem Holz, selten an Nadelbäumen.*

> ***Sporenpulver erdbraun***
> ***Geschmack bitter***
> ***Verbreitung in Europa häufig***

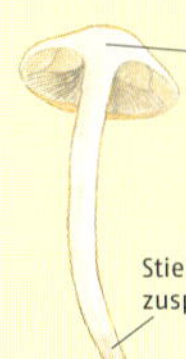

Pappel-Schüppling

Pholiota destruens (Träuschlingsartige)

Hut 6–15 cm   Juli–November

Vorkommen *in Auwäldern, an Baumreihen entlang von Flüssen, stets an stehenden oder liegenden Pappelstämmen.*

> ***Sporenpulver erdbraun***
> ***Geschmack bitter***
> ***Verbreitung in Europa in den Stromtälern häufig, sonst seltener***

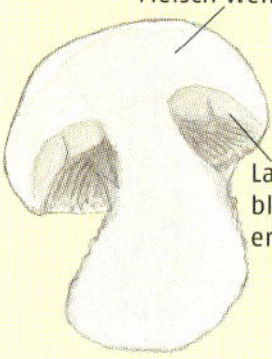

Der Pappel-Schüppling bildet robuste, festfleischige Fruchtkörper, die auch sehr dauerhaft sind. Daher kann man im Frühjahr oft noch seine schwarzen Überreste an Pappelstämmen entdecken.

Wie sein Name schon andeutet, wächst die Art ausschließlich an Pappeln, beispielsweise der Silberpappel *(Populus alba)*.

Tonblasser Schüppling

Pholiota lenta (Träuschlingsartige)

Hut 4–8(10) cm   September–November

Vorkommen *in nährstoffreichen Laubwäldern, vor allem zwischen Holzresten und Ästen, in Verbindung mit Holz.*

> ***Sporenpulver erdbraun***
> ***Geschmack leicht bitter***
> ***Verbreitung in ganz Europa häufig***

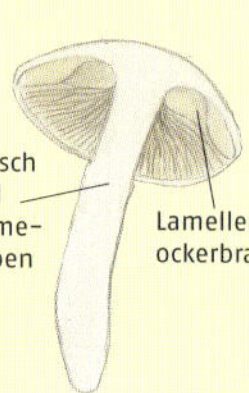

Diese Art kommt hauptsächlich vom Spätsommer bis zum Spätherbst vor, doch bei entsprechenden klimatischen Bedingungen kann sie, ebenso wie beispielsweise der Violette Rötelritterling (S. 65), auch im Frühjahr Fruchtkörper bilden. Sie wächst meist jedoch nicht so büschelig wie abgebildet.

Durch deutlichen Olivton des ganzen Fruchtkörpers und rostfarbene Stielbasis unterscheidet sich der Gummi-Schüppling *(P. gummosa)*.

Stockschwämmchen

Pholiota mutabilis (Träuschlingsartige)

Hut 2–5 cm   Mai–Oktober

Vorkommen *auf totem, vermodertem Laub-, seltener Nadelholz, meist auf Holzstümpfen.*

- > ***Geschmack angenehm nussartig***
- > ***Sporenpulver erdbraun***
- > ***Verbreitung in Europa häufig***
- > ***Doppelgänger Gift-Häubling***

Das Stockschwämmchen ist wegen seines angenehmen Geschmackes und des Vorkommens in dichten Büscheln ein hochgeschätzter Speisepilz, der sich besonders für Pilzsuppen eignet. Da die Stiele aber zäh sind, sammelt man zum Essen nur die Hüte. Will man allerdings seinen Stockschwämmchenfund vom Pilzberater überprüfen lassen, dann müssen die Pilze mit Stiel gesammelt werden, denn nur so ist eine sichere Bestimmung gewährleistet!

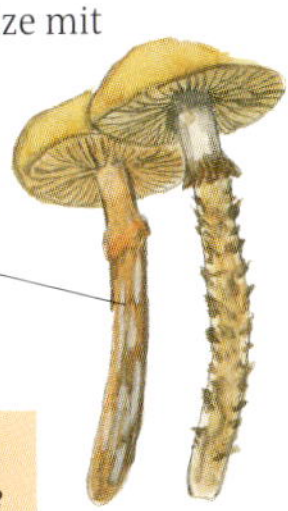

Nur die Stielmerkmale bieten Sicherheit beim Unterscheiden von Gift-Häubling (li., silbrig längsfaserig und faserige Ringzone) und Stockschwämmchen (re., braunschuppig und häutiger Ring). Dagegen sind Geschmack, Hutriefung und Wuchsform recht unsichere Trennmerkmale.

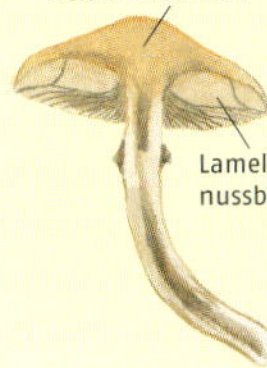

Vorsicht giftig!

Der tödlich wirkende Gift-Häubling (S.173) kann in bestimmten Durchwässerungsstadien ausgesprochen ähnlich aussehen. Jeder Stockschwämmchen-Sammler muss die Art kennen!

Hut gelb- bis orange-braun, hygrophan

Winter-Trompetenschnitzling

Tubaria hiemalis (Träuschlingsartige)

Hut 2–5 cm September–Februar

***Vorkommen** biotopunabhängig, auf Rindenmulch, Holzhäcksel und ähnlichem Material.*

- > ***Sporenpulver schmutzig rostbraun***
- > ***Velum weiß, flüchtig***
- > ***Verbreitung in ganz Europa häufig***

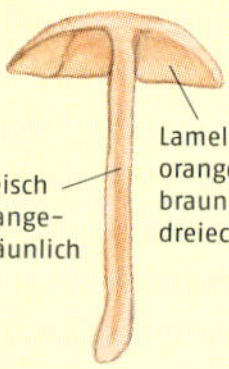

Die Gattung der Trompetenschnitzlinge beinhaltet meist unscheinbar rostbraune, relativ kleine Arten. Ihr gemeinsames Merkmal sind die in voller Breite am Stiel angewachsenen Lamellen. Sie wirken dadurch im Schnitt auffallend dreieckig.

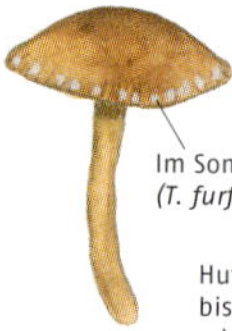

Im Sommer und Herbst wächst der Gemeine Trompetenschnitzling *(T. furfuracea)* mit beständigerem Velum am Hutrand.

Gelbblättriger Trompetenschnitzling

Tubaria dispersa (Träuschlingsartige)

Hut 1–3 cm Juli–Oktober

***Vorkommen** unter Weißdorn (Crataegus spp.), vorwiegend auf basenhaltigen, lehmreichen Böden.*

- > ***Sporenpulver schmutzig rostbraun***
- > ***Geschmack leicht bitter***
- > ***Verbreitung in ganz Europa zerstreut***

Hat man einmal die Gattung erkannt, ist dieser Trompetenschnitzling einfach zu bestimmen, da er die einzige Art mit derart auffallend ockergelben Lamellen ist. Sein Standort ist ebenfalls charakteristisch.

An Wegrändern auf Lehmboden wächst der Flockige Trompetenschnitzling *(T. conspersa)* mit auffallenden Velumschüppchen auf Hut und Stiel.

Bucheckern-Flockenschüppling

Flammulaster carpophilus (Träuschlingsartige)

Hut 1–2 cm Mai–Juli

Man braucht schon gute Augen, um diese kleine Art im Buchenlaub zu entdecken, obwohl sie oft recht gesellig vorkommt. Durch die körnige Hutoberfläche, die Färbung und den Wuchsort ist sie gut charakterisiert.

Auf nacktem Lehmboden und an Böschungen wächst der dunklere Körnige Schüppchenschnitzling *(F. granulosus)*.

***Vorkommen** in Buchenwäldern in der Laubstreu, auf Blättern, Kupulen und kleinen Ästchen, häufiger auf basenreichen Böden.*

> ***Sporenpulver ockerbraun***
> ***ganzer Fruchtkörper einheitlich beige***
> ***Verbreitung in ganz Europa zerstreut***

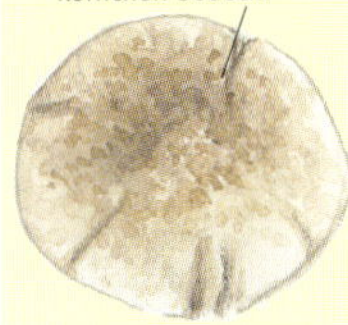

Gallertiges Stummelfüßchen

Crepidotus mollis (Träuschlingsartige)

Hut 2–5 cm Mai–Oktober

Nomen est Omen – die Stummelfüßchen gehören zu einer Gruppe von Pilzen, die stiellos seitlich oder am Scheitel am Substrat angewachsen sind. Diese spezielle Wuchsform nennt der Fachmann „crepidotoid", nach dem lateinischen Gattungsnamen der Stummelfüßchen. Sie kommt aber gelegentlich auch bei anderen Gattungen vor.

Alle weiteren Arten der Gattung haben keine Gallertschicht im Hut. Das häufigste ist das Entferntblättrige Stummelfüßchen *(C. cesatii)*.

***Vorkommen** in meist nährstoffreichen Laubwäldern, auf liegenden Stämmen oder an Stümpfen von Laubbäumen.*

> ***Sporenpulver erdbraun***
> ***Fruchtkörper ungestielt***
> ***Verbreitung in ganz Europa häufig***

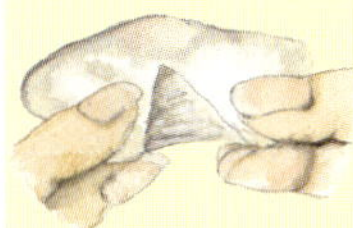

Huthaut gallertartig, dehnbar

Kegeliger Risspilz

Inocybe rimosa (Schleierlingsartige)

Hut 2–6 cm   Juni–Oktober

***Vorkommen** in Laub- und Nadelwäldern, auf basenreichen Böden, entlang von Wegen, oft auch auf saurem Untergrund.*

- > ***Sporenpulver erdbraun***
- > ***Geruch säuerlich, nach Sperma***
- > ***Verbreitung in ganz Europa sehr häufig***

Die Gattung der Risspilze umfasst in Mitteleuropa etwa 150-200 Arten, die allesamt giftig oder giftverdächtig sind. Gemeinsame Merkmale sind der längsfaserige, oft einreißende Hut (Name!), die erdbraunen Sporen und weitere mikroskopische Details. Der Kegelige Risspilz ist eine der variabelsten Arten, was Farbe, Hutform und Größe anbelangt.

Schon gewusst?

Die einzige Risspilzart in der kein Giftstoff nachgewiesen werden konnte, ist der Weinrote Risspilz (I. adaequata). Trotzdem ist vom Sammeln wegen der Verwechslungsgefahr dringend abzuraten!

Sehr ähnlich kann der ebenso vielgestaltige Gefleckte Risspilz (*I. maculata*) sein.

Rübenknolliger Risspilz

Inocybe napipes (Schleierlingsartige)
Hut 2–4 cm   Juli–Oktober

Wer Risspilze bestimmen möchte, der muss schon beim Sammeln aufpassen, dass er die Stielbasis nicht abbricht. Denn eines der wichtigsten Merkmale ist das Vorhandensein bzw. Fehlen einer Stielknolle, ohne sie ist keine Artbestimmung möglich.

An denselben Standorten kann man den Wolligen Risspilz *(I. lanuginosa)* finden, der jung an einen Plüsch-Teddy erinnert.

Vorkommen *in feuchten Nadelwäldern, an Moorrändern und sumpfigen Stellen, stets unter Fichte, Tanne oder Kiefer.*

> ***Sporenpulver erdbraun***
> ***Geruch säuerlich, nach Sperma***
> ***Verbreitung in ganz Europa häufig***

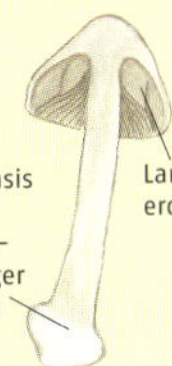

Flockiger Risspilz

Inocybe flocculosa (Schleierlingsartige)
Hut 2–4 cm   Juli–Oktober

Wie weit die Artauffassung bei den Risspilzen auseinandergeht, sieht man an diesem Pilz besonders gut. Während manche Mykologen darin eine einzige variable Art sehen, teilen andere sie in bis zu 8 verschiedene auf. Dem Speisepilzsammler kann's egal sein – giftig sind sie alle.

Ebenfalls sehr häufig ist der Braunstreifige Risspilz *(I. fuscidula)*, der fast ausschließlich im Nadelwald vorkommt.

Vorkommen *in Laub- und Nadelwäldern oder unter einzelnen Bäumen in Parkanlagen und Gärten, kalkliebend.*

> ***Sporenpulver erdbraun***
> ***Geruch säuerlich, nach Sperma***
> ***Verbreitung in ganz Europa häufig***

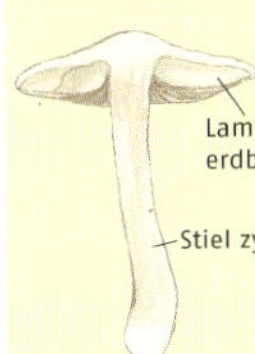

Ziegelroter Risspilz

Inocybe erubescens (Schleierlingsartige)

Hut 3–8 cm April–Juni

***Vorkommen** in Laubwäldern, Parks und unter einzeln stehenden älteren Buchen oder Eichen, stets auf Kalkboden.*

- > ***Sporenpulver erdbraun***
- > ***Fleisch langsam rötend***
- > ***Geruch säuerlich, nach Sperma***
- > ***Verbreitung in Europa selten bis zerstreut, regional häufig***

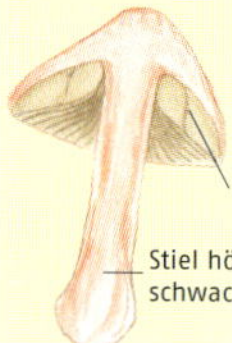

Dieser Pilz verursacht jedes Jahr schwere Vergiftungsfälle, weil er zusammen mit dem Mai-Ritterling (S.67) vorkommt, dem er jung recht ähnlich sieht. Es handelt sich um Vergiftungen mit Muskarin, dem einzigen Pilzgift für das es ein Gegenmittel gibt: Atropin, das Gift der Tollkirsche! Es wirkt sofort und der Patient kann kurze Zeit später bereits beschwerdefrei entlassen werden. Ohne Behandlung kann die Vergiftung in Ausnahmefällen zu Kreislaufkollaps und Herzstillstand führen.

Von jung an ziegelrote Farben, zeigt der kleinere Rötende Risspilz *(I. godeyi)*, der ein weißes, gerandetes Stielknöllchen hat.

Schon gewusst?

Da ältere Exemplare rötlich verfärbt sind und braune Lamellen haben, kann eine Verwechslung mit dem Maipilz dann kaum mehr vorkommen. Dieser zeigt nie rote Farbtöne, hat bleibend cremeweiße Lamellen und riecht stark nach Mehl.

Grünscheiteliger Risspilz

Inocybe corydalina (Schleierlingsartige)
Hut 3–8 cm Juli–Oktober

Gerüche spielen bei der Artbestimmung der Risspilze ein große Rolle. Die meisten Arten riechen nach Sperma, doch gibt es eine ganze Anzahl weiterer auftretender „Düfte", von Fisch- über Weinfass-, Bittermandel- und Geranienblätter-, bis hin zu Birnblüten- und Lerchensporngeruch.

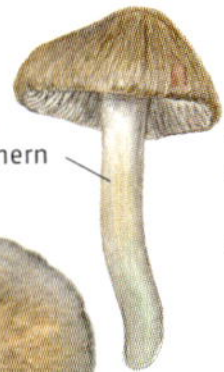

Durch einen grünlichen, rötenden Stiel und den Geruch nach Pferdestall unterscheidet sich der vor allem unter Haselsträuchern wachsende Grünrote Risspilz *(I. haemacta)*.

***Vorkommen** in Laubwäldern, auf basenreichen Lehmböden, vor allem unter Buchen und Eichen.*

- ***Sporenpulver erdbraun***
- ***Geruch süßlich, blütenartig***
- ***Verbreitung in Europa zerstreut, in Nordeuropa weitgehend fehlend***

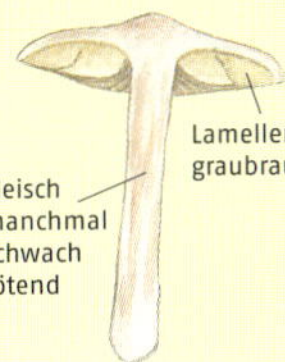

Hirschbrauner Risspilz

Inocybe cervinus (Schleierlingsartige)
Hut 2–6 cm Juni–Oktober

Vor allem in montanen Nadelwäldern ist dies stellenweise die häufigste Risspilzart. Seine Bestimmung ist durch die trüb braunrote Verfärbung und den charakteristischen Weinfassgeruch nicht allzu schwierig.

Der Blaufüßige Risspilz *(I. calamistrata)* wächst ebenfalls in Bergnadelwäldern. Die blaugrüne Stielbasis macht ihn leicht erkennbar.

***Vorkommen** in nicht zu nassen Nadelwäldern, auf meist sauren, sandigen Böden, selten auch unter Laubbäumen.*

- ***Sporenpulver erdbraun***
- ***Geruch modrig, nach altem Weinfass***
- ***Verbreitung in Europa häufig***

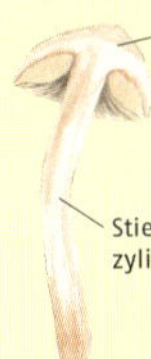

Olivgelber Risspilz

Inocybe dulcamara (Schleierlingsartige)
Hut 2–6 cm Juni–Oktober

***Vorkommen** entlang von Wegen, auf Halden und in Kiesgruben, vor allem an Pionierstandorten, unter Laubbäumen oder Kiefern.*

> **Sporenpulver erdbraun**
> **Geruch schwach nach Sperma**
> **Verbreitung in Europa häufig**

Dieser Risspilz gehört zu einer Artengruppe, die eine wirr-filzige, nicht einreißende Hutoberfläche und ungewöhnlich olivfarbene Lamellen hat. Er hat keinen bittersüßen Geschmack, wie sein lateinischer Artname („dulcamara") erwarten lassen würde. Der Grund dieser Benennung ist unbekannt.

Der einzige gelbbraune Risspilz mit sparrigem Stiel ist der auf Kalkböden beschränkte Schuppenstielige Risspilz *(I. terrigena)*.

Braunvioletter Risspilz

Inocybe cincinnata (Schleierlingsartige)
Hut 2–4 cm Juli–Oktober

***Vorkommen** in Nadelwäldern, auf eher basenreichen Böden oder an kalkbeeinflussten Stellen, sehr selten auch unter Laubbäumen.*

> **Sporenpulver erdbraun**
> **Geruch nach Sperma**
> **Verbreitung in Europa häufig**

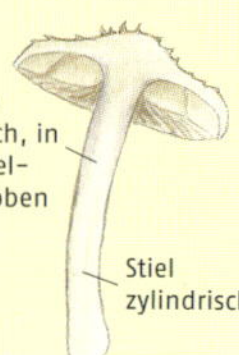

Die violetten Farbtöne an der Stielspitze sind bei den Risspilzen sehr wichtig für die Bestimmung. Nimmt man die Größe und den schuppigen Hut dazu, dann ist die richtige Bestimmung auch ohne Mikroskop meist möglich. Wie alle Risspilze gilt er als giftig.

Unter Laubbäumen wächst der Radialrissige Risspilz *(Inocybe pusio)*. Als einzige Art hat er sowohl eine längssträhnige Hutoberfläche als auch einen lilafarbenen Stiel.

Seidiger Risspilz

Inocybe geophylla (Schleierlingsartige)
Hut 1–3 cm Juli–Oktober

Vorkommen *in Laub- und Nadelwäldern, an Wegrändern, Bachufern, bodenunabhängig.*

> ***Sporenpulver erdbraun***
> ***Geruch nach Sperma***
> ***Verbreitung in Europa sehr häufig***

Vom Erscheinungsbild her denkt man beim Finden zunächst eher an einen Helmling (S. 97ff) und auch die seidige, bei feuchter Witterung etwas schmierige Hutoberfläche ist untypisch für Risspilze. Berücksichtigt man aber auch die mikroskopischen Merkmale ist die Zugehörigkeit klar.

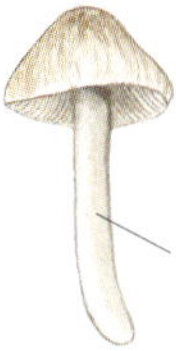

Fast ebenso hell ist der Wolligfädige Risspilz *(I. sindonia)* gefärbt, der aber am Hutbuckel etwas schuppig aufbricht.

Schon gewusst?

Es gibt mehrere unterschiedlich violett gefärbte Varietäten, die sich teilweise auch ockergelb entfärben können.

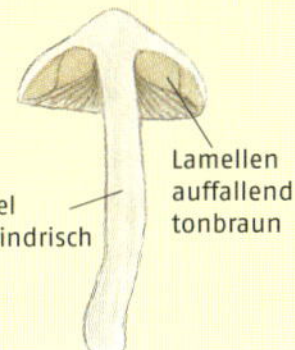

Braunscheibiger Fälbling

Hebeloma mesophaeum (Schleierlingsartige)
Hut 2–5 cm August–Oktober

Vorkommen *biotopunabhängig, unter Laub- und Nadelbäumen, vor allem unter jungen Fichten.*

> ***Geruch rettichartig***
> ***Sporenpulver erdbraun***
> ***Verbreitung in Europa häufig***

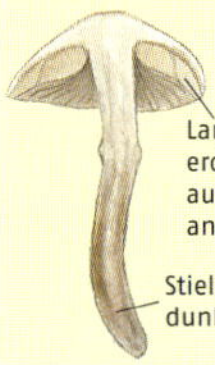

Die Fälblinge sind eine artenreiche Gattung mit schwer unterscheidbarer Arten. Sie sind allesamt einheitlich cremefarben, fleisch-, ocker- bis dunkelbraun gefärbt und die meisten riechen nach Rettich. Es gibt keine essbaren Fälblinge, einige sind sogar nachgewiesenermaßen giftig.

Schon gewusst?

Hochgebirgswanderer können den ebenfalls beschleierten Krummstieligen Fälbling (H. bruchetii) finden. Er wächst aber nur oberhalb von 1800 m NN in Symbiose mit alpinen Kriechweiden.

Bei jungen Fruchtkörpern befindet sich ein spinnwebartiger Schleier zwischen Hutrand und Stiel. Dieses Merkmal hat innerhalb der Gattung der Fälblinge große Bedeutung.

Tonblasser Fälbling

Hebeloma crustuliniforme (Schleierlingsartige)
Hut 3–8 cm August–Oktober

Bei nicht zu trockener Witterung kann man bei diesem Fälbling das Phänomen tränender Lamellen beobachten, wie es beispielsweise auch der Tränende Saumpilz zeigt (S. 156). Dieses Merkmal zeichnet eine ganze Gruppe nahe verwandter Arten von Fälblingen aus, bei anderen kommt es dagegen nie vor.

Der schlankere Große Weiden-Fälbling *(H. velutipes)* wächst besonders unter Weiden, aber auch unter anderen Laubbäumen. Seine Stielspitze ist viel feiner flockig.

***Vorkommen** in Parkanlagen, Alleen, auf Halden, seltener in lichten Wäldern, unter Laubbäumen, vor allem in Pioniervegetation.*

> ***Geruch rettichartig***
> ***Sporenpulver erdbraun***
> ***Verbreitung in Europa häufig***

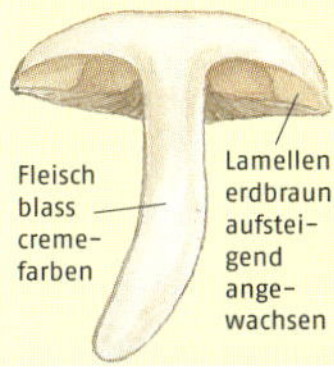

Fleischrosa Fälbling

Hebeloma incarnatulum (Schleierlingsartige)
Hut 3–8 cm Juli–Oktober

Diese Art ist auch unter dem Namen Langstieliger Fälbling bekannt. Jedoch ist die Stiellänge kein gutes Bestimmungsmerkmal, denn sie ist nicht immer gleich, sondern hängt von der Umgebung ab, in der ein Pilz wächst. Wächst er im Moospolster, werden die Stiele lang, um den Hut über die Moospflanzen zu heben, wächst er auf bewuchsfreier Erde, dann werden die Pilze eher kurzstielig.

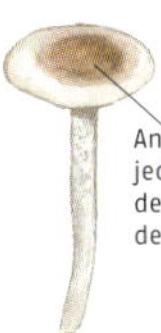

An ähnlich nassen, sumpfigen Standorten, jedoch immer unter Laubbäumen, wächst der Sumpf-Fälbling *(H. helodes)*. Er hat eine deutlich dunklere Hutmitte und ist kleiner.

***Vorkommen** in nassen Nadelwäldern und in Mooren, auf saurem, nährstoffarmem Boden, besonders unter Fichten.*

> ***Geruch rettichartig***
> ***Sporenpulver erdbraun***
> ***Verbreitung in Europa zerstreut, im Norden häufiger***

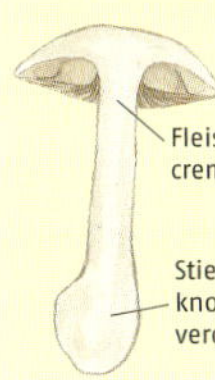

Großer Rettich-Fälbling

Hebeloma sinapizans (Schleierlingsartige)

Hut 6–15 cm August–Oktober

Vorkommen *in Laubwäldern und Parkanlagen, auch in Gärten, auf neutralen bis basenreichen Böden, vor allem unter Buchen.*

> ***Geruch rettichartig***
> ***Sporenpulver erdbraun***
> ***Verbreitung in Europa häufig***

Allzu gerne würde man diese große und fleischige Art, die oft in Massen wächst, zu Speisezwecken ernten. Doch leider ist auch dieser Fälbling kein Speisepilz, denn er ist nicht nur bitter, sondern ruft auch heftige Magen-Darm-Störungen hervor.

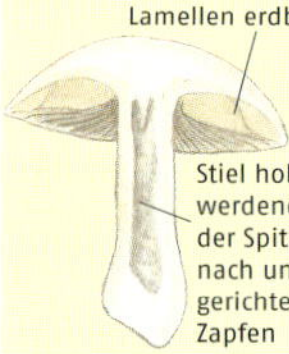

Schon gewusst?

Unter Nadelbäumen auf Kalkboden findet man oft den Schwärzenden Fälbling (H. laterinum), mit hellerem Hut, geripptem Hutrand und einem angenehmen Geruch nach Blüten.

Süßriechender Fälbling

Hebeloma sacchariolens (Schleierlingsartige)

Hut 3–8 cm   Juli–Oktober

Sowohl der deutsche als auch der lateinische Namen gehen auf den sehr speziellen Geruch dieser Art ein. Er riecht nämlich ausgesprochen süß, etwa wie karamellisierter Zucker. Dieser angenehme Geruch darf natürlich nicht dazu verleiten, den Pilz etwa als essbar anzusehen!

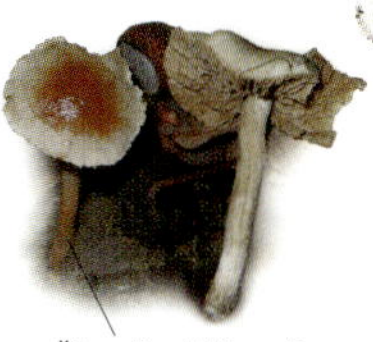

***Vorkommen** in Laubwäldern, auf lehmigen, neutralen bis basenreichen Böden, oft an etwas staunassen Stellen.*

> ***Geruch süßlich***
> ***Sporenpulver erdbraun***
> ***Verbreitung in Europa zerstreut***

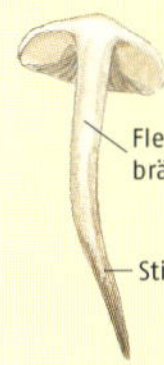

Marzipan-Fälbling

Hebeloma radicosum (Schleierlingsartige)

Hut 3–8 cm   Juli–Oktober

Mit seinen Hutschuppen und dem fast häutigen Ring steht der Marzipan-Fälbling ziemlich isoliert in der Gattung Fälblinge. Doch auch seine Ernährungsweise ist einzigartig: Die lange Wurzel dient nämlich dazu, Mäusenester zu erreichen, denn diese offenbar stickstoffliebende Art wächst auf unterirdischen Mäuseklos.

***Vorkommen** in Laub- und Nadelwäldern, sowohl auf sauren als auch auf neutralen oder basenreichen Böden.*

> ***Geruch nach Marzipan***
> ***Sporenpulver erdbraun***
> ***Verbreitung in Europa verbreitet***

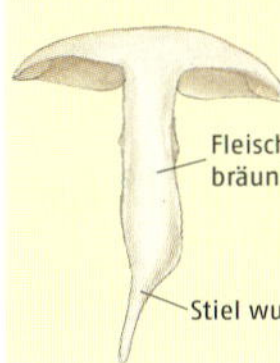

Honiggelber Sumpfschnitzling

Naucoria melinoides (Schleierlingsartige)

Hut 2–5 cm Juli–Oktober

***Vorkommen** in Erlenbrüchen, Sümpfen oder an sonstigen nassen Stellen in Laubwäldern, stets unter Erlen.*

- **> *Fleisch schwach bitter***
- **> *Sporenpulver erdbraun***
- **> *Verbreitung in Europa verbreitet***

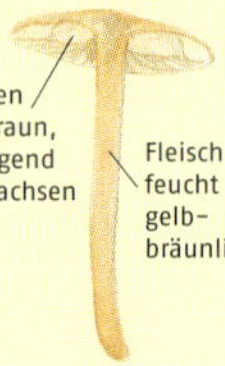

Die Sumpfschnitzlinge bilden unter Erlen oft eine arten- und individuenreiche Gemeinschaft. Nicht selten wachsen dann drei, vier oder noch mehr Arten durcheinander. Sie sind aber allesamt keine Speisepilze, da man annimmt, dass zumindest einige von ihnen nicht nur bitter, sondern auch giftig sind.

Einer der wenigen Sumpfschnitzlinge, der unter Weiden statt Erlen wächst, ist der Weiden-Sumpfschnitzling *(N. salicis)*.

Beringter Flämmling

Gymnopilus junonius (Schleierlingsartige)

Hut 6–15 cm Juli–Oktober

***Vorkommen** in Wäldern aller Art, jedoch etwas wärmeliebend, auf totem Laubholz.*

- **> *Geschmack bitter***
- **> *Sporenpulver hell rostbraun***
- **> *Verbreitung in Europa zerstreut, regional selten, im Süden häufiger***

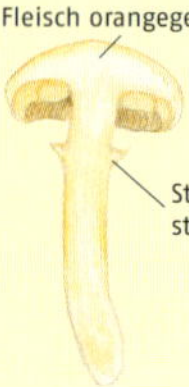

Der Beringte Flämmling nimmt innerhalb seiner Gattung eine Sonderstellung ein: Zum einen durch den häutigen Stielring, zum anderen durch den – verglichen mit allen anderen Flämmlingen – ungewöhnlich großen Fruchtkörper. Verwechslungen mit dem Südlichen Ackerling (S. 161) dürften durch die typische orangegelbe Färbung nicht vorkommen.

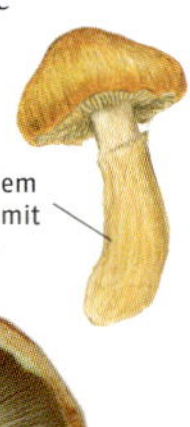

Abgesehen vom weniger häutigen Ring und dem Vorkommen auf Holz kann man die Art leicht mit dem Glimmerschlüpfling (S. 137) verwechseln.

Geflecktblättriger Flämmling

Gymnopilus penetrans (Schleierlingsartige)

Hut 2–7 cm Juli–Oktober

☠

Flämmlinge sind eine kleine Gattung braunsporiger Arten mit auffallend gelben Lamellen. Alle sind bitter oder sogar leicht giftig. Für den Speisepilzsammler sind sie daher nicht von Interesse, doch man begegnet dem Geflecktblättrigen Flämmling bisweilen sehr oft und es kommen Verwechslungen mit dem Stockschwämmchen (S. 173) oder dem Graublättrigen Schwefelkopf (S. 166) vor.

Manchmal werden tropische Flämmlingsarten in botanische Gärten eingeschleppt, beispielsweise der Purpurschuppige Flämmling *(G. purpuratus)*.

***Vorkommen** in Wäldern aller Art, auf totem Nadelholz und Baumstümpfen, seltener auf Laubholz.*

> ***Geschmack bitter***
> ***Sporenpulver hell rostbraun***
> ***Verbreitung in Europa häufig***

Schon gewusst?

Ein gutes Merkmal sind die namensgebenden gefleckten Lamellen, die aber erst bei älteren Pilzen gut sichtbar werden. Jung sind sie hingegen orangegelb.

Zimt-Hautkopf

Cortinarius cinnamomeus (Schleierlingsartige)
Hut 4–8 cm August–Oktober

***Vorkommen** in Nadelwäldern, an Böschungen und Wegrändern, auf sauren, sandigen, nährstoffarmen Böden.*

> ***Sporenpulver rostbraun***
> ***Fleisch gelblich***
> ***Verbreitung in Europa häufig***

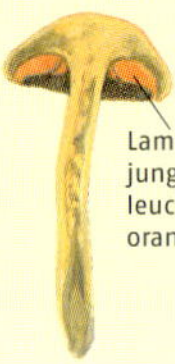

Diese Pilze werden vor allem in Skandinavien gerne zum Färben von Wolle genutzt. Denn alle Hautköpfe enthalten leicht lösliche Farbstoffe. Durch Pressen des Fruchtkörpers auf ein mit Spiritus getränktes Papiertaschentuch kann man diese auch zu Hause sichtbar machen. Je nach Art sind diese gelb, orange oder rot und bisweilen enthalten Lamellen, Fleisch und Velum sogar verschiedene Pigmente.

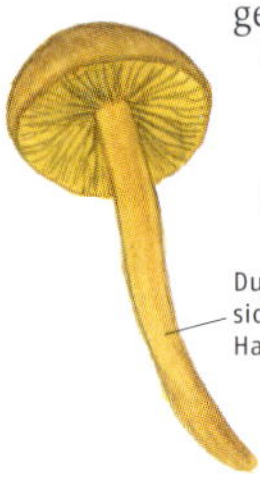

Durch die jung goldgelben Lamellen unterscheidet sich der an ähnlichen Stellen wachsende Gelbblättrige Hautkopf *(C. croceus)*.

Schon gewusst?

Mit dem Sud in Lauge gekochter Hautköpfe kann man Wolle in gelben bis roten Tönen färben. Es gibt noch weitere Färbepilze, die meist andere Farben ergeben, beispielweise Samtfuß-Krempling und Habichtspilz.

Blut-Hautkopf

Cortinarius sanguineus (Schleierlingsartige)
Hut 2–6 cm August–Oktober

Für die meisten Hautkopfarten braucht man unbedingt junge Fruchtkörper zur Bestimmung, weil die wichtige Lamellenfarbe bei älteren Pilzen vom rostbraunen Sporenpulver überdeckt wird. Den Blut-Hautkopf erkennt man durch seine einheitlich rote Färbung eindeutig. Für Pilzsammler gilt: Alle Hautköpfe sind hochgradig giftig!

Einen gelbbraunen Hut und gelblichen Stiel hat der größere Blutblättrige Hautkopf *(C. semisanguineus)*. Er wächst meist an etwas trockeneren Standorten.

***Vorkommen** im sauren, feuchten Nadelwäldern, meist auf sandigen, nährstoffarmen Böden.*

> ***Sporenpulver rostbraun***
> ***Fleisch blass kirschrot***
> ***Verbreitung in Europa häufig***

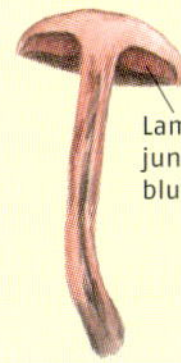

Violetter Schleierling

Cortinarius violaceus (Schleierlingsartige)
Hut 10–15 cm August–Oktober

Der Violette Schleierling ist eine der wenigen leicht erkennbaren Schleierlingsarten. Die Kombination aus Färbung und Hutoberfläche macht ihn unverwechselbar. Er ist essbar, aber von etwas dumpfem Geschmack und sollte bestenfalls als Mischpilz verwendet werden.

Die plüschartige, filzige Hutoberfläche ist ein wichtiges Artmerkmal.

***Vorkommen** in frischen bis feuchten Nadelwäldern, meist auf sauren, nährstoffarmen Böden, selten im Laubwald.*

> ***Sporenpulver rostbraun***
> ***Geruch nach Zedernholz***
> ***Verbreitung in Europa mäßig häufig***

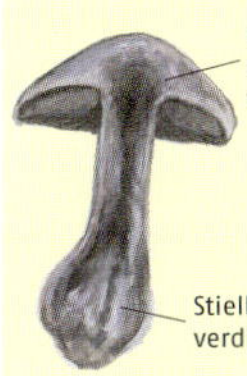

Orangefuchsiger Raukopf ☠

Cortinarius orellanus (Schleierlingsartige)

Hut 4–8 cm Juli–Oktober

***Vorkommen** in trockenen, warmen Eichen- und Kiefern-mischwäldern, meist auf etwas sauren, nährstoffarmen Böden.*

- > ***Sporenpulver rostbraun***
- > ***Geruch schwach pilzartig***
- > ***Verbreitung in Europa selten, nimmt örtlich zu***

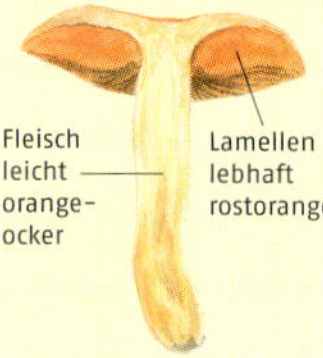

Noch vor 50 Jahren war nicht bekannt, dass es überhaupt giftige Schleierlinge gibt, geschweige denn, dass einige davon tödlich sein können. Erst mehrere Massenvergiftungen in Polen Ende der 50er-Jahre führten zu einer genaueren Untersuchung dieser Art. Einer ihrer Inhaltsstoffe ist ein tödlich wirkendes, bislang unbekanntes Nierengift, dass nach dem lateinischen Namen dieses Raukopfes „Orellanin" genannt wurde.

Der Grünfaserige Raukopf *(C. venetus)* ist von ähnlichem Wuchs, jedoch einheitlich gelbgrün gefärbt. Er enthält zwar kein Orellanin, gilt aber dennoch als giftig.

Vorsicht giftig!

Sehr junge Exemplare können bei flüchtiger Betrachtung mit kleinen Pfifferlingen verwechselt werden! Man sollte sich also auch beim Sammeln scheinbar unverwechselbarer Arten jeden einzelnen Pilz genau anschauen!

Spitzgebuckelter Raukopf ☠

Cortinarius speciosissimus (Schleierlingsartige)

Hut 4–8 cm Juli–Oktober

Auch der Spitzgebuckelte Raukopf ist tödlich giftig. Zwar gibt es keine ähnlich aussehenden Speisepilze, doch wächst diese Art nicht selten zwischen den essbaren Trompeten-Pfifferlingen, die oft in Massen vorkommen (S. 243).So könnten im Sammelfieber auch diese oder andere giftige Arten unerkannt mitgeerntet werden. Wird das Sammelgut vor der Zubereitung nicht nochmals gründlich geprüft, kann es dadurch zu folgenschweren Vergiftungen kommen!

***Vorkommen** in Fichten- und Moorwäldern, auf sauren, nährstoffarmen Böden.*

- ***Sporenpulver rostbraun***
- ***Geruch schwach pilzartig***
- ***Verbreitung in Europa zerstreut, im Süden seltener***

Vorsicht giftig!

Ihre Unkenntnis wurde drei Jugendlichen im Jahre 2003 zum Verhängnis: Durch die ähnliche Hutform aßen sie aus Versehen den Spitzkegeligen Raukopf – gesucht hatten sie den berauschend wirkenden Spitzkegeligen Kahlkopf (S. 165). Alle drei konnten in letzter Sekunde nur mit Hilfe von Nierentransplantationen gerettet werden!

Auch verwandte Arten wie der Löwengelbe Raukopf *(C. limonius)* sind als sehr giftig einzustufen!

Blaugestiefelter Schleimfuß

Cortinarius collinitus (Schleierlingsartige)
Hut 5–12 cm Juli–Oktober

***Vorkommen** in Nadelwäldern auf sauren, nährstoffarmen Böden, stets unter Fichten.*

- > ***Sporenpulver rostbraun***
- > ***Geruch schwach, nicht honigartig***
- > ***Verbreitung in Europa zerstreut bis häufig, örtlich Massenpilz***
- > ***Doppelgänger andere Schleierlinge***

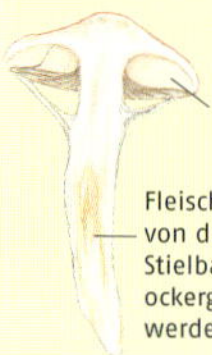

Faustregel: Alle Schleierlinge mit schleimigem Stiel und mildem Fleisch sind essbar! Die bitterfleischigen Arten lassen sich problemlos durch eine Geschmacksprobe erkennen. Diese Regel gilt jedoch ausschließlich für die Schleimfüße, nicht für die Schleimköpfe! Zu beachten ist auch, dass der Stielschleim eintrocknen und damit die Zuordnung schwierig sein kann. Im Zweifelsfall verzichtet man aufs Sammeln oder legt das Sammelgut einem Pilzberater vor.

Vorsicht giftig!
Unter den Schleimköpfen, die ebenfalls einen schleimigen Hut, aber einen stets trockenen Stiel haben, gibt es zahlreiche ähnliche giftige und giftverdächtige Arten, wie z. B. den seltenen Elastischen Schleimkopf (C. camptoros).

Eher einzeln wächst der Honig-Schleimfuß *(C. stillatitius)* mit olivlichbraunem Hut und auffallendem Honiggeruch in der Stielbasis.

Violettblättriger Schleimfuß

Cortinarius delibutus (Schleierlingsartige)
Hut 5–10 cm   Juli–Oktober

Anhand der auffallend violettblauen Lamellen und dem ockergelben Stielschleim ist die Art leicht zu erkennen. Wenn aber die vergänglichen blauen Farbtöne verschwunden sind und die Schleimigkeit bei trockener Witterung nicht mehr erkannt werden kann, wird die Bestimmung auch für erfahrene Pilzsammler schwierig.

Wesentlich seltener ist der einheitlich gefärbte Blaue Schleimfuß *(C. salor)*, der oft unter Weißtannen vorkommt.

***Vorkommen** in Buchen- und Nadelwäldern unterschiedlicher Art, bevorzugt auf sauren, nährstoffarmen Böden.*

> ***Sporenpulver rostbraun***
> ***Geruch schwach, unspezifisch***
> ***Verbreitung in Europa häufig***

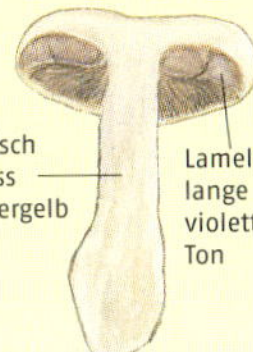

Galliger Schleimfuß

Cortinarius vibratilis (Schleierlingsartige)
Hut 2–6 cm   Juli–Oktober

Dieser Pilz ist so bitter, dass ein kurzes Berühren mit der Zungenspitze schon ausreicht um die Bitterkeit zu testen. Er gehört in eine Gruppe von Schleimfüßen, deren Stielschleim nur bei Regenwetter spürbar ist, was ihr Erkennen bei trockenem Wetter schwierig macht.

Der einzige bittere Schleimfuß mit violettblauer Hutfärbung ist der Safranblaue Schleimfuß *(C. croceocaeruleus)*. Er wächst in basenreichen Buchenwäldern.

***Vorkommen** in feuchten Nadelwäldern, bevorzugt auf sauren, nährstoffarmen Böden.*

> ***Sporenpulver rostbraun***
> ***Geruch schwach, unspezifisch***
> ***Verbreitung in Europa zerstreut***

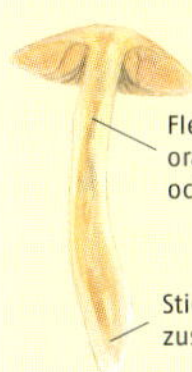

Schleiereule

Cortinarius praestans (Schleierlingsartige)
Hut 15–25 cm   Juli–Oktober

***Vorkommen** in Laubwäldern unter Buche, Eiche oder Linde, auf basenreichen Böden.*

> ***Sporenpulver rostbraun***
> ***Geruch frisch aromatisch, beim Trocknen käseartig***
> ***Verbreitung in Südeuropa zerstreut, nördlich der Alpen selten***
> ***Doppelgänger Erdigriechender Schleimkopf***

Die Schleiereule ist eine der ganz wenigen als Speisepilz geschätzten Schleierlingsarten, sie wird im Süden Europas sogar als Marktpilz gehandelt. Ihre Beliebtheit kommt weniger von ihrem Geschmack (eher durchschnittlich), als von ihrer außergewöhnlichen Ergiebigkeit, denn ausgewachsene Fruchtkörper bringen nicht selten 1500 Gramm und mehr auf die Waage.
In Mitteleuropa ist dieser Pilz selten geworden, er sollte daher dort nicht gesammelt werden.

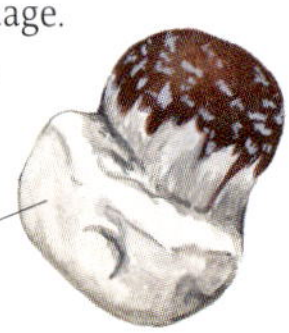

Ihr Volksname rührt daher, dass die Hüte ganz junger, noch vom Velum überzogener Exemplare an die Gesichtszeichnung der Schleiereule erinnern.

Vorsicht giftig!
Es gibt zahlreiche weitere Schleimköpfe in braunen und violetten Farben, von denen einige zumindest giftverdächtig sind. Der wohl häufigste ist der Erdigriechende Schleimkopf (S. 195)

Erdigriechender Schleimkopf ☠

Cortinarius variecolor (Schleierlingsartige)
Hut 8–15 cm Juli–Oktober

Während manche Leute den Geruch dieses Pilzes als unerträglich bezeichnen und in geschlossenen Räumen nach einiger Zeit Kopfschmerzen davon bekommen, ist er für andere Nasen nahezu geruchlos. Die Geruchsbezeichnung „staubartig" lässt sich am besten in einer alten ungenutzten Scheune nachempfinden.

***Vorkommen** in Nadelwäldern, besonders der Berglagen, bevorzugt auf basenreichen Böden.*

> ***Geruch staubartig, stark***
> ***Sporenpulver rostbraun***
> ***Verbreitung in Europa zerstreut, im Alpenraum häufig***

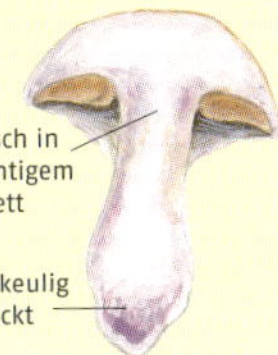

Blauer Klumpfuß ☠

Cortinarius caerulescens (Schleierlingsartige)
Hut 6–12 cm August–Oktober

Die bei vielen Schleierlingen vorhandenen blauvioletten Farbstoffe sind sehr flüchtig. Beim Blauen Klumpfuß weicht das Blau schnell einem Ockergelb. Da man alten Pilzen oft nicht mehr ansehen kann, ob sie in jungem Zustand blauviolett gefärbt waren, müssen solche Exemplare dann unbestimmt bleiben.

***Vorkommen** in Buchenwäldern, nur auf basenreichen Böden.*

> ***Geruch schwach erdig, alt stärker werdend***
> ***Sporenpulver rostbraun***
> ***Verbreitung in Europa zerstreut, nach Norden zu sehr selten***

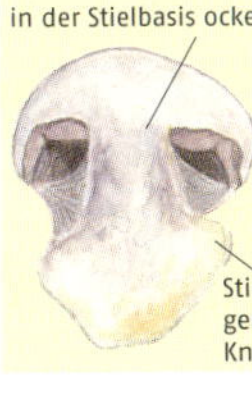

Dottergelber Klumpfuß

Cortinarius splendens (Schleierlingsartige)

Hut 6–12 cm August–Oktober

***Vorkommen** in Nadelwäldern unter Fichten und Tannen, in Laubwäldern unter Buche und Eiche, nur auf basenreichen Böden.*

- ***Geruch etwas würzig-erdig, nicht mehlartig***
- ***Sporenpulver rostbraun***
- ***Verbreitung in Europa zerstreut bis selten, im Norden sehr selten***

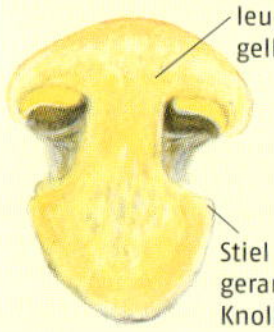

Erst Ende der 70er Jahre wurde die tödliche Giftigkeit dieses Pilzes nach einer Massenvergiftung in Lyon bekannt , von der 17 Personen betroffen waren. Wie beim Grünling (S. 74), mit dem er damals verwechselt wurde, scheint erst der mehrmalige Genuss zu Vergiftungen zu führen. Es ist bisher nicht gelungen, einen Giftstoff in diesem Pilz nachzuweisen, die gefundenen Inhaltsstoffe ähneln dagegen sehr dem Grünling. Aber auch wenn noch manche Unklarheit besteht, muss dieser Pilz nach derzeitigem Kenntnisstand als tödlich giftig eingestuft werden!

Vorsicht giftig!

Auch wenn der Grünling nach neueren Erkenntnissen nicht mehr zum Essen freigegeben werden sollte, so wird er doch noch viel gesammelt. Doch Vorsicht: Man muss ihn unbedingt vom tödlich giftigen Dottergelben Klumpfuß unterscheiden können!

Es gibt noch viele weitere gelbfleischige Arten, die mit Ausnahme des Anis-Klumfußes (S. 197) alle als giftverdächtig gelten. Der Schwarzgrüne Klumpfuß *(C. atrovirens)* hat von diesen den dunkelsten Hut und riecht außerdem auffallend nach Pfeffer.

Sägeblättriger Schleimkopf (🍴)

Cortinarius multiformis (Schleierlingsartige)
Hut 6–12 cm August–Oktober

Schleimköpfe wachsen mehrheitlich auf Kalkboden. Eine Ausnahme im sauren Nadelwald ist diese Art, die man neben dem Standort auch am wenig knolligen Stiel und der unregelmäßig gezackten Lamellenschneide erkennt. Sie ist zwar essbar, kann aber leicht mit etlichen anderen, teilweise giftverdächtigen Arten verwechselt werden.

***Vorkommen** in Nadelwäldern unter Fichten, Tannen und Kiefern, auf eher sauren Böden.*

> ***Geruch meist schwach nach Honig***
> ***Sporenpulver rostbraun***
> ***Verbreitung in ganz Europa zerstreut***

Hut ockergelb, eingewachsenfaserig

Stiel weiß, seidig überfasert

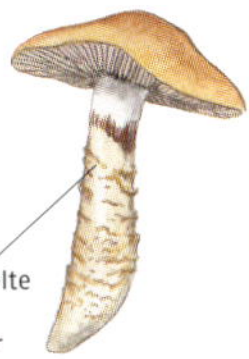

An seinen auffallend gelben Velumgürteln ist der Gelbgegürtelte Schleimkopf (*C. triumphans*) zu erkennen. Er hat einen nur wenig verdickten Stiel, jung violette Lamellen und wächst nur unter Birken

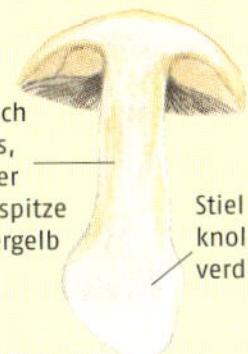

Fleisch blass, in der Stielspitze ockergelb

Stiel knollig verdickt

Anis-Klumpfuß 🍴

Cortinarius odorifer (Schleierlingsartige)
Hut 6–12 cm August–Oktober

Zwar ist diese Art durch den aufdringlichen Anisgeruch einzigartig unter allen Schleierlingen, doch gibt es mindestens ein Dutzend weiterer Arten, die bis auf den Geruch dem Anis-Klumpfuß sehr ähnlich sehen. Teilweise sind sie sogar tödlich giftig, beispielsweise der Dottergelbe Klumpfuß (S. 196)!

***Vorkommen** in Nadelwäldern unter Fichten, Tannen und Kiefern, auf eher sauren Böden.*

> ***Geruch stark nach Anis***
> ***Sporenpulver rostbraun***
> ***Verbreitung in Europa im Alpenraum zerstreut, sonst sehr selten***

Lamellen jung gelb

Hut anfangs olivgrau, schnell rostfarben

Unter Buchen wächst der Elegante Klumpfuß (*C. elegantissimus*), der sich unter anderem durch erdigen Geruch unterscheidet

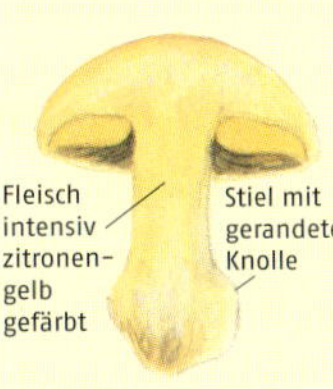

Fleisch intensiv zitronengelb gefärbt

Stiel mit gerandeter Knolle

Semmelgelber Schleimkopf

Cortinarius varius (Schleierlingsartige)
Hut 5–10 cm   August–Oktober

Vorkommen *in Nadelwäldern unter Fichten, Tannen und Kiefern, auf Kalkböden.*

- ***Geruch stark nach Anis***
- ***Sporenpulver rostbraun***
- ***Verbreitung in Europa im Alpenraum häufig, außerhalb regional zerstreut, sonst sehr selten***
- ***Doppelgänger weitere Schleimköpfe***

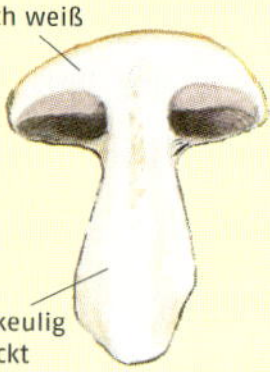

In manchen Gegenden ist der Semmelgelbe Schleimkopf ein Massenpilz. Dort kennen ihn die ortsansässigen Pilzsammler und sammeln ihn oft zum Essen. Dem steht auch nichts entgegen, doch muss sich der Sammler im Klaren sein, dass es unter den etwa 1000 Schleierlingsarten in Mitteleuropa viele sehr ähnliche Arten gibt, die man unterscheiden können muss, denn bei vielen weiß man nicht, ob sie essbar oder giftig sind.

Der nahezu identische Verschiedengestaltige Schleimkopf *(C. variiformis)* unterscheidet sich durch bräunliche Velumreste am Stiel und das Vorkommen unter Eichen. Vermutlich ist er ebenfalls essbar.

Vorsicht giftig!
Zahlreiche Schleierlingsarten sehen ähnlich aus und sind auch nur durch Kleinigkeiten zu unterscheiden. Einige davon sind nachweislich giftig, viele giftverdächtig. Zu ihnen gehört beispielsweise der Reihige Schleimkopf (C. glaucopus).

Amethystblättriger Klumpfuß

Cortinarius calochrous (Schleierlingsartige) ☠

Hut 4–8 cm August–Oktober

Beim Amethystblättrigen Klumpfuß handelt es sich um eine ganze Gruppe sehr ähnlicher Arten, denen die Lamellenfarbe, die geringe Größe und die stark gerandete Stielknolle gemeinsam ist. Sie müssen aber alle als giftverdächtig angesehen werden.

***Vorkommen** in Nadelwäldern unter Fichten und Tannen, in Laubwäldern unter Buchen und Eichen, nur auf basenreichen Böden.*

Durch seinen auffallend süßlichen Geruch nach Orangenblüten ist der Duftende Klumpfuß *(C. suaveolens)* gekennzeichnet.

- ***Geruch schwach, etwas würzig***
- ***Sporenpulver rostbraun***
- ***Verbreitung in Europa zerstreut bis selten***

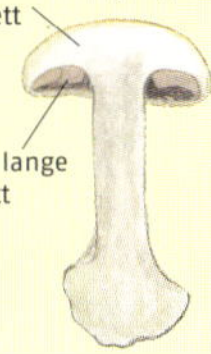

Bitterster Schleimkopf

Cortinarius infractus (Schleierlingsartige) ☠

Hut 5–10 cm August–Oktober

Wenige Pilze sind so bitter wie dieser Schleimkopf, selbst der als Doppelgänger des Steinpilz gefürchtete Gallenröhrling kommt nicht an ihn heran. Als Geschmacksprobe genügt es daher, die Huthaut mit der Zungenspitze anzutippen.

***Vorkommen** in Nadelwäldern unter Fichten und Tannen, seltener im Laubwald, auf basenreichen Böden.*

Eine ähnlich olivgraue Lamellenfarbe hat der nur in Mooren wachsende Weihrauch-Schleimkopf *(C. subtortus)*. Sein weihrauchartiger Geruch gab ihm den Namen.

- ***Fleisch sehr bitter***
- ***Sporenpulver rostbraun***
- ***Verbreitung in Europa zerstreut***

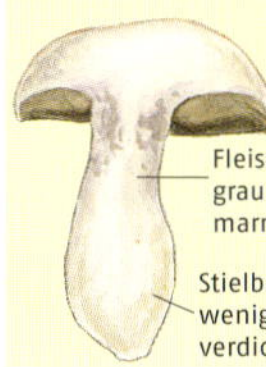

Safranfleischiger Dickfuß

Cortinarius traganus (Schleierlingsartige)
Hut 5–10 cm   August–Oktober

***Vorkommen** in Nadelwäldern auf sauren, nährstoffarmen Böden, gerne zwischen Heidelbeeren.*

- > ***Geruch stark, süßlich nach Spiritus***
- > ***Sporenpulver rostbraun***
- > ***Verbreitung in Europa zerstreut***

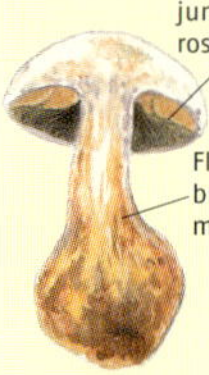

Weshalb man dieser Gruppe von Schleierlingen den Namen „Dickfüße" gegeben hat, kommt beim Safranfleischigen Dickfuß besonders gut zur Geltung. Bei manchen Exemplaren ist die Stielbasis sogar deutlich größer als der Hutdurchmesser.

Graublauer Dickfuß

Cortinarius anomalus (Schleierlingsartige)
Hut 3–8 cm   August–Oktober

***Vorkommen** in Nadelwäldern auf sauren, nährstoffarmen Böden, vor allem unter Fichten.*

- > ***Stielbasis zylindrisch***
- > ***Sporenpulver rostbraun***
- > ***Verbreitung in Europa häufig***

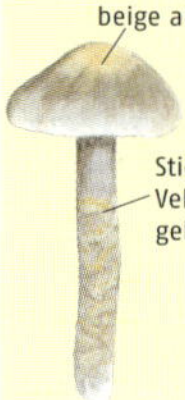

Bei allen Schleierlingen kommt der Farbe des Velumüberzuges auf dem Stiel eine wichtige Bedeutung zu. Oft ist er stark ausgebildet und dann gut zu erkennen. Wenn nicht, was häufiger der Fall ist, dann kann es helfen, den Fruchtkörper schräg gegen das zu Licht halten und den Stiel vom Hutrand zur Stielbasis zu betrachten.

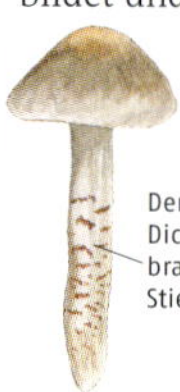

Reifpilz, Zigeuner

Cortinarius caperatus (Schleierlingsartige)
Hut 5–12 cm August–Oktober

Woher der Name Reifpilz kommt, ist umstritten. Eine Version begründet ihn durch den bereiften Hut jüngerer Exemplare, eine andere sieht darin den häutigen Ring, der wie ein Armreif aussieht. Aufgrund dieses häutigen Velumringes wurde der Zigeuner früher in einer separaten Gattung *(Rozites)* geführt.

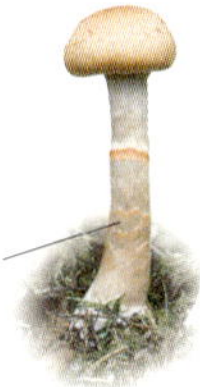

Nur beim Gegürtelten Wasserkopf *(C. armillatus)* finden sich diese prächtig roten Velumbänder. Er gilt zwar als essbar, kann aber aufgrund seiner Inhaltsstoffe nicht empfohlen werden.

***Vorkommen** in Nadelwäldern, besonders Kiefernheiden, auf trockenen, sauren, nährstoffarmen Böden, selten unter Laubbäumen.*

- ***Ring häutig und stabil***
- ***Sporenpulver rostbraun***
- ***Verbreitung in Europa häufig, vielerorts rückläufig***
- ***Doppelgänger andere Schleierlinge***

Vorsicht giftig!

Der Reifpilz kann mit zahlreichen Schleierlingsarten verwechselt werden, wenn man die Struktur der Velumzone nicht beachtet. Zwei Beispiele sind der Braungefleckte Schleimkopf (C. patibilis, li.) und der Hygrophane Dickfuß (C. malachius, re.)

Spitzgebuckelter Wasserkopf ☠

Cortinarius acutus (Schleierlingsartige)

Hut 1–3 cm   August–Oktober

***Vorkommen** in feuchten Nadelwäldern auf sauren, nährstoffarmen Böden, vor allem unter Fichten.*

- > ***Vorkommen stets gesellig***
- > ***Sporenpulver rostbraun***
- > ***Verbreitung in Europa häufig***

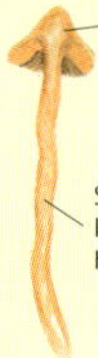

Dies ist eine der kleinsten Schleierlingsarten, der man jedoch in geeigneten Biotopen oft in großer Zahl gesellig in feuchten Moospolstern begegnen kann. Auf den ersten Blick würde man sie für einen Häubling halten (S. 205), die Unterschiede zu dieser Gattung liegen im mikroskopischen Bereich. Die Artenzahl von kleinen braunen Schleierlingen liegt im dreistelligen Bereich.

Der etwas größere Weißgenatterte Wasserkopf (*C. albovariegatus*), kommt an sehr feuchten Stellen, meist direkt im Moor vor. Auffallend ist seine frühe Erscheinungszeit im Juni–Juli.

Erdigriechender Gürtelfuß ☠

Cortinarius hinnuleus (Schleierlingsartige)

Hut 2–8 cm   August–Oktober

***Vorkommen** in Laubwäldern, Parkanlagen und Gärten, unter verschiedenen Laubbäumen, auf eher trockenen Böden.*

- > ***Geruch nach Scheunenstaub***
- > ***Sporenpulver rostbraun***
- > ***Verbreitung in Europa häufig***

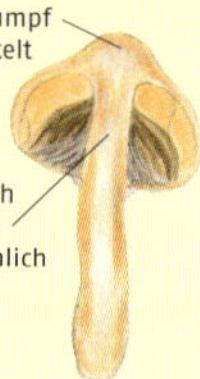

Gürtelfüße, Wasserköpfe, Schleimfüße – die verschiedenen Untergattungen der unübersichtlichen Großgattung der Schleierlinge tragen bezeichnende Namen: Die Gürtelfüße tragen einen Gürtel (Velumring) am Stiel und bei den Wasserköpfen ist der Hut wasserzügig. Auch der Erdigriechende Gürtelfuß hat jung einen ausgeprägten weißen Velumring.

Etwas ähnlich, jedoch düster braun gefärbt, ist der Braune Gürtelfuß (*C. brunneus*). Er wächst in feuchten, sauren Nadelwäldern.

Rettich-Gürtelfuß

Cortinarius evernius (Schleierlingsartige)
Hut 2–6 cm   August–Oktober

Auch wenn der Name irreführend ist: Der Rettich-Gürtelfuß riecht nicht nach Rettich. Dieser Name ist ein Überbleibsel aus früheren Jahren, wo man noch nicht wusste, dass sich unter dieser Bezeichnung mehrere Arten verbergen, von denen manche aber tatsächlich nach Rettich riechen.

Vorkommen in feuchten Nadelwäldern unter Fichten, Tannen und Kiefern, auf sauren Böden.

- > **Geruch schwach, leicht erdig**
- > **Sporenpulver rostbraun**
- > **Verbreitung in Europa zerstreut, örtlich häufiger**

Nahe verwandt ist der insgesamt intensiver violett gefärbte Violette Rettich-Gürtelfuß *(C. scutulatus)*. Er hat ein stärker ausgeprägtes Velum und riecht rettichartig.

Hut rotbraun, glatt, am Rand dunkler

Stiel violett, weiß überfasert

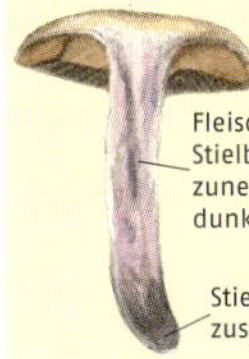

Fleisch zur Stielbasis hin zunehmend dunkelviolett

Stielbasis zuspitzend

Geranien-Gürtelfuß

Cortinarius flexipes (Schleierlingsartige)
Hut 2–5 cm   August–Oktober

So vielgestaltig der Geranien-Gürtelfuß auch farblich ist, von reinbraun bis violettgrau in allen möglichen Übergängen, ihr deutlicher Geruch nach Geranien und das in Gürteln angeordnete weiße Velum zeichnen diese hübsche Art eindeutig aus.

Vorkommen in Nadelwäldern unter Fichten, auf trockenen bis nassen, sauren Böden.

- > **Geruch nach Geranien**
- > **Myzel der Stielbasis violett**
- > **Sporenpulver rostbraun**
- > **Verbreitung in Europa häufig**

Der geruchlose Weißflockige Gürtelfuß *(C. hemitrichus)* kommt nur unter Birken vor.

Hut mit abstehenden Schüppchen

Stiel weiß beflockt und gegürtelt

Lamellen rostbraun mit violettem Ton

Fleisch in der Stielspitze violett

Gift-Häubling

Galerina marginata (Schleierlingsartige)

Hut 1–4 cm (März)Juni–Dezember

***Vorkommen** auf totem, relativ stark vermodertem Nadel- und Laubholz, auch auf Rindenmulch oder scheinbar am Boden auf vergrabenen Holzstückchen.*

- > ***Geruch meist etwas mehlartig***
- > ***Sporenpulver rostbraun***
- > ***Verbreitung in Europa häufig***

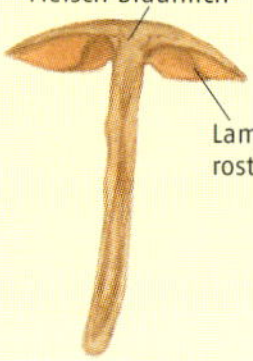

Der Gift-Häubling enthält dasselbe Gift wie der Grüne Knollenblätterpilz, Vergiftungen mit ihm können also auch durchaus tödlich ausgehen. Er trägt auch den irreführenden Namen Nadelholz-Häubling, kommt aber (vor allem in tieferen Lagen) mindestens so häufig an Laubholz vor. Er wurde sogar schon gemeinsam mit dem wohlschmeckenden Stockschwämmchen (S. 173) am selben Holzstück wachsend gefunden!

Der Weißgenatterte Häubling *(G. sideroides)*, dessen weißer Stielüberzug charakteristisch ist, ist vermutlich ebenfalls giftig.

Schon gewusst?

Der Gift-Häubling kann auch scheinbar am Boden wachsen. Er wächst dann meist einzeln und hat kaum Ähnlichkeit mit dem Stockschwämmchen (S. 173). Auf Rindenschrot bildet er jedoch dichte Büschel und die Verwechslungsgefahr ist groß.

Sumpf-Häubling

Galerina paludosa (Schleierlingsartige)

Hut 1–3 cm Juli–Oktober

Nur wenige Pilze können mitten im Moor leben, der Sumpf-Häubling ist einer davon. Er ist häufig und in jedem Moor vorhanden, doch wer ihn sehen will, muss sich auf den schwankenden Boden der Schwingrasen begeben. Dort wächst er oft zusammen mit dem ebenso häufigen Sumpf-Graublatt (S. 84).

Wesentlich seltener ist der geschmückte Braunhäubling *(Phaeogalera stagnina)*, der ebenfalls nur in Mooren wächst.

Vorkommen *in Mooren und nassen Nadelwäldern, stets in ausgedehnteren Torfmoospolstern (Pilz ist an dieses Moos gebunden).*

- ***Hut jung vom weißen Velum überfilzt***
- ***Sporenpulver rostbraun***
- ***Verbreitung in Europa häufig***

Vielgestaltiger Moos-Häubling

Galerina vittiformis (Schleierlingsartige)

Hut 1–3 cm Juli–Oktober

Über die Giftigkeit dieser und ähnlicher kleiner Häublinge ist nicht viel bekannt. Sie gelten zwar als harmlos und der gelegentlich vorkommende versehentliche Verzehr durch Kleinkinder verlief stets beschwerdefrei. Doch da es unter den Häublingen auch sehr giftige Arten gibt, muss vor einem Verzehr nachdrücklich gewarnt werden.

Der Gelbliche Rasen-Häubling *(G. laevis)* kommt sehr häufig in regelmäßig gemähten Grünflächen vor. Er hat besonders entfernt stehende Lamellen.

Vorkommen *in moosigen Grünflächen in und außerhalb von Wäldern, nicht an bestimmte Biotope gebunden.*

- ***Hut und Stiel fein flaumig***
- ***Sporenpulver rostbraun***
- ***Verbreitung in Europa häufig***

Fichten-Reizker

Lactarius deterrimus (Sprödblättler)

Hut 5–10 cm Juli–Oktober

***Vorkommen** in Wäldern, Baumschulen und an Straßenrändern, stets unter Fichten, meist auf basenreichen Böden.*

- ***Geruch etwas herb, holzartig***
- ***Sporenpulver leicht ocker***
- ***Verbreitung in ganz Europa häufig***
- ***Doppelgänger Birken-Milchling***

Als Faustregel gilt, dass alle Milchlinge mit orangefarbener Milch essbar sind! Ihre Qualität ist aber verschieden: Der Geschmack des Fichten-Reizker ist etwas harziger, der des Blutreizker (S. 207) der beste. Man kann Reizker entweder wie ein Steak „medium" kurz und scharf braten, oder sie zu Salat, Essigpilzen oder einer Suppe verarbeiten. Zum Dünsten oder Schmoren eignen sie sich dagegen nicht. Nicht erschrecken: Nach dem Genuss einer Reizker-Mahlzeit färbt sich der Urin rot!

Noch schneller, nämlich nach 5–7 Minuten verfärbt sich die Milch beim Spangrünen Kiefern-Reizker *(L. semisanguifluus)*. Er wächst nur unter Kiefern auf Kalkböden.

Vorsicht giftig!

Der Birken-Milchling (li., S. 208) verursacht bei herkömmlicher Zubereitung Magen-Darm-Vergiftungen, der Lärchen-Milchling (re., L. porninsis) wird bitter. Beide sehen von oben den essbaren Reizkern sehr ähnlich, sind aber leicht an ihrer weißen Milch zu unterscheiden.

Edel-Reizker

Lactarius deliciosus (Sprödblättler)
Hut 5–10(12) cm   Juli–Oktober

Beim Edel-Reizker verfärbt die Milch auch nach mehreren Stunden nicht dunkelrot, sie wird aber bis zum nächsten Tag grün. Er ist am silbrigen Schimmer in der Hutoberfläche, der an die eingetrocknete Schleimspur einer Schnecke erinnert, gut zu erkennen.

Nur unter Weißtannen wächst der einheitlich kürbisfarbene Lachs-Reizker *(L. salmonicolor)*, der als einziger Reizker nicht grün verfärbt. Seine Milch wird nach 1–2 Stunden dunkelrot.

***Vorkommen** in Kiefernwäldern auf eher sauren, sandigen Böden, aber auch in Wachholderheiden auf Muschelkalk.*

- ***Fruchtkörper robust, dickfleischig***
- ***Sporenpulver blassocker***
- ***Verbreitung in ganz Europa häufig***

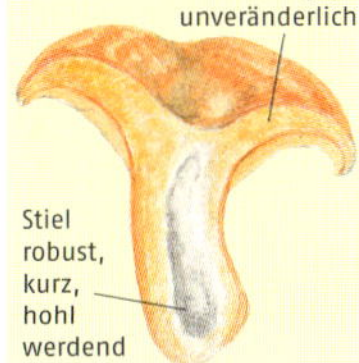

Blut-Reizker

Lactarius sanguineus (Sprödblättler)
Hut 6–15 cm   Juli–Oktober

Er gilt als der wohlschmeckendste aller Reizker und ist vor allem im Süden Europas häufig. In Spanien ist er der meistverkaufte wild gesammelte Marktpilz, in Mittel- und Nordeuropa ist er dagegen meist selten und in einigen Ländern steht er sogar unter Naturschutz.

Manchmal findet man befallene Pilze, bei denen statt Lamellen nur eine weiße Schicht ausgebildet ist. Sie sind besonders hart und wohlschmeckend!

***Vorkommen** am Rande von Kiefernwäldern und auf Wachholderheiden, an wärmebegünstigten Stellen, nur auf Muschelkalk.*

- ***Fruchtkörper robust, dickfleischig***
- ***Sporenpulver blassocker***
- ***Verbreitung in Südeuropa häufig, nördlich der Alpen zerstreut bis selten***

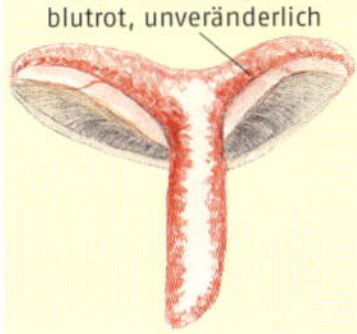

Zottiger Birken-Milchling

Lactarius torminosus (Sprödblättler)
Hut 5–10 cm Juli–Oktober

***Vorkommen** in diversen Wäldern, in Alleen, Gärten und Parkanlagen, stets unter Birken, meist auf basenreichen Böden.*

- ***Milch weiß, unveränderlich***
- ***Fleisch weiß, scharf***
- ***Sporenpulver blasscreme***
- ***Verbreitung in ganz Europa häufig, vor allem im Norden und Osten***

Wie alle scharfen Milchlinge ist auch diese Art herkömmlich zubereitet ungenießbar und kann, je nach individueller Magenempfindlichkeit starke Verdauungsstörungen hervorrufen. Allerdings kann man diese Pilze durch Silieren oder Milchsäurevergären genießbar machen, was in Osteuropa und Skandinavien auch häufig praktiziert wird.

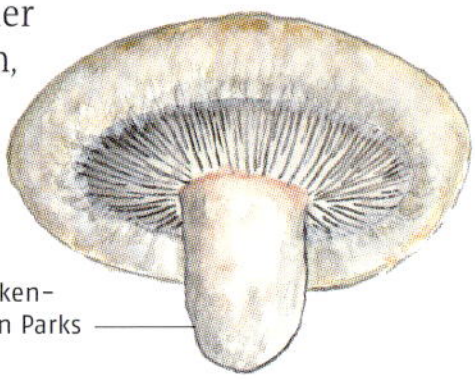

Wie eine ausgeblasste Form sieht der Blasse Birken-Milchling *(L. pubescens)* aus. Er wächst häufig in Parks und Gärten, nur sehr selten in Wäldern.

Schon gewusst?

Wenn Birken und Kiefern nebeneinander stehen, dann können der giftige Zottige Birken-Milchling (re.) und der essbare Edel-Reizker (li.) durcheinander wachsen. Die Milchfarbe unterscheidet sie aber eindeutig.

Mohrenkopf-Milchling

Lactarius lignyotus (Sprödblättler)

Hut 4–8 cm   Juli–Oktober

Vorkommen *in naturnahen, feuchten Bergnadelwäldern, stets unter Fichten.*

- **Milch weiß, rosa werdend**
- **Fleisch mild**
- **Sporenpulver creme**
- **Verbreitung in ganz Europa zerstreut, nur örtlich häufiger**

Neben dem Brätling (S. 218) ist der Mohrenkopf der zweite der beiden essbaren weißmilchenden Milchlinge. Alle anderen sind leicht bitter bis scharf und daher ungenießbar oder sogar giftig. Als große Ausnahme unter den Speisepilzen können diese beiden Arten auch roh verzehrt werden und schmecken leicht gesalzen wunderbar zu einem Butterbrot.

Der gleich gefärbte Pechschwarze Milchling *(L. picinus)* hat eine glatte Stielspitze und einen samtigen Hut ohne Runzeln. Er wächst ebenfalls in Bergnadelwäldern und schmeckt leicht bitter.

Vorsicht giftig!

Es gibt noch weitere Milchlinge mit rosa verfärbender Milch, die aber alle scharf oder bitter sind. Die meisten haben einen helleren Stiel und wachsen im Laubwald, z. B. der Flügelsporige Milchling (L. pterosporus).

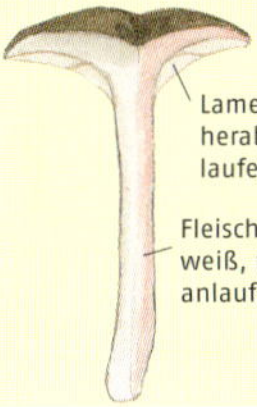

Klebriger Violett-Milchling

Lactarius uvidus (Sprödblättler)

Hut 3–7 cm Juli–Oktober

***Vorkommen** in naturnahen, feuchten Bergnadelwäldern und am Rande von Mooren, stets unter Fichten oder Birken.*

> ***Milch erst weiß, verfärbt violett***
> ***Fleisch erst mild, dann scharf***
> ***Sporenpulver blasscreme***
> ***Verbreitung in Nordeuropa häufig, sonst zerstreut bis selten***

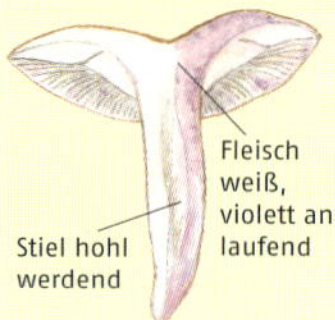

Die ungewöhnlich violette Verfärbung der zunächst weißen Milch überrascht bei dieser Art, weil sie erst nach einigen Minuten eintritt und dem Sammler dann bisweilen erst beim Auspacken der Pilze zu Hause auffällt.

Trockene, robuste Fruchtkörper und Vorkommen im Laubwald auf Kalk kennzeichnen den Trockenen Violett-Milchling *(L. violascens)*. Er ist europaweit vom Aussterben bedroht.

Zottiger Violett-Milchling

Lactarius repraesentaneus (Sprödblättler)

Hut 6–15(20) cm Juli–Oktober

***Vorkommen** in naturnahen, feuchten Nadelwäldern, an Moorrändern, stets unter Fichten oder Birken.*

> ***Milch weiß, violett eintrocknend***
> ***Fleisch sehr scharf***
> ***Sporenpulver blasscreme***
> ***Verbreitung in Nord- und Nordosteuropa häufig, sonst selten***

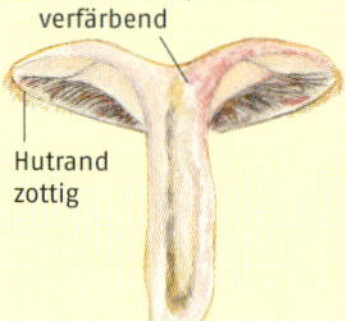

In Nord- und Nordosteuropa wird diese stattliche Art in großen Mengen gesammelt, gesalzen und in Fässer eingelegt oder siliert. Besonders in Finnland schätzt man diese scharfen Milchlinge sehr und zieht sie sogar den Röhrlingen vor. Einfach nur gekocht oder gebraten sind sie aber ungenießbar, teilweise sogar giftig.

Der im Laubwald wachsende Fransen-Milchling *(L.citriolens)* ist anhand der gelb verfärbenden Milch und des leichten Geruchs nach Zitronenmelisse zu erkennen.

Grubiger Milchling

Lactarius scrobiculatus (Sprödblättler)
Hut 8–20 cm   Juli–Oktober

Dieser große und auffallende Pilz kann in Bergfichtenwäldern manchmal in solchen Mengen auftreten, dass er optisch ganze Waldstücke beherrscht. Sein Name kommt von den vielen Gruben am Stiel, die zwar auch bei vielen anderen Milchlingen vorkommen, hier jedoch besonders auffallend ausgeprägt sind.

Vorkommen *in eher trockenen Nadelwäldern auf Kalkböden, vor allem in höheren Lagen, stets unter Fichten.*

Nur unter Weißtannen ist gelegentlich der Grubige Tannen-Milchling *(L. intermedius)* anzutreffen. Er ist blasser, kaum gezont und die Hutzotteln sind gleichfarben.

> ***Fleisch sehr scharf***
> ***Sporenpulver blasscreme***
> ***Verbreitung in Europa zerstreut, örtlich häufig***

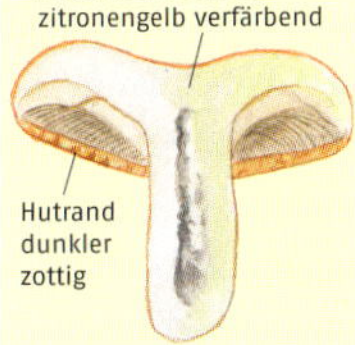

Queradriger Milchling

Lactarius acerrimus (Sprödblättler)
Hut 6–12 cm   Juli–September

Es kann vorkommen, dass Pilzfruchtkörper krumm und verbogen wachsen, beispielsweise weil sie an Hindernisse stoßen. Beim Queradrigen Milchling ist dies aber ein Artkennzeichen, denn er ist immer unregelmäßig geformt, auch wenn er völlig unbehindert wachsen konnte.

Vorkommen *vor allem in Parks, lichten Laubwäldern und auf Baumwiesen, meist unter Eichen.*

Der Schöne Zonen-Milchling *(L. insulsus)* wächst stets regelmäßig und weist eine besonders regelmäßige Hutzonierung auf.

> ***Fleisch sehr scharf***
> ***Sporenpulver blasscreme***
> ***Verbreitung in Europa zerstreut***

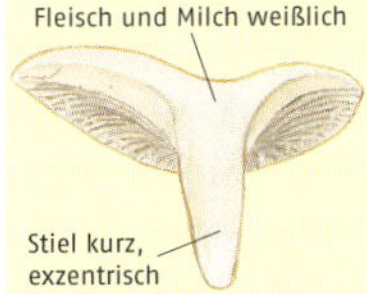

Schüppchen-Milchling

Lactarius spinosulus (Sprödblättler)

Hut 2–5 cm   August–Oktober

***Vorkommen** in Parks und lichten Laubwäldern, vor allem auf sauren Böden, ausschließlich unter Birken.*

- ***Fleisch scharf***
- ***Sporenpulver blasscreme***
- ***Verbreitung in Europa sehr zerstreut bis selten***

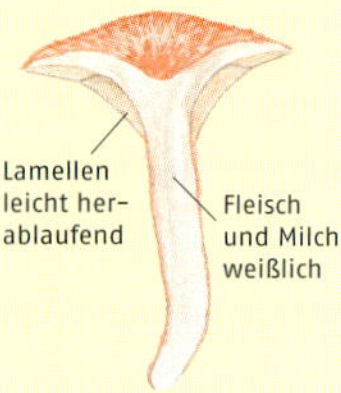

Die abstehenden spitzen Schüppchen auf dem Hut ist ein für Milchlinge sehr ungewöhnliches Merkmal und in Europa auch nur bei dieser Art zu beobachten. Die meisten Milchlinge haben glatte oder feinfilzige Hüte, seltener sind sie angedrückt wollig-schuppig.

Genauso rotviolett gefärbt, aber ungezont und ohne Schüppchen, ist der Lila Milchling *(Lactarius lilacinus)*, der in feuchten Erlen-Bruchwäldern vorkommt

Filziger Milchling, Maggipilz, Bruch-Reizker

Lactarius helvus (Sprödblättler)

Hut 5–12 cm   Juli–Oktober

***Vorkommen** in feuchten bis moorigen Nadelwäldern, seltener in trockenen Heiden, unter Kiefern oder Fichten.*

- ***Fleisch mild***
- ***Milch wässrig-klar***
- ***Geruch nach Liebstöckel***
- ***Sporenpulver weißlich***
- ***Verbreitung in Nordeuropa häufig, im Süden zerstreut bis selten***

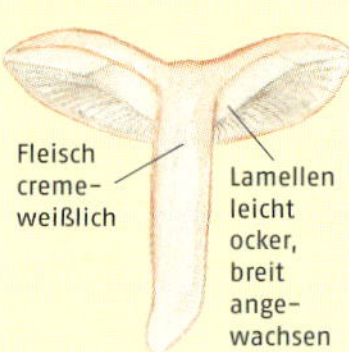

Dieser auffallend aromatisch-würzig duftende Pilz verursacht frisch als Mahlzeit zubereitet erhebliche Magen-Darm-Beschwerden. Gut getrocknet und fein zerrieben, gilt der Filzige Milchling in kleiner Dosierung hingegen als guter Würzpilz. Trotzdem ist Vorsicht geboten, denn er ist unter den mild schmeckenden Milchlingen der einzige giftige!

Auch der Kampfer-Milchling *(L. camphoratus)* entwickelt getrocknet diesen „Maggi"-Geruch, frisch riecht er dagegen herb, blattwanzenartig. Er eignet sich weniger gut als Würzpilz.

Olivbrauner Milchling

Lactarius turpis (Sprödblättler)
Hut 4–10 cm Juli–Oktober

Zwar kann der Olivbraune Milchling mit bestimmten Behandlungsmethoden genießbar gemacht werden und wird in Osteuropa auch viel gesammelt, doch konnte man in ihm neuerdings krebserregende Stoffe nachweisen. Daher sollte dieser Pilz gemieden werden. Auf klassische Art gedünstet oder gekocht ist er sowieso giftig.

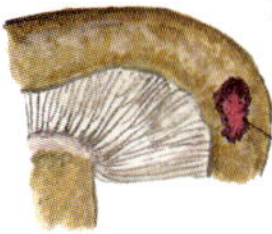

Ein auffallendes Merkmal ist der jung chromgelbe, filzige Hutrand. Er reagiert mit Kalilauge intensiv rosaviolett.

***Vorkommen** in Laub- und Nadelwäldern verschiedenster Art, vor allem auf sauren, nährstoffarmen Böden, unter Fichten oder Birken.*

- ***Fleisch sehr scharf***
- ***Sporenpulver blasscreme***
- ***Verbreitung in Europa häufig***

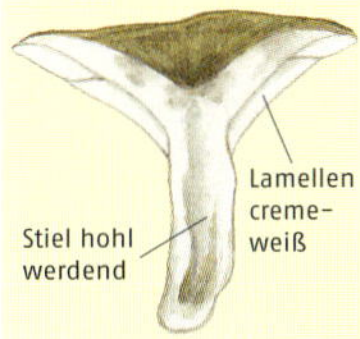

Graugrüner Milchling

Lactarius blennius (Sprödblättler)
Hut 4–8 cm Juli–Oktober

Der Graugrüne Milchling ist einer der häufigsten an Buche gebundenen Pilzarten überhaupt. In Osteuropa, wo das Verbreitungsareal der Rotbuche ausklingt, geht diese Art eine Wurzelsymbiose mit Linden ein. Seltsamerweise tut sie dies jedoch nie in Mitteleuropa.

Ein weiterer Milchling, der nur unter Buchen vorkommt, ist der Blasse Milchling (S. 216).

***Vorkommen** in verschiedenen Buchenwäldern oder unter Buchen in anderen Wäldern, ohne besondere Ansprüche.*

- ***Fleisch scharf***
- ***Sporenpulver creme***
- ***Verbreitung in Europa häufig***

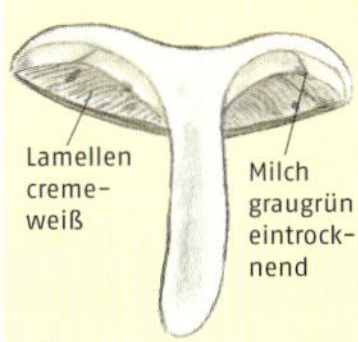

Hainbuchen-Milchling

Lactarius circellatus (Sprödblättler)
Hut 8–15 cm Juli–Oktober

***Vorkommen** in lichten Laubwäldern, Parks und Gärten, ausschließlich unter Hainbuche, bevorzugt auf basenreicheren Böden.*

> ***Milch weiß, eintrocknend graugrün***
> ***Geschmack scharf***
> ***Sporenpulver creme***
> ***Verbreitung in Europa zerstreut, im Alpenraum häufig***

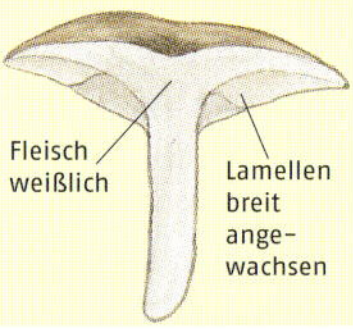

Alle Milchlinge wachsen in einer Wurzelsymbiose mit Bäumen. Etliche Arten sind bezüglich ihres Wirtsbaumes nicht besonders wählerisch, andere wiederum wachsen nur mit einer bestimmten Baumart. Der Hainbuchen-Milchling ist die einzige Milchlingsart, die ausschließlich bei der Hainbuche vorkommt.

Durch die entfernteren Lamellen und den kaum gezonten Hut ist der nur unter Haselnuss wachsende Hasel-Milchling *(L. hortensis)* unterscheidbar. Geschmacklich ist er einer der schärfsten Milchlinge.

Nordischer Milchling, Blau-Reizker

Lactarius trivialis (Sprödblättler)
Hut 6–12(15) cm August–Oktober

***Vorkommen** in feuchten Nadelwäldern und in Mooren, meist unter Fichten.*

> ***Milch weiß, eintrocknend graugrün***
> ***Geschmack scharf***
> ***Sporenpulver creme***
> ***Verbreitung in Nordeuropa häufig, sonst zerstreut, im Süden selten***

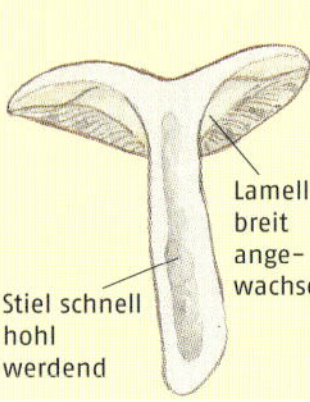

In Finnland ist dieser Milchling der beliebteste Speisepilz. Er wird folgendermaßen genießbar gemacht: Grob geschnittene Pilzstücke 24 Stunden wässern, danach lagenweise mit Salz in Fässer schichten und 6-8 Wochen ziehen lassen. Gerade rechtzeitig zu Weihnachten ist diese Spezialität dann fertig.

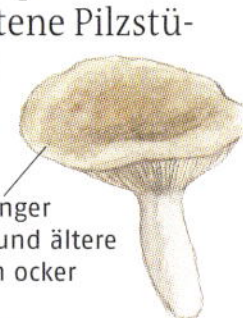

Die schöne Blaufärbung junger Exemplare ist vergänglich und ältere Pilze sind meist einheitlich ocker gefärbt.

Blasser Kokos-Milchling

Lactarius glyciosmus (Sprödblättler)
Hut 2–5 cm Juli–Oktober

Äußerlich betrachtet ähnelt dieser kleine Milchling einigen anderen Arten und wirkt nicht besonders bemerkenswert. Sein Geruch ist aber einzigartig, kein anderer Pilz riecht so deutlich nach Kokosflocken! Trotz dieses angenehmen Geruches kann er wegen seiner Schärfe nicht zum Essen oder gar zum Kuchen backen verwendet werden.

Der Dunkle Kokos-Milchling *(L. mammosus)* hat denselben Geruch, jedoch viel schwächer und er wird nur beim Eintrocknen deutlich. Er wächst in Berglagen unter Fichten.

***Vorkommen** in Wäldern aller Art, an Straßenböschungen, in Parks und Alleen, auf trockenen, eher sauren und nährstoffarmen Böden, ausschließlich unter Birken.*

- > ***Milch weiß, nicht verfärbend***
- > ***Geschmack scharf***
- > ***Sporenpulver creme***
- > ***Verbreitung in Mittel- und Nordeuropa verbreitet, im Süden selten***

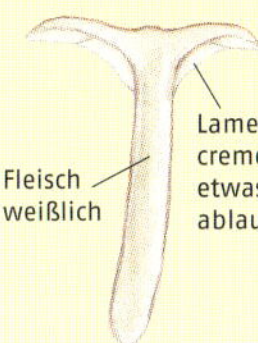

Olivbrauner Erlen-Milchling

Lactarius obscuratus (Sprödblättler)
Hut 1–4 cm Juli–Oktober

Dieser meist sehr klein bleibende Milchling hat auf den ersten Blick eine verblüffende Ähnlichkeit mit dem Roten Lacktrichterling (S. 55), der häufig an denselben Standorten wächst. Sind die Pilze so trocken, dass beim Anbrechen keine Milch mehr austritt, verrät das brüchige statt faserige Stielfleisch, dass es sich um einen Sprödblättler handelt.

Bevorzugter Wirtsbaum ist die Schwarzerle *(Alnus glutinosa)*, die man an den eingekerbten Blattspitzen erkennt.

***Vorkommen** in Erlenbruch- und Auwäldern, an erlenbestandenen Bachrändern, sowie in feuchten Senken innerhalb anderer Waldtypen, ausschließlich bei Erlen.*

- > ***Milch weiß, nicht verfärbend***
- > ***Geschmack fast mild***
- > ***Sporenpulver weißlich***
- > ***Verbreitung in ganz Europa zerstreut, im Norden und Nordosten etwas häufiger***

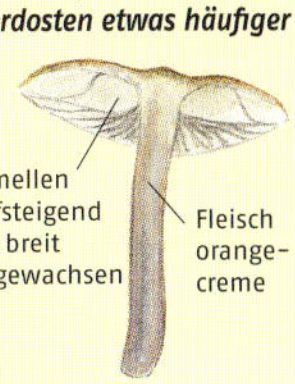

Eichen-Milchling

Lactarius quietus (Sprödblättler)

Hut 3–8 cm   Juli–Oktober

Vorkommen *in Eichenwäldern und in Parkanlagen, auf sauren Böden, ausschließlich unter Eichen.*

- > ***Milch weiß, creme verfärbend***
- > ***Geschmack leicht scharf, bitter***
- > ***Sporenpulver cremeweißlich***
- > ***Verbreitung in ganz Europa häufig***

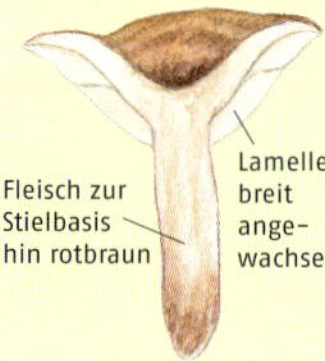

Dieser Milchling hat einen starken, auffallenden Geruch, den man am besten mit „Wanzengeruch“ umschreibt. Er kommt auch bei einigen anderen Pilzarten vor, aber da der Eichen-Milchling eine sehr häufige Art ist, kann man sich dieses Geruchsmerkmal bei ihm am besten einprägen.

An ähnlichen Stellen kommt der Goldflüssige Milchling *(L. chrysorrheus)* vor, den man an seiner goldgelb verfärbenden Milch erkennt. Er sieht dem Edel-Reizker (S. 207) recht ähnlich.

Blasser Milchling

Lactarius pallidus (Sprödblättler)

Hut 5–10 cm   August–Oktober

Vorkommen *in Buchenwäldern, auf neutralen bis basischen, eher trockenen Böden, ausschließlich unter Buchen.*

- > ***Milch weiß, kaum verfärbend***
- > ***Geschmack wenig scharf***
- > ***Sporenpulver creme***
- > ***Verbreitung in ganz Europa schwach verbreitet, in Nord- und Osteuropa fehlend***

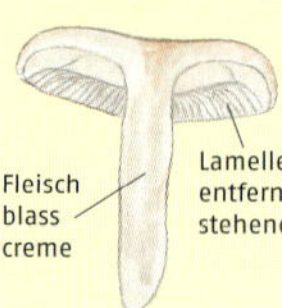

Den Blassen Milchling findet man meist in großer Anzahl, er bildet oft lange Reihen oder Ringe. Durch sauren Regen und Stickstoffeinträge aus der Luft werden diese Biotope jedoch geschädigt, was deutliche Auswirkungen auf die Pilzflora hat. Lange bevor die Pflanzen und Bäume sichtbar leiden, macht sich das plötzliche Fehlen vieler Pilzarten bemerkbar.

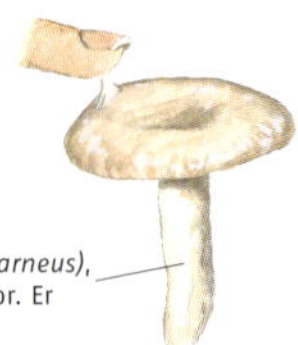

Sehr spezielle Ansprüche hat der Klebrige Milchling *(L. albocarneus)*, er kommt ausschließlich unter Weißtannen auf Kalkböden vor. Er hat die dickste Schleimschicht von allen Milchlingen.

Rotbrauner Milchling (🍴)

Lactarius rufus (Sprödblättler)
Hut 4–8 cm Juli–November

Da der Rotbraune Milchling auch spät im Jahr noch an vielen Orten ein Massenpilz ist, nutzt ihn mancher Pilzsammler trotz seiner Schärfe. Wenn man die Pilze 24 Stunden wässert, danach gut ausdrückt und dann scharf brät, kann man ein leckeres Pilzgulasch aus ihnen zubereiten.

Ähnlich in der Färbung, jedoch mit einer klebrig-schmutzigen Hutoberfläche ist der Kuhrote Milchling *(L. hysginus)*.

***Vorkommen** in Nadelwäldern, auf sauren, meist sandigen Böden, vor allem unter Fichten oder Kiefern.*

- ***Milch weiß***
- ***Geschmack sehr scharf***
- ***Sporenpulver blasscreme***
- ***Verbreitung in ganz Europa verbreitet***

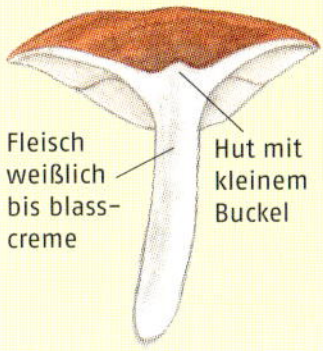

Schon gewusst?

Die zahlreichen ähnlichen rotbraunen Milchlinge sind nur schwer voneinander unterscheidbar. Unter ihnen sticht der Braunrote Milchling (L. badiosanguineus) durch seine orangeockerfarbenen Lamellen besonders hervor.

Brätling

Lactarius volemus (Sprödblättler)
Hut 6–12 cm Juni–Oktober

***Vorkommen** in lichten Laubwäldern, seltener im Nadelwald, auf neutralen bis schwach sauren Böden.*

- ***Geruch nach einiger Zeit heringsartig***
- ***Geschmack mild, süßlich***
- ***Sporenpulver blasscreme***
- ***Verbreitung in ganz Europa zerstreut, seit Jahren rückläufig***

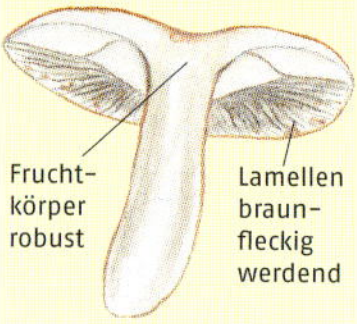

Der Brätling kann, mit etwas Salz in den Lamellen, roh gegessen werden oder man brät in scharf an. Dabei sollte man ihn wie ein Steak „medium“ zubereiten, da er sonst trocken und strohig wird. Schon beim Sammeln ist darauf zu achten, dass der Pilz möglichst nicht verletzt wird, damit seine saftige Milch erhalten bleibt. Beim Hantieren mit dem Pilz ist Vorsicht geboten, denn die Milch hinterlässt braune Flecken, die von Fingern und Kleidern kaum zu entfernen sind und nach einiger Zeit auch noch heringsartig riechen.

In Südeuropa wird der Brätling in weiten Teilen durch den gleichfalls essbaren Runzliggezonten Milchling *(L. rugatus)* ersetzt, der fast gleich aussieht. Ihm fehlt aber der Heringsgeruch und die Lamellen stehen entfernter.

Schon gewusst?

Auch wenn die anderen rotbraunen Milchlingsarten nicht gerade giftig sind, wäre eine Verwechslung mit ihnen geschmacklich eine Enttäuschung. Am ähnlichsten ist der Orangefuchsige Milchling (S. 219), der wie eine Miniaturausgabe des Brätlings wirkt.

Orangefuchsiger Milchling

Lactarius fulvissimus (Sprödblättler)

Hut 3–8 cm Juni–Oktober

Weil dieser Milchling in den Hutfarben so variabel ist und gleichzeitig viele verschiedene Biotope besiedeln kann, versuchen Fachleute seit jeher, ihn in mehrere Arten zu unterteilen. Aber welche Merkmale man auch immer zur Unterscheidung benutzen wollte, immer gab es Ausnahmen und Übergänge. Daher werden heute all diese Formen, dunkel- wie hellhütig, mit oder ohne gelben Rand, im Nadel- oder Laubwald, zu einer Art zusammengefasst.

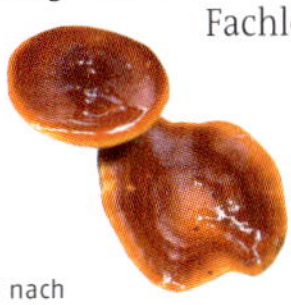

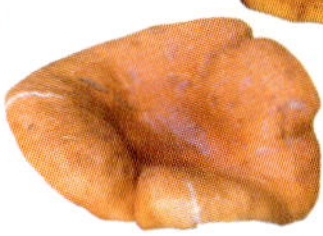

Je nach Feuchtigkeit und Standort variiert die Hutfarbe beträchtlich.

***Vorkommen** in Laub- und Nadelwäldern, auf neutralen bis basischen Böden, auch in Parks oder Gärten.*

> ***Geschmack leicht bis deutlich scharf***
> ***Sporenpulver blasscreme***
> ***Verbreitung in ganz Europa verbreitet***

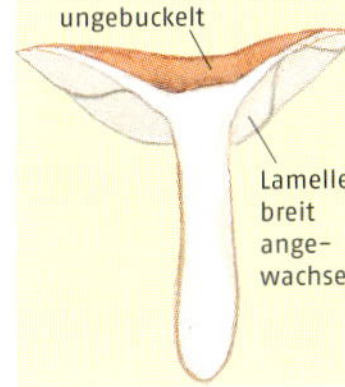

Schon gewusst?

Eine ähnliche Art ist der Rotgegürtelte Milchling (L. rubrocinctus), der seinen Namen von der roten Zone an der Stielspitze hat. Leider ist diese nicht immer deutlich ausgebildet. Er ist ebenfalls etwas scharf und wird beim Kochen bitter.

Flatter-Milchling

Lactarius tabidus (Sprödblättler)
Hut 2–6 cm Juli–Oktober

***Vorkommen** in feuchten Nadelwäldern und in Mooren, auf sauren Böden, vor allem unter Birken und Fichten.*

- ***Geschmack etwas scharf***
- ***Milch weiß, cremegelb eintrocknend***
- ***Sporenpulver blasscreme***
- ***Verbreitung in ganz Europa häufig***

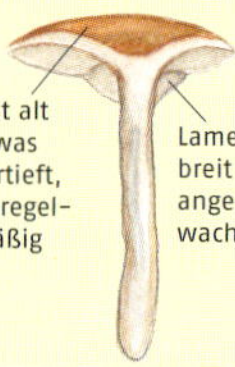

Der Name Flatter-Milchling kommt von den oft uneben-wellig verbogenen Hüten, die aussehen, als ob der Pilz im Wind flattert. Er erinnert dann sehr an manche Trichterlinge (S. 60ff). Die Verfärbung der Milch zu Cremegelb kann man am besten feststellen, wenn man eine frische Schnittstelle des Pilzes mit einem Papiertaschentuch abtupft und dann eine Minute wartet.

Der Torfmoos-Milchling *(L. sphagneti)* mit dunklerem, speckig glänzendem Hut mag es noch feuchter. Wegen seiner Biotopansprüche ist er stark gefährdet.

Süßlicher Milchling

Lactarius subdulcis (Sprödblättler)
Hut 2–6 cm August–Oktober

***Vorkommen** in Buchenwäldern und in Parkanlagen, auf mäßig sauren bis basischen Böden, ausschließlich unter Buchen.*

- ***Geschmack bitter, zusammenziehend***
- ***Milch weiß***
- ***Sporenpulver blasscreme***
- ***Verbreitung in ganz Europa häufig***

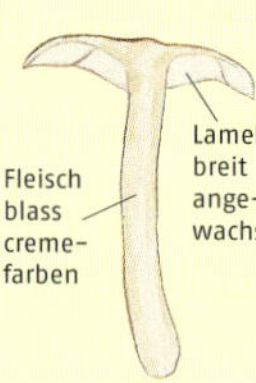

Hier irrt, wer bei diesem Pilz eine mild schmeckende Art vermutet: Er schmeckt ziemlich bitter und verschluckt man versehentlich ein kleines Stück davon, so ist unangenehmes Kratzen im Rachen die Folge. Der lateinische Name „sub-dulcis", also „beinahe mild" trifft besser und ist als Gegensatz zu den scharf schmeckenden Milchlingen gemeint.

Durch die wässrig-weiße, fast durchsichtige Milch unterscheidet sich der kleine, nach Blattwanzen riechende Runzelige Zwerg-Milchling *(L. cremor)*.

Pfeffer-Milchling

Lactarius piperatus (Sprödblättler)

Hut 6–12 cm Juli–Oktober

Scharf gebraten zubereitet, am besten am Spieß über dem Grill, findet dieser Milchling trotz seiner geschmacklichen Schärfe seine Liebhaber. Aber auch dann noch schmeckt er ziemlich herb bis bitter, was nicht jedermanns Geschmack ist.

Es gibt noch eine nah verwandte, kaum unterscheidbare Art, deren Milch grün eintrocknet und mit Kalilauge orangegelb verfärbt: den Grünenden Pfeffer-Milchling *(L. pargamenus)*.

Vorkommen *in Laub-, seltener in Nadelwäldern, bevorzugt auf neutralen bis basischen (Lehm-)Böden, gelegentlich im sauren Milieu.*

- ***Geschmack sehr scharf***
- ***Milch weiß, spärlich***
- ***Sporenpulver weiß***
- ***Verbreitung in ganz Europa häufig, rückläufig***

Schon gewusst?

Der Wollige Milchling (S. 222) ist selbst durch scharfes Braten nicht schmackhaft zu machen. Er ist durch die deutlich entfernter stehenden Lamellen (re.) einfach vom Pfeffer-Milchling (li.) unterscheidbar.

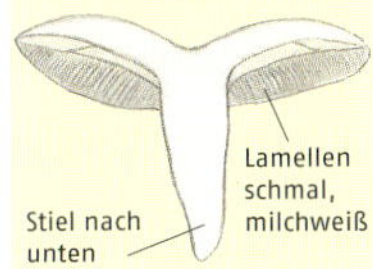

Wolliger Milchling

Lactarius vellereus (Sprödblättler)

Hut 8–25(30) cm Juli–Oktober

***Vorkommen** gleichermaßen in Nadel- und Laubwäldern, bevorzugt auf neutralen bis basischen Böden, besonders unter Buchen, Fichten und Eichen.*

- ***Geschmack mild***
- ***Milch weiß, spärlich***
- ***Sporenpulver weiß***
- ***Verbreitung in ganz Europa häufig***

Die Größe dieses Pilzes schwankt erheblich. Die meisten Pilze bewegen sich zwischen 12 und 20 cm Hutbreite. Es kommen aber auch Riesenexemplare mit 30 cm Durchmesser und mehr vor sowie zwergwüchsige Vertreter, die kaum 8 cm erreichen. Eine identisch aussehende, verwandte Art *(L. bertillonii)* hat brennend scharfe Milch.

Bei gleicher Statur und Größe, jedoch mit eng stehenden Lamellen und fleischrosa Flecken auf dem Hut, handelt es sich um den ausschließlich unter Pappeln wachsenden seltenen Rosascheckigen Milchling *(L. controversus)*.

Gemeiner Weiß-Täubling

Russula delica (Sprödblättler)

Hut 5–12 cm Juni–Oktober

***Vorkommen** in Laubwäldern, selten unter Nadelbäumen, vor allem auf basenreichen Lehmböden.*

- ***Geruch fruchtig, leicht fischartig***
- ***Sporenpulver weißlich***
- ***Verbreitung in ganz Europa häufig***

Nur die Weiß- und die Schwärz-Täublinge besitzen Zwischenlamellen. Das sind Lamellen, die nicht vom Hutrand bis zum Stiel reichen, sondern mitten im Hut enden. Alle übrigen Täublingsgruppen besitzen keine oder nur sehr vereinzelte Zwischenlamellen. Der Weiß-Täubling ist essbar, schmeckt aber nicht besonders gut.

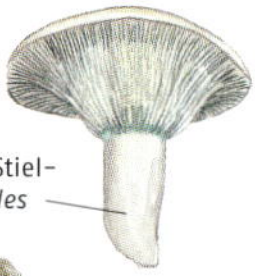

Häufig findet man Exemplare mit einer blaugrünlichen Zone an der Stielspitze und meergrün getönten Lamellen. Sie werden als var. *chloroides* bezeichnet.

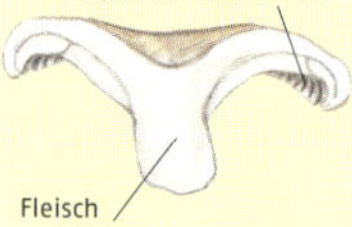

Dickblättriger Schwärz-Täubling

Russula nigricans (Sprödblättler)

Größe 5–12 cm Juni–Oktober

In den meisten Pilzbüchern gilt diese Art als minderwertig oder gar ungenießbar. Zu unrecht, denn junge Pilze dieser Art, mit Zwiebel und Speck rustikal in der Pfanne zubereitet, sind durchaus schmackhaft. Diese sehr häufige Art ist an den auffallend dicken, sehr entfernt stehenden Lamellen gut zu erkennen.

Die alten, völlig geschwärzten Fruchtkörper werden an feuchten Standorten nicht selten von einem weiteren Blätterpilz befallen, dem Beschleierten Zwitterling *(Nyctalis parasitica)*.

Vorkommen *In Laub- und Nadelwäldern, ohne erkennbare Vorlieben.*

- > ***Geruch dumpf fruchtig, nach Weinfass***
- > ***Fleisch mild***
- > ***Sporenpulver weiß***
- > ***Verbreitung in ganz Europa häufig***
- > ***Doppelgänger scharfe Schwärz-Täublinge***

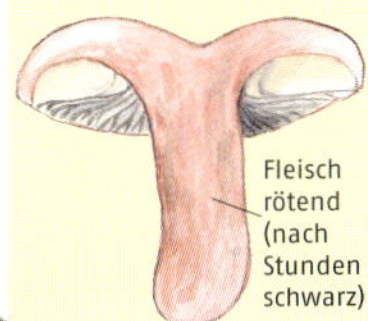

Vorsicht giftig!

Der ungenießbare Dichtblättrige Schwärz-Täubling (R. densifolia) hat wesentlich enger stehende Lamellen und sein Fleisch ist scharf. Er wächst vor allem in sauren Nadelwäldern.

Gemeiner Stink-Täubling

Russula foetens (Sprödblättler)

Größe 5–12 cm Juni–November

***Vorkommen** in Nadel- und Laubwäldern, ohne erkennbare Vorlieben.*

- ***Geruch unangenehm nach verbranntem Gummi***
- ***Fleisch sehr scharf***
- ***Sporenpulver creme***
- ***Verbreitung in ganz Europa häufig***

Stink-Täublinge heißen nicht umsonst so: Schon ihr unangenehmer Geruch hält eigentlich vom Sammeln ab. Aber es gibt auch sehr ähnliche Arten, die angenehm nach Bittermandel riechen. Unabhängig vom Geruch sind alle Stink-Täublinge schwach giftig, zudem roh gekostet sehr scharf.

Die wie Morsezeichen dunkel gepunktete und gestrichelte Lamellenschneide gab dem Morse-Täubling *(R. illota)* seinen Namen.

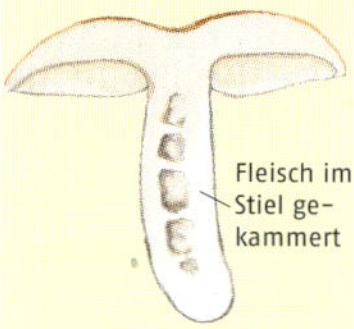

Brauner Camembert-Täubling

Russula amoenolens (Sprödblättler)

Größe 3–8 cm Juni–Oktober

***Vorkommen** auf trockenen, nährstoffarmen, sauren Sandböden, vor allem unter Eichen.*

- ***Fleisch scharf***
- ***Stiel bald gekammert***
- ***Sporenpulver blasscreme***
- ***Verbreitung in Europa unregelmäßig zerstreut***

Alle Täublinge mit stark gerieftem Hutrand (Kammtäublinge) schmecken widerlich nach Gummi, manche sind außerdem sehr scharf. Ihr Geruch ist stets stark und unangenehm.

Ebenfalls unter Eichen, aber auf Lehmböden in Parkanlagen und lichten Wäldern wächst der Kratzende Kamm-Täubling *(R. pectinatoides)*.

Ocker-Täubling

(🍴)

Russula ochroleuca (Sprödblättler)

Größe 3–8 cm Juni–Oktober

In den Sommermonaten ist dieser Täubling in Fichtenforsten oft als einzige Art zu finden und kommt selbst bei trockener Witterung noch in größeren Mengen zum Vorschein. Er ist essbar, sein Geschmack variiert jedoch von mild bis deutlich scharf. Man sollte die schärferen Exemplare meiden, weil sie beim Kochen ziemlich bitter werden. Dies lässt sich durch Kauen eines kleinen Lamellenstückchens feststellen.

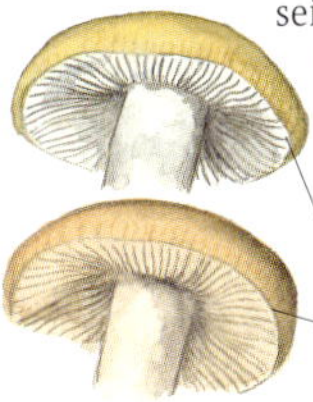

Am sichersten unterscheidet man Ocker- und Gallen-Täubling durch die abweichenden Farben von Lamellen und Hutrand: Deutlicher Farbunterschied beim Ocker-Täubling, Ton in Ton beim Gallen-Täubling.

Vorkommen *in Fichtenforsten und Nadelwäldern auf sauren Böden, in Laubmischwäldern unter eingestreuten Fichten, selten unter Buchen.*

> ***Stiel schwach grauend***
> ***Sporenpulver blasscreme***
> ***Verbreitung in Europa häufig***
> ***Doppelgänger Gallen-Täubling***

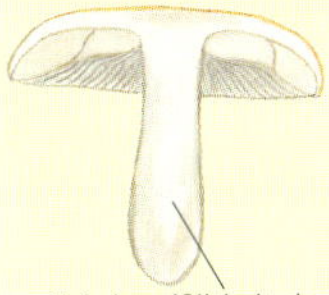

Fleisch weißlich, in der Stielbasis leicht ocker

Vorsicht giftig!

Von oben kaum unterscheidbar ist der sehr scharfe Gallen-Täubling (R. fellea). Seine Lamellen sind jedoch leicht ocker und er riecht auffallend nach Obst. Er wächst vor allem unter Buchen, aber auch im Fichtenwald.

Lamellen weiß, zum Hutrand kontrastierend

Hut ockergelb, mit teilweise deutlicher Olivfärbung

Wiesel-Täubling

Russula mustelina (Sprödblättler)

Größe 6–15 cm Juni–Oktober

***Vorkommen** in Bergnadelwäldern auf sauren Böden, stets unter Fichten.*

> ***Geschmack nussartig***
> ***Sporenpulver blasscreme***
> ***Verbreitung in Europa in den höheren Lagen mäßig häufig***

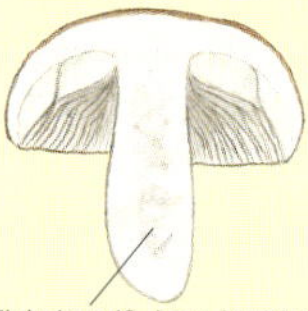

Schon mancher Pilzsammler hat seinen vermeintlichen Steinpilzfund enttäuscht weggeworfen, weil er beim Umdrehen Lamellen statt Röhren feststellen musste. Der scheinbare Reinfall ist aber eigentlich ein Glücksfall, denn der Wiesel-Täubling gehört zu den besten Speisepilzen überhaupt und viele ziehen ihn sogar dem Steinpilz vor!

Düster braun ist der nur im Norden Europas häufigere Bleigraue Täubling *(R. consobrina)*. Er ist sehr scharf.

Violettstieliger Pfirsich-Täubling

Russula violeipes (Sprödblättler)

Größe 5–10 cm Juni–Oktober

***Vorkommen** in Laubwäldern, seltener unter Nadelbäumen, vorzugsweise auf sauren Böden.*

> ***Hut jung fein bereift***
> ***Geruch zunehmend nach Hering***
> ***Sporenpulver creme***
> ***Verbreitung in Europa mäßig häufig, im Süden seltener***

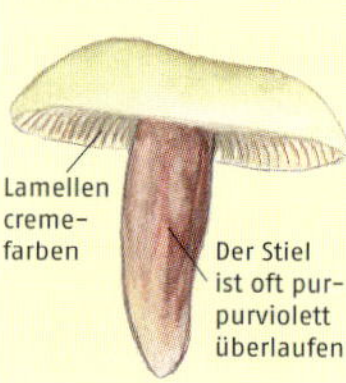

Die Vielfalt der Hutfärbungen dieser Art ist erstaunlich. Ein treffender Vergleich ist das Farbspektrum von Heidelbeerkompott mit Vanillesoße. Die Faustregel besagt „alle Sprödblättler mit Heringsgeruch sind essbar", doch da jungen Pilzen meist noch der typische Geruch fehlt und sie oft einfarbig gelb gefärbt sind, ist es nicht immer einfach, sie auf Anhieb zu erkennen.

Es gibt auch eine rein grünlich gelbe Variante, bei der die violetten Farbanteile völlig fehlen (var. *citrina*)

Speise-Täubling

Russula vesca (Sprödblättler)

Größe 5–12 cm Juni–Oktober

Zwar sind alle mild schmeckenden Täublinge essbar, aber sie sind nicht alle von gleicher Qualität. Einer der besten ist der Speise-Täubling, der an seinen Standorten leider nur in Einzelexemplaren anzutreffen ist. Durch die zunehmende Stickstoffanreicherung der Böden ist sein Bestand rückläufig.

***Vorkommen** in Laub- und Nadelwäldern gleichermaßen, bevorzugt auf nährstoffarmen, sandigen Böden.*

- ***Geschmack mild***
- ***Sporenpulver weiß***
- ***Verbreitung in Europa häufig***
- ***Doppelgänger Spei-Täubling***

Der ebenfalls essbare Grüne Speise-Täubling *(R. heterophylla)* hat am Stielansatz querverbundene Lamellen.

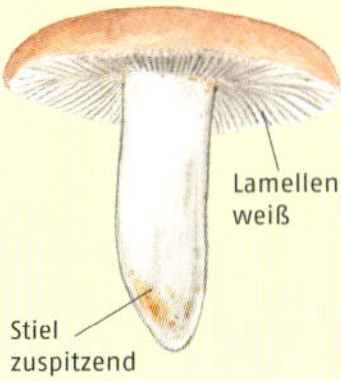

Vorsicht giftig!

Der Spei-Täubling (S. 229) mit kirsch- bis blutrotem Hut trägt seinen Namen zurecht: Empfindlichere Personen reagieren auf seinen Genuss mit heftigem Erbrechen.

Violetter Graustiel-Täubling

Russula vinosa (Sprödblättler)
Größe 5–12 cm   Juli–Oktober

***Vorkommen** in Nadelwäldern, vor allem unter Fichten, auf sauren, etwas feuchten Böden.*

- ***Hutrand jung weißlich bereift***
- ***Sporenpulver cremefarben***
- ***Verbreitung in Europa mäßig häufig, vor allem im Norden***

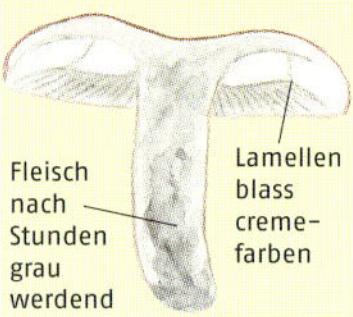

Das Fleisch der Graustiel-Täublinge verfärbt sich vor allem im Stiel grau. Daran kann man diese Pilze gut erkennen. Allerdings ist dies erst bei älteren oder einige Stunden liegenden Exemplaren gut zu beobachten. Neben dieser Art mit violettem Hut, gibt es noch zwei weitere mit orangefarbenen und gelben Hüten.

Orangefarbener Graustiel-Täubling

Russula decolorans (Sprödblättler)
Größe 5–10 cm   Juli–Oktober

***Vorkommen** in Nadelwäldern und an Moorrändern, vor allem unter Kiefern, auf sauren, meist nassen Böden.*

- ***Geschmack mild***
- ***Sporenpulver creme***
- ***Verbreitung in Europa häufig, vor allem im Norden***

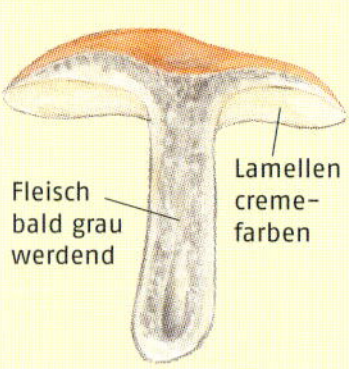

Der botanische Artname „de-colorans" deutet bereits an, dass die eigentlich orangefarbene Hutoberfläche oft entfärbt oder verblasst und daher findet man diese Art von Sattorange bis Blassgelb und sogar nahezu weißhütig.

Der Gelbe Graustiel-Täubling *(R. claroflava)* wächst nur unter Birken.

Spei-Täubling

Russula emetica (Sprödblättler)
Größe 4–8 cm   Juli–Oktober

Der einzige Täubling, der nicht nur scharf und damit ungenießbar, sondern tatsächlich giftig ist, ist der Spei-Täubling. Seine harzigen Inhaltsstoffe reizen empfindlichere Personen zu heftigem Erbrechen. Die Spei-Täublinge sind an der Kombination aus lebhaft rotem Hut und reinweißem Stiel und Lamellen erkennbar.

***Vorkommen** in bodensauren, nassen Nadelwäldern unter Fichten, Varietäten unter Buchen, Birken oder Kiefern.*

Vorsicht giftig!
Der Buchen-Speitäubling (R. mairei, li.) riecht beim Eintrocknen leicht etwas nach Honig, der Graustielige Speitäubling (var. griseascens, re.) ist eine Varietät aus den Hochmooren.

- ***Geschmack sehr scharf***
- ***Sporenpulver weiß***
- ***Verbreitung in Europa häufig***

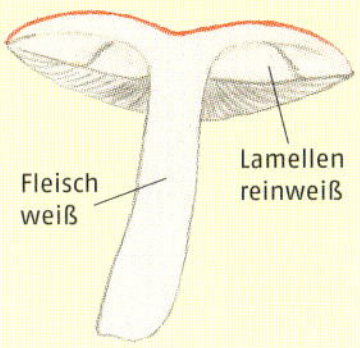

Grünfelderiger Täubling

Russula virescens (Sprödblättler)
Größe 5–12 cm   Juli–Oktober

***Vorkommen** in lichten Eichen- und Buchenwäldern, in Parkanlagen und Heiden, auf nährstoffarmen, etwas sauren Böden.*

- ***Geschmack mild, nussig***
- ***Sporenpulver creme***
- ***Verbreitung in Europa zerstreut***

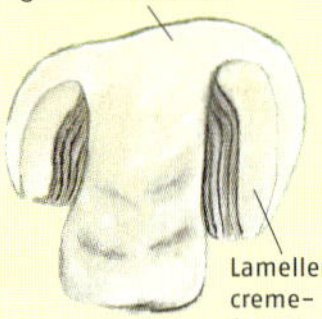

Eine feldrig aufgerissene Huthaut ist in den meisten Fällen ein Zeichen von Witterungseinflüssen. Bei dieser Täublingsart ist es jedoch ein charakteristisches, witterungsunabhängiges Merkmal, an dem man die Art auch dann erkennt, wenn die schöne Hutfarbe ausgeblichen ist. Sein milder, nussartige Geschmack macht ihn zu einem der begehrtesten Speisepilze.

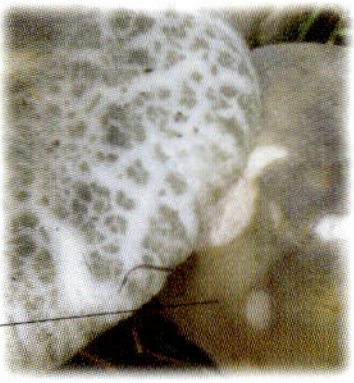
Die grüne Hutfarbe ist sehr lichtempfindlich und bleicht ockergelb aus.

Schon gewusst?
Von der Farbe her sehr ähnlich ist der leicht scharfe Grasgrüne Täubling (R. aeruginea). Sein Hut ist eher gelbgrün, reißt nicht auf und er wächst unter Birken und Fichten.

Frauen-Täubling

Russula cyanoxantha (Sprödblättler)

Größe 6–15 cm   Juni–Oktober

Unter den Täublingen ist der Frauen-Täubling an seinen weichen, biegsamen Lamellen zu erkennen, während sie bei den anderen Arten stets brüchig sind. Die Attribute „weich" und „nachgiebig" werden traditionell eher als weiblich eingestuft und man nimmt an, dass dies der Grund für den Namen Frauen-Täubling ist.

Vorsicht giftig!

Vor allem die grünhütigen Formen können mit dem Grünen Knollenblätterpilz (S. 116) verwechselt werden. Brüchiges Fleisch, knollenlose Stielbasis, fehlender Ring und die nicht abziehbare, glatte Huthaut lassen den Täubling erkennen.

***Vorkommen** in Laub- und Nadelwäldern, vor allem unter Buchen, bevorzugt auf sauren Böden.*

- > ***Geschmack mild, nussig***
- > ***Sporenpulver weiß***
- > ***Verbreitung in Europa häufig***

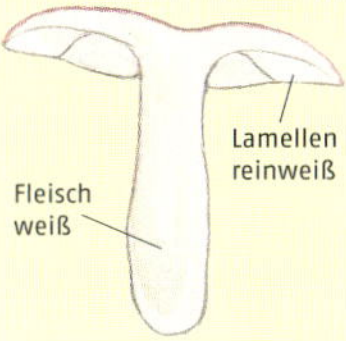

Apfel-Täubling

(🍴)

Russula paludosa (Sprödblättler)

Größe 5–12 cm   Juli–Oktober

***Vorkommen** in Nadelwäldern und an Moorrändern, vor allem unter Kiefern, auf sauren, meist nassen Böden.*

- ***Geschmack mild bis scharf***
- ***Sporenpulver creme***
- ***Verbreitung in Mittel- und Nordeuropa häufig, im Süden eher selten***

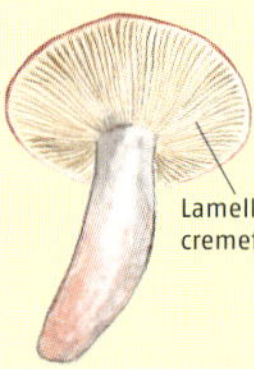

Der Apfel-Täubling gehört wie beispielsweise der Ocker-Täubling zu den Arten mit etwas wechselnder Fleischschärfe. Neben fast milden Exemplaren findet man auch häufig deutlich scharfe, die dann eher nicht zum Verzehr geeignet sind.

Der Ziegelrote Täubling *(R. velenovskyi)* hat eine nur feucht glänzende Huthaut, ist kleiner und wächst nur unter Birken.

Gold-Täubling

🍴

Russula aurea (Sprödblättler)

Größe 5–10 cm   Juni–Oktober

***Vorkommen** in Laub- und Nadelwäldern, besonders unter Buchen, bodenunabhängig, nur auf stark sauren Böden fehlend.*

- ***Geschmack mild***
- ***Sporenpulver buttergelb***
- ***Verbreitung in Europa zerstreut, rückläufig***

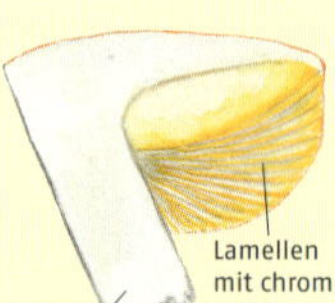

Der Gold-Täubling ist sicherlich einer der schönsten Täublinge. Seine intensiven Farben sind sehr variabel und reichen von gelb bis rot in allen möglichen Tönen und Mischungen. Er ist zwar ein sehr wohlschmeckender Pilz, geht aber seit einigen Jahrzehnten stark zurück.

Bisweilen gibt es Exemplare, denen die gelben Pigmente fehlen und die dann nur mit Hilfe des Mikroskops zu bestimmen sind.

Purpurschwarzer Täubling

Russula atropurpurea (Sprödblättler)
Größe 5–12 cm   Juli–Oktober

Der Purpurschwarze Täubling geht fast ausschließlich mit Eichen eine Wurzelsymbiose ein. Da diese besonders stark vom Waldsterben betroffen sind, gehen auch die Bestände des Täublings stetig zurück. Selten wächst er übrigens auch unter anderen Laubbäumen, beispielsweise Buche, Birke oder Hainbuche.

Noch stärker gelbfleckig ist der Honig-Täubling *(R. melliolens)*, der beim Trocknen nach Kunsthonig riecht.

***Vorkommen** in Eichen-Hainbuchen- und anderen Eichenmischwäldern, auf neutralen bis sauren, eher trockenen Böden.*

- > ***Geschmack mäßig scharf***
- > ***Sporenpulver weiß***
- > ***Verbreitung in Europa (noch) häufig***

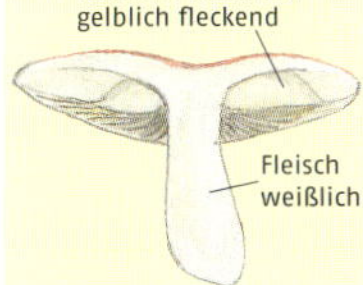

Wechselfarbiger Spei-Täubling

Russula fragilis (Sprödblättler)
Größe 3–6 cm   August–November

Wie der Purpurschwarze Täubling gehört auch dieser einer Gruppe von violett-rot-grün mischfarbigen Pilzen an, die mit ihren reinweißen Lamellen und ebensolchem Stiel eng mit dem Spei-Täubling (S. 229) verwandt sind.

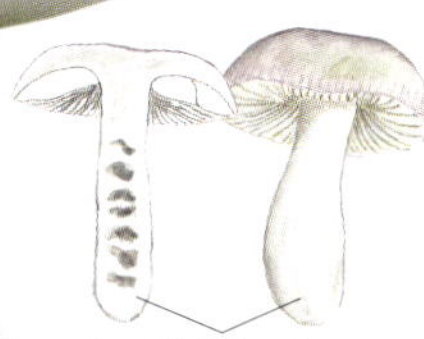

Ausschließlich unter Weißtannen *(Abies)* wächst der Hohlstiel-Täubling *(R. cavipes)* mit typisch gekammertem Stiel.

***Vorkommen** in Laub- und Nadelwäldern, vor allem unter Buchen, Eichen und Fichten, bodenunabhängig.*

- > ***Geschmack sehr scharf***
- > ***Geruch obstartig-fruchtig***
- > ***Sporenpulver weiß***
- > ***Verbreitung in Europa häufig***

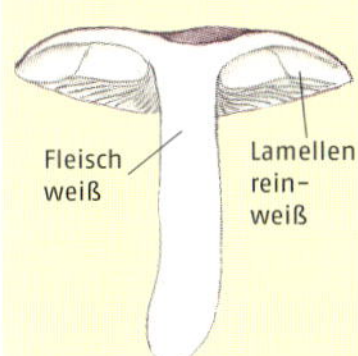

Geriefter Weich-Täubling

Russula nauseosa (Sprödblättler)

Größe 3–7 cm   Juni–Oktober

Vorkommen *in Fichtenwäldern und -forsten, auf neutralen bis basischen Böden, stets unter Fichten.*

> ***Geschmack mild***
> ***Sporenpulver ockergelb***
> ***Verbreitung in Europa häufig***

Dieser relativ kleine Täubling ist eine der frühesten Arten, die man finden kann. Gerade in den im Frühsommer noch weitgehend pilzleeren Fichtenforsten fällt er dann besonders auf.

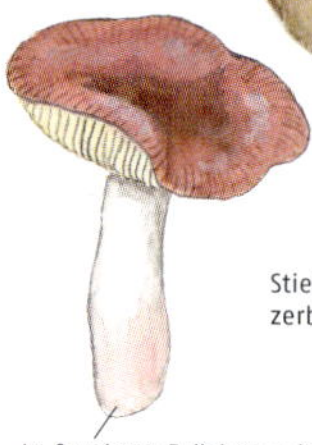

In feuchten Brüchen mit Birken kommt der ähnliche Milde Glänz-Täubling *(R. nitida)* vor.

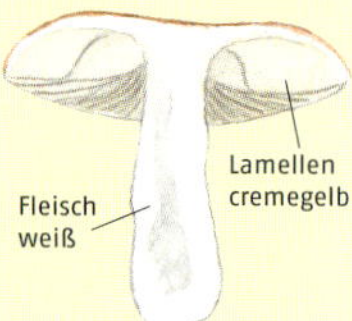

Milder Wachs-Täubling

Russula puellaris (Sprödblättler)

Größe 3–6 cm   Juli–Oktober

Vorkommen *in Fichtenwäldern und -forsten, auf sauren, eher trockenen Böden, stets unter Fichten.*

> ***Geschmack mild***
> ***Sporenpulver satt cremefarben***
> ***Verbreitung in Europa häufig***

Wenige Täublinge zeigen ein so auffallendes Gilben wie der Milde Wachs-Täubling. Diese sind allesamt mit Laubbäumen vergesellschaftet. Die Art ist mild und somit essbar, doch da sie eher klein und recht brüchig ist, lohnt sich das Sammeln kaum.

Ebenfalls gilbend der Hainbuchen-Täubling *(R. carpini)*, der auf besseren Böden unter Hainbuchen vorkommt.

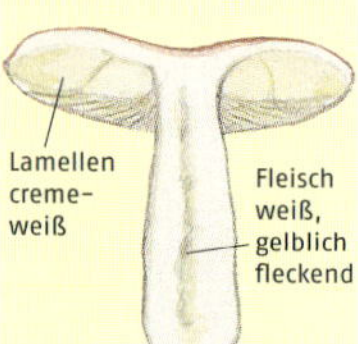

Harter Zinnober-Täubling

Russula rosea (Sprödblättler)
Größe 4–10 cm   Juli–Oktober

Der sich auffallend fest anfühlende, nicht zusammendrückbare Stiel ist ein gutes Erkennungsmerkmal – natürlich nur, solange er nicht von Maden zerfressen ist. Die Art ist mild und somit essbar, schmeckt aber etwas terpentinartig und ist bestenfalls als Mischpilz zu verwenden.

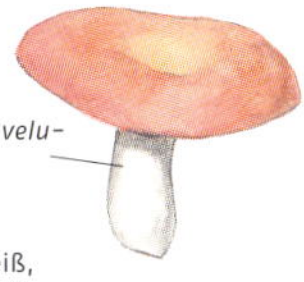

Der bleistiftartige Geschmack fehlt dem Rosa Täubling *(R. velutipes)*, dessen Stiel stets reinweiß und nicht so hart ist.

Vorkommen *in Buchenwäldern, Parkanlagen stets unter Buchen, selten unter Eichen, auf trockenen Böden.*

- ***Geschmack mild, nach Bleistift***
- ***Sporenpulver satt cremefarben***
- ***Verbreitung in Europa häufig***

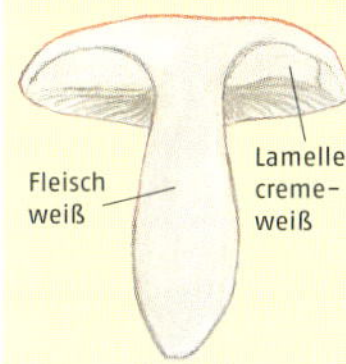

Blut-Täubling

Russula sanguinaria (Sprödblättler)
Größe 4–12 cm   Juli–Oktober

Der Name Blut-Täubling kommt von der blutroten Färbung des Hutes, die, im Gegensatz zu vielen anderen Täublingen, sehr wenig variabel ist und kaum verblasst. Ein gutes Kennzeichen sind auch die etwas herablaufend wirkenden Lamellen.

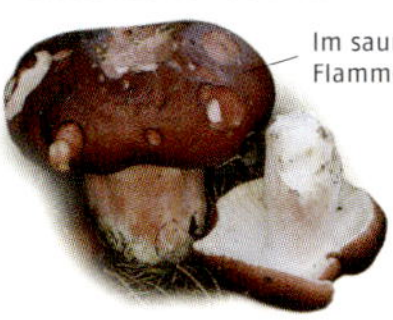

Im sauren Bergfichtenwald wächst der ähnliche Flammenstiel-Täubling *(R. rhodopus)*.

Vorkommen *in lichten Kiefernwäldern, Heiden und Magerrasen, stets unter Kiefern, auf Kalkboden.*

- ***Geschmack scharf***
- ***Sporenpulver cremefarben***
- ***Verbreitung in Europa häufig***

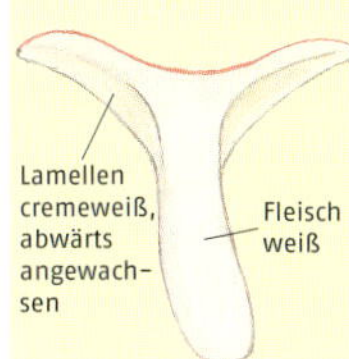

Echter Herings-Täubling

Russula xerampelina (Sprödblättler)

Größe 4–12 cm Juli–Oktober

Vorkommen *in Nadelwäldern und Fichtenforsten, auf sauren, trockenen bis feuchten Böden, vorzugsweise bei Fichten.*

> ***Geruch nach Fisch***
> ***Sporenpulver dunkelgelb***
> ***Verbreitung in Europa häufig***

Die Herings-Täublinge sind eine Gruppe nah verwandter Arten, die nach und nach deutliche braune Flecken bekommen und sich durch einen zunehmenden Fischgeruch auszeichnen. Da dieser Fischgeruch beim Kochen verfliegt, sind Herings-Täublinge durchaus empfehlenswerte Speisepilze.

Der Grüne Herings-Täubling *(R. schaefferi)* wächst ebenfalls unter Laubbäumen, gerne unter einzelnen Birken im Nadelwald.

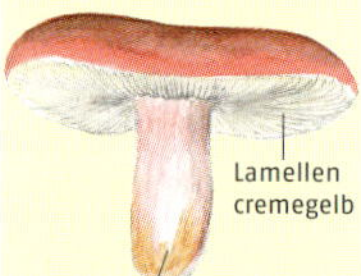

Schon gewusst?

Unter Eichen in Laubwäldern und Parks findet man gelegentlich den Fleischvioletten Herings-Täubling (R. graveolens). Er ist selten und sollte daher nicht gesammelt werden.

Zedernholz-Täubling

Russula badia (Sprödblättler)
Größe 6–15 cm   Juli–Oktober

Diese Art wird auch Heimtückischer Täubling genannt. Nicht nur, weil er als der schärfste seiner Gattung gilt, sondern vor allem weil diese Schärfe beim Kauen erst mit 20-30 Sekunden Verzögerung eintritt. Wer da schon etwas davon in den Hals bekommen hat, wird mit halbstündigem Brennen im Rachenraum an seinen Fund erinnert.

Vorkommen *in Nadelwäldern, Kiefern- und Fichtenforsten, auf sauren, frischen bis feuchten Böden, stickstoffmeidend.*

> ***Geschmack brennend scharf***
> ***Sporenpulver hell ockergelb***
> ***Verbreitung in Europa zerstreut, rückläufig***

Der essbare Braune Leder-Täubling kommt auch rothütig vor und ist dann nur am Geschmack vom Zedernholz-Täubling zu unterscheiden.

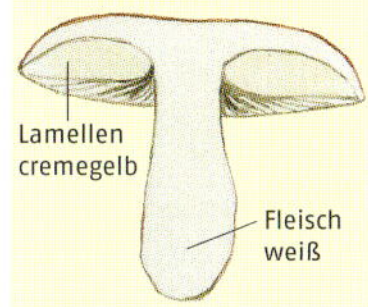

Brauner Leder-Täubling

Russula integra (Sprödblättler)
Größe 6–15 cm   Juni–Oktober

Diese Art ist der einzige Leder-Täubling im Nadelwald. Er ist häufig und wohlschmeckend, doch Vorsicht vor Verwechslungen mit dem unerträglich scharfen Zedernholz-Täubling, der aber meist durch seinen rot geflammten Stiel zu unterscheiden ist.

Vorkommen *in Nadelwäldern und Fichtenforsten, auf basischen bis höchstens schwach sauren Böden, fast stets unter Fichten.*

> ***Geschmack mild***
> ***Sporenpulver dunkel ockergelb***
> ***Verbreitung in Europa häufig***

Die Hutfärbung ist sehr variabel und kann neben roten und braunen auch olivgrüne Farben umfassen.

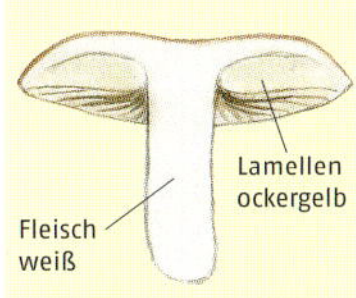

Rotstieliger Leder-Täubling

Russula olivacea (Sprödblättler)

Größe 6–15 cm Juni–Oktober

***Vorkommen** in Buchen- und Eichen-Hainbuchenwäldern, seltener in Fichtenforsten, auf basenreichen, lehmigen Böden, vorzugsweise bei Buchen.*

- > ***Geschmack mild, nussig***
- > ***Sporenpulver dunkelgelb***
- > ***Verbreitung in Europa häufig***

Dieser Leder-Täubling ist an geeigneten Stellen oft ein Massenpilz, der aufgrund seiner Größe und des nussigen Geschmacks gerne gesammelt wird. Jüngst wurde ein Fall einer Vergiftung bekannt, doch dürfte es sich dabei eher um eine individuelle allergische Reaktion gehandelt haben.

Ein gutes Merkmal sind auch die Lamellenschneiden, die in Hutnähe meist rosarot überlaufen sind.

Schon gewusst?

Das Farbspektrum des Rotstieligen Leder-Täublings ist außerordentlich groß. Diese verschiedenen Färbungen können auch am selben Standort und gleichzeitig auftreten.

Buckel-Täubling

(🍴)

Russula amara (Sprödblättler)

Größe 4–8 cm   Juli–Oktober

Auch dieser Täubling hat einen leicht bitteren Geschmack, doch ist bei dieser Art nur die Huthaut bitter, sodass er nach sorgfältigem Abziehen durchaus als Speisepilz verwendet werden kann.

***Vorkommen** in Kiefernwäldern und sonstigen mit Kiefern durchsetzten Wäldern, auf sauren bzw. oberflächenversauerten, nährstoffarmen Böden.*

> ***Geschmack mild, Huthaut bitter***
> ***Sporenpulver dottergelb***
> ***Verbreitung in Europa häufig***

Einen ungebuckelten Hut sowie weiße Lamellen und Sporenpulver hat der Weißblättrige Reif-Täubling *(R. azurea)*.

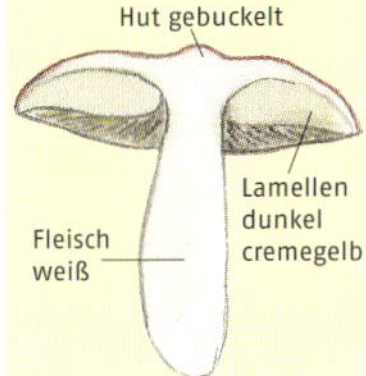

Jodoform-Täubling

(🍴)

Russula turci (Sprödblättler)

Größe 4–8 cm   Juli–Oktober

Dieser Täubling kann wegen seines an Medikamente erinnernden Geruches (Jodoform) recht einfach erkannt werden. Wie die Praxis zeigt, nimmt diesen Geruch jedoch nicht jeder gleich gut wahr. Die wie bereift wirkende Hutoberfläche ist ebenfalls ein gutes Merkmal dieser Art.

***Vorkommen** in Nadelwäldern und unter eingestreuten Koniferen in anderen Wäldern, auf nährstoffarmen Sandböden.*

> ***Geschmack mild***
> ***Sporenpulver hell ockergelb***
> ***Verbreitung in Europa häufig***

Vielleicht nur eine Varietät ist der Amethyst-Täubling *(R. amethystea)*. Er zeigt eine farblich deutlich abgesetzte Hutmitte.

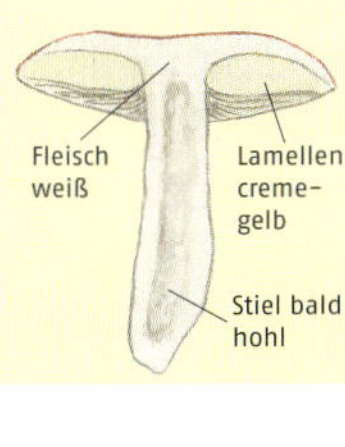

Stachelbeer-Täubling

Russula queletii (Sprödblättler)

Größe 4–10 cm Juli–Oktober

Vorkommen *in Nadelwäldern und unter eingestreuten Fichten in anderen Wäldern, meist auf basenreichen Böden.*

- ***Geschmack sehr scharf***
- ***Sporenpulver satt ockergelb***
- ***Verbreitung in Europa häufig***

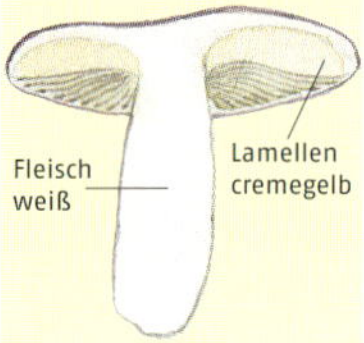

Der Geruch nach Obstkompott, insbesondere Stachelbeeren, ist ein auffälliges Merkmal, das man am besten in der Stielbasis wahrnimmt. Der violettrot überlaufene Stiel brachte dieser Art in manchen Gegenden den Namen „Säufernase" ein, der aber auch bisweilen für den essbaren Rotstieligen Leder-Täubling (S. 238) verwendet wird.

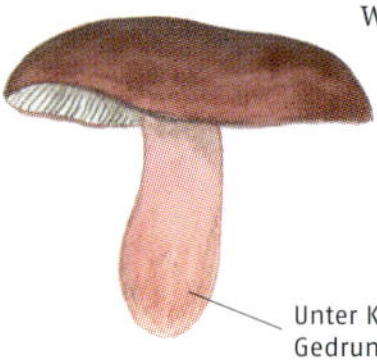

Unter Kiefern wächst der noch tiefer purpurrot gefärbte Gedrungene Täubling *(R. torulosa)*.

Schon gewusst?

Praktisch nur durch die auffallend gelbe Lamellenfarbe zu unterscheiden, ist der ebenso scharfe Zitronenblättrige Täubling (R. sardonia). Im Gegensatz zum Stachelbeer-Täubling wächst er nur unter Kiefern.

Wechselfarbiger Dotter-Täubling

Russula risigallina (Sprödblättler)

Größe 3–8 cm Juni–Oktober

Der Name deutet schon an, dass die Hutfarbe dieser Art beträchtlich variiert. Sie reicht von Zitronengelb über Orange bis Ziegelrot. Auch sein Geruch ist sehr variabel. Er riecht von angenehm an Mirabellen erinnernd bis (alt) hin zu sauer nach Essig riechend.

Rein gelbe Formen mit säuerlichem Geruch werden manchmal als eigene Art angesehen *(R. acetolens)*.

Vorkommen *in Buchenwäldern aller Art, auch in Eichen-Hainbuchenwäldern und Parks, nur die sehr sauren Böden meidend.*

> ***Geschmack mild***
> ***Sporenpulver tief ockergelb***
> ***Verbreitung in Europa häufig***

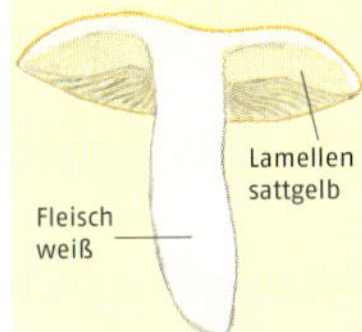

Gefleckter Täubling

Russula maculata (Sprödblättler)

Größe 5–12 cm Juni–Oktober

Der Geschmack kann bei dieser Art ziemlich unterschiedlich sein. So gibt es beispielsweise bei der großsporigen, stark gilbenden var. *globispora* häufig milde Formen, die dann aufgrund der fehlenden Schärfe als Speisepilz in Betracht kommen könnten.

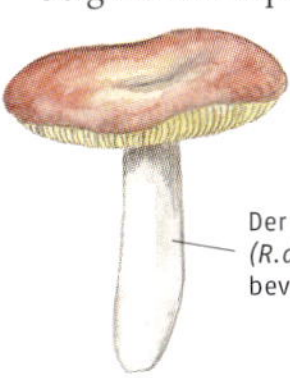

Der kleinere und seltenere Weinrote Dotter-Täubling *(R. decipiens)* wächst an ähnlichen Standorten, jedoch bevorzugt unter Eichen.

Vorkommen *in Orchideen- und Haargersten-Buchenwäldern oder in Eichenwäldern, stets auf Kalkböden.*

> ***Geschmack scharf***
> ***Sporenpulver tief ockergelb***
> ***Verbreitung in Europa örtlich häufig, im Norden selten***

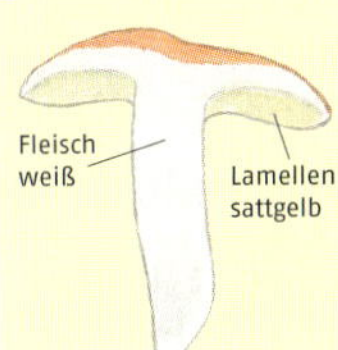

Echter Pfifferling

Cantharellus cibarius (Leistlinge)

Größe 3–10 cm Juli–November

***Vorkommen** in Nadelwäldern, selten unter Laubbäumen (Rot-Eiche), vorwiegend auf sauren Böden.*

- ***Geschmack roh pfeffrig***
- ***Sporenpulver gelb***
- ***Verbreitung in ganz Europa häufig***
- ***Doppelgänger Ölbaumtrichterling***

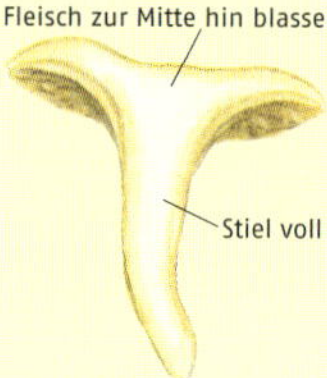

Dieser wohl bekannteste aller Speisepilze hat eine Vielzahl von regionalen Eigennamen, die auf Vorkommen oder Färbung verweisen, beispielsweise Rehling (wächst entlang der Rehfährten) oder Eierschwamm (Farbe). Der Name Pfifferling dagegen kommt von seinem pfeffrigen Geschmack. Zu beachten ist, dass alle Pfifferlingsarten in Deutschland geschützt sind und nur zum Eigenbedarf gesammelt werden dürfen!

In Laubwäldern auf basenreichen Böden wächst der Laubwald-Pfifferling *(C. subpruinosus)*, eine hellhütige, größere Art, die oft schon im Frühsommer vorkommt.

Vorsicht giftig!

In Südeuropa beheimatet und in Mitteleuropa selten ist der giftige Ölbaumtrichterling (S. 45), der stets mit Verbindung zu Holz wächst. Da dieser Pilz auch im Boden stecken kann ist beim Pfifferlingssammeln in Südeuropa besondere Vorsicht geboten!

Trompeten-Pfifferling

Craterellus tubaeformis (Leistlinge)
Größe 3–7 cm Juli–November

Vorkommen *in Nadelwäldern, vor allem unter Fichten, stets auf sauren Böden.*

Im Gegensatz zum Echten Pfifferling hat der Trompeten-Pfifferling einen hohlen Fruchtkörper und heißt deshalb auch Durchbohrter Leistling. Er ist ein guter Speisepilz, der an seinen Standorten meist in großen Mengen vorkommt.

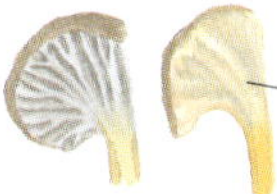

Der ähnliche Goldstielige Leistling hat statt Leisten nur eine runzelig-wellige Außenseite.

- > ***Leisten beigegrau, gegabelt***
- > ***Sporenpulver gelb***
- > ***Verbreitung in ganz Europa häufig***

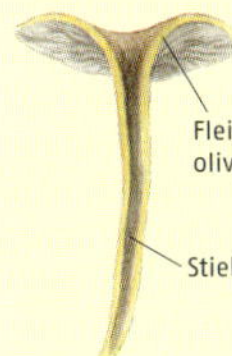

Goldstieliger Leistling

Craterellus aurora (Leistlinge)
Größe 3–7 cm Juli–November

Vorkommen *in Nadelwäldern, vor allem unter Fichten, auf kalkreichen Böden, aber auch in Hochmooren.*

Hat man einen Korb Goldstielige Leistlinge eine Zeit lang im Zimmer stehen, ist bald der ganze Raum von ihrem süßlich-blütenartigen Duft erfüllt. Er hat auch ein wesentlich feineres Aroma als der Trompeten-Pfifferling.

Der seltene Rosagelbe Pfifferling *(Cantharellus ianthinoxanthus)* wächst in Laubwäldern auf Kalk- und Mergelböden.

- > ***Außenseite blassgelb wellig-runzelig***
- > ***Sporenpulver gelb***
- > ***Verbreitung in ganz Europa zerstreut, stellenweise häufig***

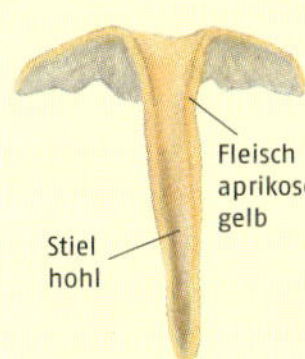

Herbst-Trompete, Toten-Trompete

Craterellus cornucopioides (Leistlinge)

Größe 3–8 cm   August–November

***Vorkommen** in Buchenwäldern, auf kalkreichen bis neutralen, lehmigen Böden, meist in großen Mengen.*

> **Fruchtkörper trichter- bis trompetenförmig**
> **Sporenpulver weißlich, dann ocker**
> **Verbreitung in ganz Europa zerstreut, stellenweise häufig**

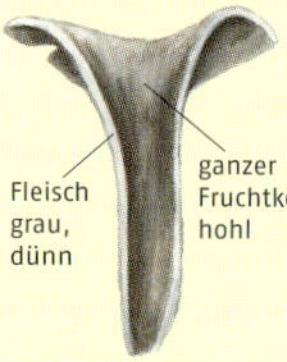

Trotz ihres wenig ansprechenden Äußeren ist die Herbst- oder Toten-Trompete ein sehr begehrter Speisepilz, der sich wegen seiner dünnen Konsistenz auch gut zum Trocknen eignet. Vorwiegend nutzt man ihn als Würzpilz oder als Mischung für Füllungen, denn als ein reines Pilzgemüse herkömmlicher Art wäre die Herbst-Trompete zu geschmacksintensiv. Vorsicht vor zu alten Pilzen! Sie fühlen sich lasch und gummiartig an, frische Pilze sind brüchig.

Wie eine büschelig wachsende Miniaturausgabe sieht die Krause Kraterelle *(Pseudocraterellus sinuosus)* aus.

Schon gewusst?

In Standortgemeinschaft wächst meist auch der Graue Pfifferling (C. cinereus), der richtige Leisten besitzt. Er wird sicherlich oft unerkannt mitgesammelt, ist aber ebenfalls essbar, wie alle Leistlinge.

Schweinsohr

Gomphus clavatus (Korallenartige)
Größe 3–8 cm Juli–Oktober

Vorkommen *in Buchen- und Nadelwäldern, auf kalkreichen bis neutralen, lehmigen Böden, meist in Reihen wachsend.*

> ***Fruchtkörper kreiselförmig***
> ***Sporenpulver ocker***
> ***Verbreitung nur im weiteren Alpenraum noch häufiger, sonst selten***

In den Regionen, in denen das Schweinsohr noch häufig ist, wird es gerne gesammelt. Seine festfleischigen Fruchtkörper sind ergiebig und nur selten von Maden zerfressen. Aufgrund der sehr starken Rückgänge gehört es in Deutschland zu den geschützten Arten und darf nur für den eigenen Bedarf gesammelt werden.

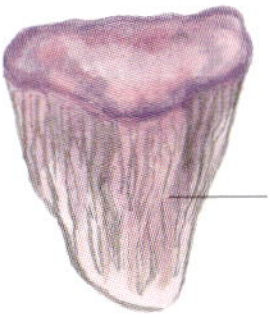

Bei jungen Pilzen ist die Kreiselform noch wenig ausgeprägt und die Farbe noch ein reines tiefes Violett.

Schon gewusst?

Junge Fruchtkörper des Buchen-Knäuelings (Panus conchatus) sehen täuschend ähnlich aus. Sie wachsen jedoch auf Holz und haben richtige Lamellen. Sie sind zwar nicht giftig, werden aber schon bald zäh und somit ungenießbar.

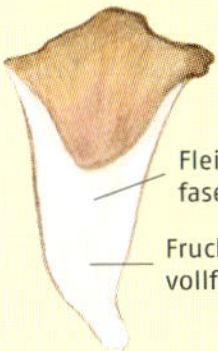

Fleisch weiß, faserig

Fruchtkörper vollfleischig

Außenseite violett, wellig-runzelig

Oberseite bald ocker entfärbend

Herkules-Riesenkeule

Clavariadelphus pistillaris (Korallenartige)

Größe 10–20 cm hoch August–November

***Vorkommen** in Buchenwäldern, stets auf basenreichen bis neutralen Böden.*

> ***Geschmack bitter***
> ***Sporenpulver ocker***
> ***Verbreitung in ganz Europa zerstreut, nach Norden zu selten***

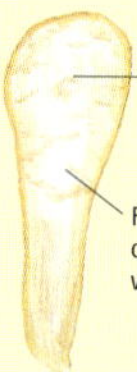

Die ungewöhnliche Form dieses Pilzes macht ihn unverwechselbar. Allerdings entwickelt sich der keulenförmig verbreiterte Kopfteil erst mit der Zeit, junge Pilze sind auf der gesamten Länge gleich dick. An geeigneten Standorten kann die Art zu Hunderten vorkommen.

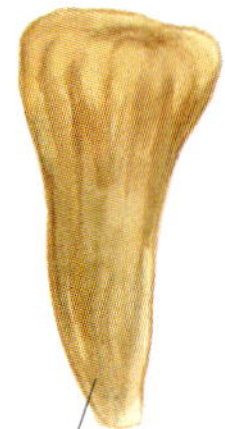

In Bergnadelwäldern auf Kalkboden findet man die Abgestutzte Keule *(C. truncatus)*.

Röhrige Keule

Macrotyphula fistulosa (Korallenartige)

Größe 10–30 cm hoch September–Dezember

***Vorkommen** in Wäldern verschiedenster Art, auf diversen, nicht zu sauren Böden, auf vergrabenem Holz, oft unter Birken.*

> ***Geschmack bitter***
> ***Sporenpulver ocker***
> ***Verbreitung in ganz Europa zerstreut***

Trotz ihrer Größe kann die Röhrige Keule leicht übersehen werden, denn ihre schlanken Fruchtkörper heben sich kaum vom Untergrund mit dürren Ästen, trockenen Halmen und Ähnlichem ab. Sie kommt oft erst nach den ersten Frösten vor.

Diese bis 5 cm langen Gebilde sind vermutlich nur eine Krüppelform (f. *contorta*). Sie wächst vor allem in milden Winterperioden.

Wurmförmige Wiesenkeule

Clavaria fragilis (Korallenartige)

Größe 4–8 cm Juli–November

Aufgrund ihres oft dicht gedrängten Wuchses könnte man diese Art für eine Kammkoralle (S. 252) oder gar eine echte Koralle (S. 249ff) halten. Tatsächlich handelt es sich aber um eng zusammenstehende, unverzweigte Einzelfruchtkörper. Ihr Speisewert ist nicht bekannt.

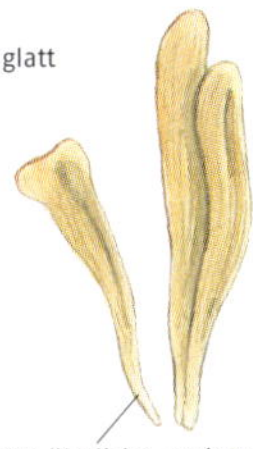

Es gibt einige ähnliche, meist sehr seltene Keulchen, beispielsweise die Heide-Keule *(C. argillacea)*.

***Vorkommen** in Wäldern und auf Wiesen, auf verschiedenen, nicht zu sauren Böden, etwas nährstoffmeidend.*

> **Geschmack fade**
> **Fruchtkörper sehr brüchig**
> **Verbreitung in ganz Europa zerstreut**

Goldgelbe Wiesenkoralle

Clavulinopsis helveola (Korallenartige)

Größe 2–5 cm Juli–November

Wiesenkorallen bilden mit den Saftlingen (S. 46ff) und einer großen Anzahl von Rötlingen (S. 109ff) zusammen eine artenreiche Lebensgemeinschaft auf ungedüngten, extensiv beweideten Wiesen. Da solche Biotope sehr selten geworden sind, sind alle diese Arten stark gefährdet.

Deutlich nach Mehl riecht die verzweigte Gemeine Wiesenkoralle (*Ramariopsis corniculata*, u.), die Hübsche Wiesenkoralle (*Ramariopsis pulchella*, o.) fällt dagegen durch ihre Farbe auf.

***Vorkommen** in extensiv genutzten, kurzgrasigen Wiesen, bodenunabhängig, stark nährstoffmeidend.*

> **Fruchtkörper brüchig**
> **Sporenpulver blassocker**
> **Verbreitung in ganz Europa zerstreut bis selten**

Krause Glucke

Sparassis crispa (Korallenartige)

Größe 20–50 cm Juli–November

Vorkommen *in Kiefernwäldern oder Wäldern mit eingestreuten Kiefern, auf sandigen, nährstoffarmen Böden, selten an Lärchen oder Douglasien.*

- > ***Fruchtkörper brüchig***
- > ***Sporenpulver blassocker***
- > ***Verbreitung in ganz Europa zerstreut bis häufig***

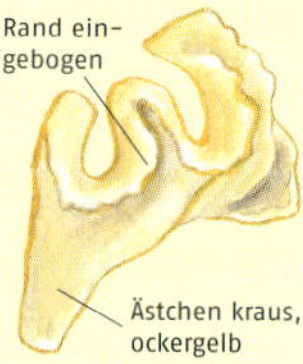

Die Krause Glucke ist ein hochgeschätzter, ergiebiger und unverwechselbarer Speisepilz. Lediglich die aufwändige Reinigung trübt etwas das Glück sie zu finden. Beim Wachsen nimmt sie nämlich Sand, Erde, Zweige und sonstiges Substrat mit auf. Am besten schneidet man sie in Scheiben und reinigt diese unter fließendem Wasser.

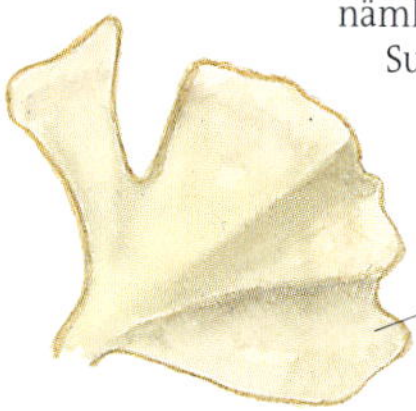

Die Ästchen der Breitblättrigen Glucke sind bleicher und bandartiger, ihr Rand ist nicht eingebogen.

Schon gewusst?

An Weißtanne und Fichte, selten auch an Buche oder Eiche, wächst die Breitblättrige Glucke (S. laminosa). Sie ist ebenfalls essbar, wird aber von vielen als weniger wohlschmeckend empfunden.

Hahnenkamm-Koralle

Ramaria botrytis (Korallenartige)

Größe 8–15 cm Juli–Oktober

Früher waren Korallen oder „Ziegenbärte", wie man sie damals nannte, geschätzte Speisepilze. Heute sind alle Arten selten geworden und man sollte bei derart bedrohten Arten auf den Genuss verzichten. Zudem wirken alle Arten mehr oder weniger stark abführend, was sie sowieso nicht empfehlenswert macht.

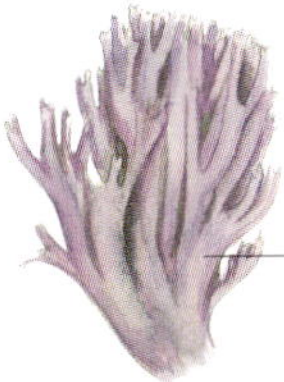

Vollkommen violett sind die jungen Fruchtkörper der Violettgrauen Koralle *(R. fennica var. fumigata)*.

Vorkommen *in Buchen- und Eichen-Hainbuchenwäldern, auf lehmigen, basenreichen Böden, im Gebirge auch unter Fichten.*

> ***Fleisch weiß***
> ***Sporenpulver gelbocker***
> ***Verbreitung in ganz Europa selten, im Gebirge zerstreut***
> ***Doppelgänger Blasse Koralle***

Vorsicht giftig!

Die Blasse oder Bauchweh-Koralle (S. 251) hat jung blass rosafarbene Astspitzen. Sie ist eine der noch etwas kräftigeren Korallen und wächst im Laub- und Nadelwald. Ihr Genuss führt zu starken Magen-Darm-Vergiftungen, die kolikartig und recht schmerzhaft verlaufen.

Dreifarbige Koralle ☠

Ramaria formosa (Korallenartige)
Größe 8–20 cm Juli–Oktober

***Vorkommen** in Buchen- und Eichen-Hainbuchenwäldern, auch in Bergnadelwäldern, auf lehmigen, basenreichen Böden.*

> ***Fleisch weiß***
> ***Sporenpulver gelbocker***
> ***Verbreitung in ganz Europa zerstreut***

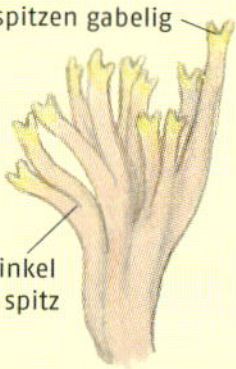

In jungem Zustand ist diese Koralle an ihrer Dreifarbigkeit zu erkennen: Strunk weiß, Äste lachsfarben, Astspitzen gelb. Mit zunehmendem Alter wird sie jedoch wie alle Korallenarten einheitlich ockergelb und ist dann kaum mehr unterscheidbar.

Die wohl schönste einheimische Art ist die Rosenrote Koralle *(R. subbotrytis)* jung mit intensiv rosaroten Ästen.

Orangegelbe Gebirgs-Koralle

Ramaria largentii (Korallenartige)
Größe 10–20 cm Juli–Oktober

***Vorkommen** in Fichten- und Weißtannenwäldern, auf lehmigen, basenreichen Böden, nur in höheren Lagen.*

> ***Fleisch weiß***
> ***Sporenpulver gelbocker***
> ***Verbreitung in ganz Europa selten, im Gebirge zerstreut***

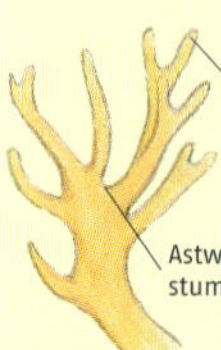

In älteren Büchern kann man die Faustregel lesen: „Alle rein goldgelben Korallen ohne lachsrosa Farbtöne sind essbar". In den letzten 20 Jahren sind jedoch mehrere Dutzend neue Korallenarten beschrieben worden, deren Speisewert man größtenteils nicht kennt, sodass diese Regel besser nicht mehr angewandt werden sollte.

Durch ein kälteres Schwefelgelb und den rot verfärbenden Strunk unterscheidet sich die Blutrotfleckende Koralle *(R. sanguinea)*.

Blasse Koralle, Bauchweh-Koralle

Ramaria pallida (Korallenartige)
Größe 10–20 cm   Juli–Oktober

Bei diesem bezeichnenden Namen stellt sich die Frage nach der Genießbarkeit kaum. Sie verursacht allerdings nicht nur Bauchweh, sondern heftige kolikartige Brechdurchfälle und starke Magen-Darm-Vergiftungen. Von den großen Korallenarten ist sie eine der häufigsten.

Im Laubwald wächst die einfarbig gelbe, braunfleckige Gelbbräunende Koralle *(R. flavobrunnescens)*.

Vorkommen *in Fichten- und Weißtannenwäldern, auf lehmigen, basenreichen Böden, nur in höheren Lagen.*

- ***Fleisch weiß***
- ***Sporenpulver gelbocker***
- ***Verbreitung in ganz Europa zerstreut, im Gebirge örtlich häufig***

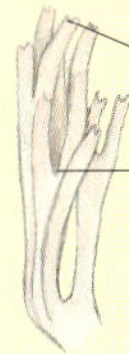

Steife Koralle

Ramaria stricta (Korallenartige)
Größe 4–8 cm   Juli–Oktober

Die gerade und unverbogen nach oben stehenden Äste sind namensgebend für diese Koralle. Im Gegensatz zu den großen Korallen bildet sie keine Wurzelsymbiose mit Bäumen, sondern zersetzt morsches Laubholz.

Die viel zierlichere stark riechende Borstenkoralle *(Pterula multifida)* stinkt auffallend nach Tinte.

Vorkommen *in Laub- und Mischwäldern, auf basen- oder mineralreichen Böden, stets in Verbindung mit morschem Laubholz.*

- ***Fleisch relativ elastisch***
- ***Sporenpulver gelbocker***
- ***Verbreitung in ganz Europa häufig***

Grünende Fichten-Koralle

Ramaria abietina (Korallenartige)

Größe 2–6 cm   Juli–Oktober

***Vorkommen** in Nadelwäldern, vor allem unter Fichten, stets in der Nadelstreu, auf sauren bis schwach basischen Böden.*

- ***in dichten Rasen wachsend***
- ***Sporenpulver gelbocker***
- ***Verbreitung in ganz Europa zerstreut bis häufig***

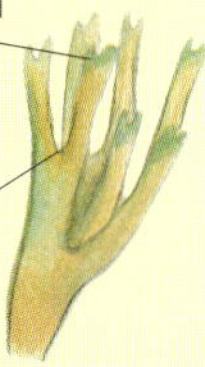

Die Grünende Fichtenkoralle gehört zu einer Gruppe einander ähnlicher kleiner ockergelber Korallen, die in der Fichtenstreu wachsen. Sie sind zu zart, um als Speisepilze gesammelt zu werden, zudem wirken sie vermutlich abführend.

An den selben Standorten wächst die fast identisch aussehende Flattrige Fichten-Koralle *(R. flaccida)*, die sich jedoch nicht verfärbt.

Gemeine Kamm-Koralle

Clavulina coralloides (Korallenartige)

Größe 2–8 cm   Juli–Oktober

***Vorkommen** in Laub- und Nadelwäldern, unabhängig von bestimmten Bodenarten, in der Nadelstreu oder auf bewuchsfreiem Boden.*

- ***Fleisch brüchig***
- ***Sporenpulver weiß***
- ***Verbreitung in ganz Europa häufig***

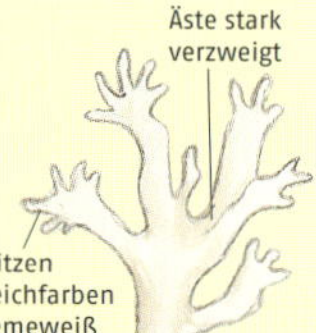

Auch wenn die Kamm-Koralle den echten Korallen ähnlich sieht, ist sie verwandtschaftlich doch ziemlich weit von ihnen entfernt, was unter anderem auch an der unterschiedlichen Sporenpulverfarbe ersichtlich ist. Sie ist zwar essbar, aber weder ergiebig noch geschmacklich wertvoll.

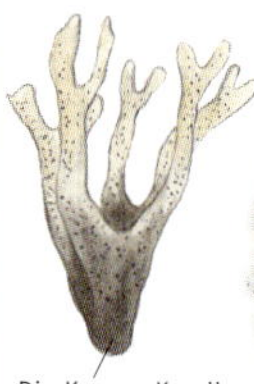

Die Kamm-Koralle ist häufig von einem Parasiten befallen *(Helminthosporium clavarioides)*, der sie von der Basis aufwärts schwarz verfärbt.

Semmel-Stoppelpilz

Hydnum repandum (Stachelingsartige)
Größe 4–10(15) cm   Juli–Oktober

Der Semmel-Stoppelpilz ist ein guter und unverwechselbarer Speisepilz, der in Frankreich unter dem Namen „Pied de Mouton" (Schafsfuß) gehandelt wird. Ältere Fruchtkörper werden etwas bitter, sodass man nur junge Pilze, bei denen die Stacheln noch nicht bei der geringsten Berührung abfallen, verwenden sollte.

***Vorkommen** in Laub- und Nadelwäldern, in der Fichtennadelstreu oder im Buchenlaub, häufiger auf basenreichen Böden.*

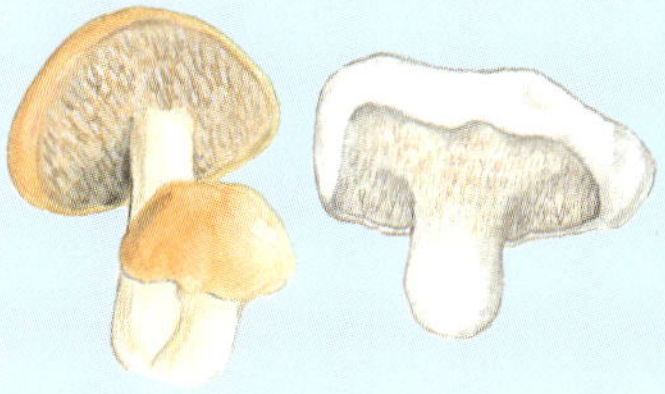

Schon gewusst?

Ebenso essbar sind der Rotgelbe Stoppelpilz (H. rufescens, li.) aus Bergnadelwäldern und der südlich verbreitete Weiße Stoppelpilz (H. albidum, re.) von flachgründigen Kalkböden.

> ***Fleisch etwas gilbend***
> ***Sporenpulver weiß***
> ***Verbreitung in ganz Europa häufig***

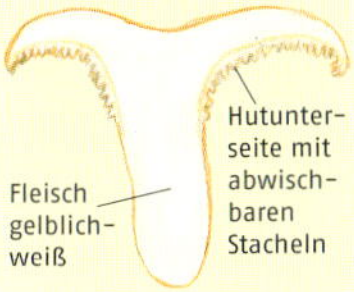

Habichtspilz

Sarcodon imbricatum (Stachelingsartige)

Größe 8–20 cm Juli–Oktober

Vorkommen *in Nadelwäldern, vor allem unter Fichten, auf basenreichen Böden.*

- ***Geruch getrocknet intensiv würzig***
- ***Sporenpulver braun***
- ***Verbreitung in ganz Europa zerstreut, mancherorts selten, im Gebirge häufig***
- ***Doppelgänger Gallen-Stacheling***

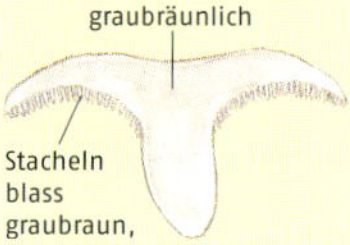

Der Habichtspilz kommt an seinen Standorten in der Regel in großen Ringen und Reihen vor, sodass der Sammler sich die jüngsten und damit wohlschmeckendsten Fruchtkörper auswählen kann. Alte Pilze sind meist bitter. Am besten schmeckt diese Art als Würzpilz, beispielsweise mit Hackfleisch vermischt und zu Hackfleisch-Pilzbällchen verarbeitet.

Der seltene Bittere Russporling *(Boletopsis grisea)* hat statt Stacheln sehr feine Poren. Er wächst in nährstoffarmen Kiefernwäldern.

Vorsicht giftig!

Gallenbitter ist der Gallen-Stacheling (S. scabrosus), der flach anliegende, schollenartige Hutschuppen und eine graugrüne Stielbasis aufweist.

Scharfer Korkstacheling

Hydnellum peckii (Stachelingsartige)
Größe 4–8 cm Juli–Oktober

Korkstachelinge sind wie die meisten bodenbewohnenden Stachelingsarten (außer dem Stoppelpilz) verlässliche Anzeiger für naturnahe, nährstoffarme Biotope. Meist wachsen sie in artenreicher Gemeinschaft. Fast alle stehen in den meisten europäischen Ländern auf der Roten Liste der bedrohten Arten.

Vorkommen *in Nadelwäldern, vor allem unter Fichten, auf basenreichen Böden, selten im Laubwald.*

Eine der auffälligsten Arten dieser Gattung ist der Wohlriechende Korkstacheling *(H. suaveolens)* mit blau gezontem Fleisch und starkem Anisgeruch.

> **Geschmack sehr scharf**
> **Fleisch korkartig zäh**
> **Sporenpulver braun**
> **Verbreitung in ganz Europa selten, im Gebirge zerstreut**

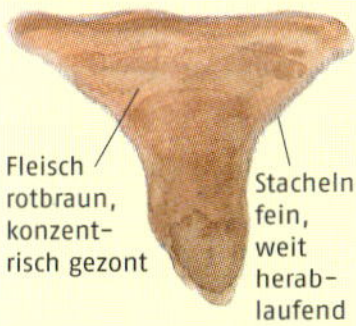

Schafeuter-Porling (🍴)

Albatrellus ovinus (Porlingsartige)
Größe 4–8 cm Juli–Oktober

Im Alpenraum, wo die Art noch relativ häufig ist, wird sie gerne gesammelt. Sie eignet sich in erster Linie zum sauer Einlegen, ist aber auch als Pilzgemüse recht schmackhaft. In Deutschland sind alle Arten dieser Gattung vollständig geschützt und dürfen nicht gesammelt werden, auch nicht für den Eigenbedarf!

Vorkommen *in Bergnadelwäldern, vor allem unter Fichten, auf mäßig basenreichen bis sauren Böden, empfindlich gegen Stickstoff.*

Der Kamm-Porling *(A. cristatus)* ist an dem oliv- bis gelbgrünen Hut gut zu erkennen.

> **Fleisch korkartig zäh**
> **Sporenpulver weiß**
> **Verbreitung in ganz Europa selten, im Gebirge örtlich häufig**

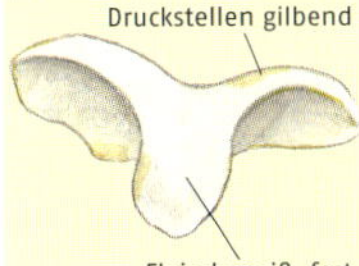

Igel-Stachelbart

Hericium erinaceus (Stachelbartartige)
Größe 8–20(25) cm Juli–Oktober

***Vorkommen** in diversen Laubwäldern mit altem Baumbestand, vor allem an alten Buchen.*

> ***Sporenpulver weiß***
> ***Verbreitung in ganz Europa selten***

Der Igel-Stachelbart ist der seltenste der vier Stachelbärte. An seinen knolligen Fruchtkörpern ist er gut zu erkennen. Da er sehr wohlschmeckend ist, wird er seit einiger Zeit gezüchtet und ist manchmal unter dem Namen „Affenkopf-Pilz" im Handel erhältlich.

Verzweigte Fruchtkörper, die sich alt wie Gummi anfühlen, bildet der Ästige Stachelbart *(H. coralloides)*, der an alten liegenden Buchenstämmen wächst.

Gemeiner Erdwarzenpilz

Thelephora terrestris (Erdwarzenpilzartige)
Größe 3–20 cm ganzjährig

***Vorkommen** in diversen Nadelwäldern, auf eher sauren, nährstoffarmen Sandböden, oft Massenbestände in Baumschulen.*

> ***Sporenpulver braun***
> ***Fruchtkörper flächig oder mit Hütchen***
> ***Verbreitung in ganz Europa häufig***

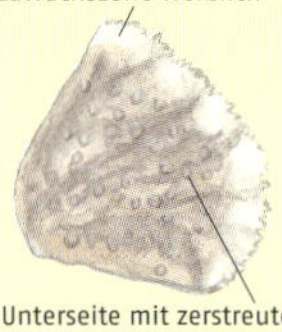

Dieser Pilz ist in Form und Größe sehr vielgestaltig. Je nach Substrat wächst er als flächige Schicht, teilweise Hütchen bildend oder in deutlichen Konsolen. Er ist einer der ersten Wurzelsymbionten an Jungfichten und wird auch gezielt zur künstlichen Mykorrhizierung von Sämlingen eingesetzt.

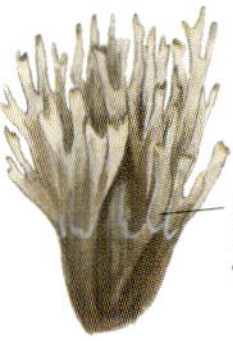

Korallenartig verzweigte, aufrechte Fruchtkörper bildet die Stinkende Lederkoralle *(T. palmata)*, die widerlich nach faulem Kohl stinkt.

Gemeiner Hausschwamm

Serpula lacrymans (Schichtpilze)

Größe 10–100 cm ganzjährig

Vorkommen *an verbautem Holz verschiedener Art, stets im Innern von Gebäuden, (fast) nie außerhalb anzutreffen.*

- ***Sporenpulver braun***
- ***weißes wattiges Luftmyzel***
- ***Verbreitung in Mitteleuropa selten geworden***

Der Hausschwamm braucht nur im Anfangsstadium Feuchtigkeit zum Gedeihen. Die ausgewachsenen Fruchtkörper sind dann selbst in der Lage Wasser zu produzieren. Das macht ihn zu einem besonders schwer zu bekämpfenden Holzschädling. In der heutigen Zeit ist er aufgrund verbesserter Holzimprägnierungen sehr selten geworden. Man findet ihn fast nur noch in ungenutzten Gartenhäuschen oder Scheunen.

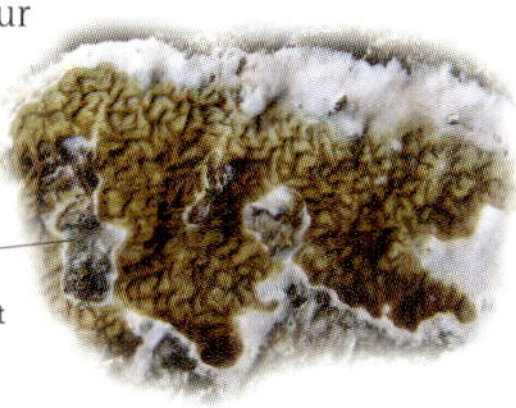

An Nadelholz im Freien wächst der kleinere, dünnere Wilde Hausschwamm (*S. himantioides*). Er ist weniger aggressiv und bildet ein rosafarbenes Luftmyzel.

Fruchtschicht lappig gefaltet, orangebraun

Schon gewusst?

Der Hausschwamm ruft eine Braunfäule hervor, bei der das Holz in viele kleine braune Würfel zerfällt. Bei der Weißfäule würde dagegen das Holz seine längsfaserige Struktur behalten, jedoch schwammig weich werden.

Zuwachszone weiß

Fruchtkörper unregelmäßig flächig ausgedehnt

Eichen-Zystidenrindenpilz

Peniophora quercina (Schichtpilze)

Größe 3–30 cm ganzjährig

***Vorkommen** auf toten Ästen von Eichen, meist am Baum hängend, unabhängig von bestimmten Biotopen.*

- ***Rand beim Eintrocknen hochbiegend***
- ***Fruchtkörper bis 1 mm dick***
- ***Verbreitung in ganz Europa häufig***

Die Schicht- oder Rindenpilze sind eine Gruppe von meist Holz zersetzenden Pilzen, die oft unauffällige Beläge bilden. Sie können spinnwebartig oder ledrig, dünn oder dick, glatt oder uneben sein und sind meist weiß, creme oder ocker gefärbt. Hier können nur einige der häufigsten Arten vorgestellt werden.

Der Fleischrote Zystidenrindenpilz *(P. incarnata)*, haftet auch trocken fest am Holz, wirkt dann wie ein rosa Farbanstrich.

Rindensprenger

Vuilleminia comedens (Schichtpilze)

Größe 10–100 cm ganzjährig

***Vorkommen** vor allem auf Eichenästen, unabhängig von bestimmten Biotopen.*

- ***feuchte Oberfläche seifig***
- ***Fruchtkörper nur 0,1 mm dick***
- ***Verbreitung in ganz Europa häufig***

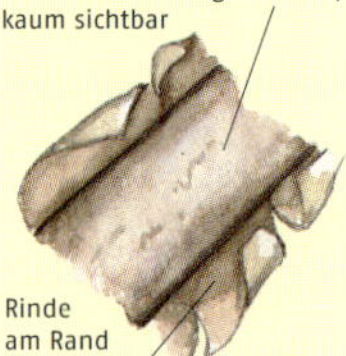

Der Name „Rindensprenger" beschreibt die Lebensweise dieses sehr häufigen Pilzes gut. Er entwickelt sich unter der Rinde von toten Ästen und reißt diese unregelmäßig auf. Derartige Äste sieht man in jedem Laubwald, der eigentliche Pilzfruchtkörper ist bei trockener Witterung jedoch praktisch unsichtbar.

Ein auffälliger Rindenpilz ist der Blaue Farbrindenpilz *(Terana caerulea)*, der nördlich der Alpen an wärmebegünstigten Stellen vorkommt.

Striegeliger Schichtpilz

Stereum hirsutum (Schichtpilze)

Größe 2–10 cm ganzjährig

Einer der ersten Pilze, die nach dem Fällen eines Baumes erscheinen, ist der Striegelige Schichtpilz. Er lässt erkennen, dass der Baum, den er besiedelt, am Anfang seiner Verrottung steht, während andere Holzbewohner, z. B. der Rostbraune Feuerschwamm (S. 262), erst an stärker vermodertem Holz wachsen.

***Vorkommen** auf verschiedenen Laubhölzern, unabhängig von bestimmten Biotopen, besonders auf Eichen.*

- > ***ohne Farbänderung beim Reiben***
- > ***Fruchtkörper dünn, zäh***
- > ***Verbreitung in ganz Europa sehr häufig***

Unterseite orangegelb, glatt

Hütchenrand wellig-kraus

Manche dieser Schichtpilze röten wenn man sie reibt, wie der sehr häufige Blutende Laubholz-Schichtpilz *(S. rugosum)*.

dunklere Zonierung

Oberseite striegelig behaart

Orangeroter Kammpilz

Phlebia merismoides (Schichtpilze)

Größe 5–50 cm ganzjährig

Wie viele Rindenpilze ist auch der Orangerote Kammpilz trocken eher unscheinbar blass und flach. Er fällt bei feuchter Witterung viel eher auf. Man findet ihn folglich in milden Perioden im Winterhalbjahr besonders häufig, wenn die Fruchtkörper aufquellen und die Färbung wieder lebhaft orange ist.

***Vorkommen** auf verschiedenen Laubhölzern, unabhängig von bestimmten Biotopen.*

- > ***Konsistenz gallertartig-knorpelig***
- > ***Fruchtkörper bis 2 mm dick***
- > ***Verbreitung in ganz Europa häufig***

Oberfläche unregelmäßig faltig

Färbung leuchtend orange bis lachsfarben

Eine ähnliche Oberfläche hat der cremeweiße Ledrige Fältling *(M. corium)*. Er fühlt sich wie Wildleder an.

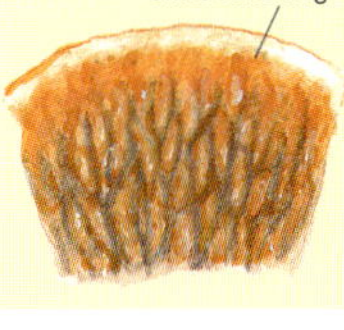

Im Randbereich ohne Fältelung

Gebänderter Dauerporling

Coltricia perennis (Borstenscheibenartige)

Größe 3–10 cm Juli–Oktober

***Vorkommen** auf trockenen, sandigen, nährstoffarmen Böden, vor allem in Flechten-Kiefernwäldern.*

- **> nur langsam verwitternd**
- **> Fruchtkörper lederartig zäh**
- **> Verbreitung in ganz Europa örtlich häufig, rückläufig**

Kaum ein Fruchtkörper des Dauerporlings sieht aus wie der andere. Die Vielfalt der Anzahl und Breite der Bänderungen und der Farben ist enorm. Daher verwenden Floristen sie gerne zur Dekoration von Gestecken und Kränzen. Alte Fruchtkörper sind im darauffolgenden Jahr neben frischen gewachsenen noch erkennbar.

Knotiger Schillerporling

Inonotus nodulosus (Borstenscheibenartige)

Größe 10–40 cm Juli–Oktober

***Vorkommen** in Wäldern verschiedenster Art, vor allem Buchenwäldern, stets an toten stehenden oder liegenden Buchen.*

- **> Fleisch weißlich**
- **> Fruchtkörper korkig hart**
- **> Verbreitung in ganz Europa häufig, in Nordeuropa nur bis Südschweden**

Dieser Schillerporling bildet große Schichten auf dem Substrat. Sie bestehen aus zusammengewachsenen Einzelfruchtkörpern und bilden unregelmäßig verteilt kleine, 2-3 cm breite Hütchen aus. Die langgezogene Porenschicht schillert bei bestimmtem Lichteinfall, was namensgebend für diese Gattung ist.

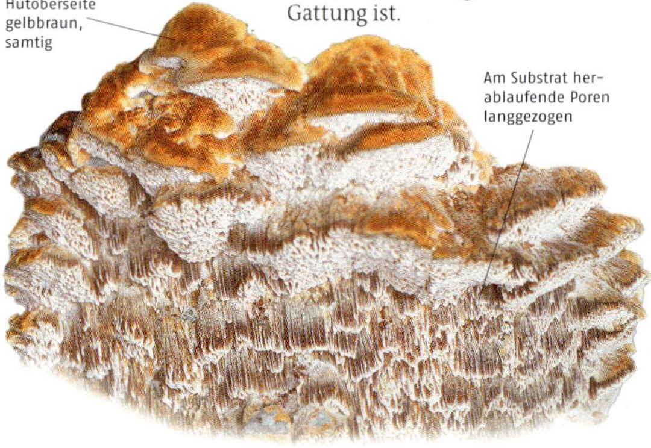

Zottiger Schillerporling

Inonotus hispidus (Borstenscheibenartige)
Größe 6–20 cm   Juni–Oktober

Der Zottige Schillerporling erscheint als Schwächeparasit an noch stehenden Bäumen. Er zerstört dabei nach und nach seinen Wirt, was sich über Jahrzehnte hinziehen kann. Er lässt sich ganzjährig gut erkennen, denn die alten Fruchtkörper bleiben noch monatelang als schwärzliche Klumpen an den befallenen Bäumen sichtbar.

Ein weiterer wunderschöner Porling ist der Eichen-Schillerporling *(I. dryadeus)*, der nur an sehr alten Eichen vorkommt.

Schon gewusst?
Färbung und Form des jungen Pilzes (li.) ändern sich stark: Ältere Fruchtkörper (re.) sind viel härter, die Hüte werden einfarbig rostbraun und scharfkantig.

***Vorkommen** in Wäldern verschiedenster Art, in erster Linie an Eschen, außerhalb von Wäldern oft an Apfelbäumen.*

> ***frischer Fruchtkörper schwer, schwammig***
> ***Druckstellen schwarzbraun verfärbend***
> ***Verbreitung in ganz Europa häufig, in Nordeuropa weitgehend fehlend***

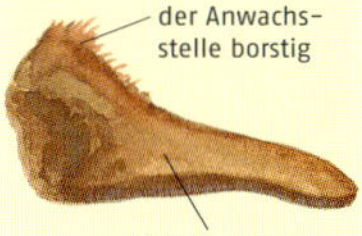

Eichen-Feuerschwamm

Phellinus robustus (Borstenscheibenartige)
Größe 6–15 cm   mehrjährig

***Vorkommen** in Parkanlagen, lichten Eichenwäldern und an einzeln stehenden alten Eichen, stets an noch stehenden Stämmen.*

- ***Fruchtkörper konsolenförmig***
- ***Poren auf Druck dunkelbraun***
- ***Verbreitung in ganz Europa häufig, in Nordeuropa ab Mittelschweden fehlend***

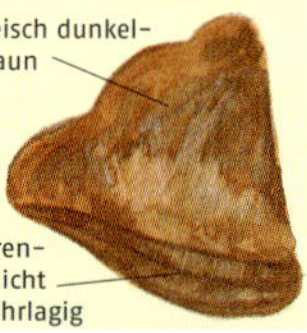

Kaum ein Baumpilz ist so hart wie dieser Feuerschwamm. Will man ihn von seiner Unterlage entfernen, dann ist dies nur mit Hilfe einer Säge möglich. Von ihm befallene Eichen fallen bei Sturm nicht um, sondern brechen dort, wo sich die Fruchtkörper gebildet haben.

An alten Kopfweiden wächst der Weiden-Feuerschwamm *(P. trivialis)*, der eine scharfe Hutkante hat.

Rostbrauner Feuerschwamm

Phellinus ferruginosus (Borstenscheibenartige)
Größe 10–100 cm   ganzjährig

***Vorkommen** in Wäldern verschiedener Art, an Waldrändern, in Parks, stets an liegendem morschem Laubholz.*

- ***Fruchtkörper korkig hart***
- ***Poren sehr fein***
- ***Verbreitung in ganz Europa häufig***

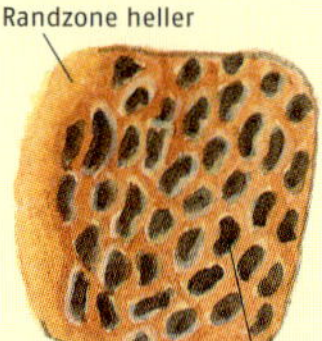

Nicht alle Porlinge bilden konsolenförmige Fruchtkörper, es gibt auch Arten, die wie die Schichtpilze das Substrat überziehen. Einer der häufigsten davon ist der Rostbraune Feuerschwamm.

An stehenden Kiefern wächst der Kiefern-Feuerschwamm (P. trivialis).

Leberreischling, Ochsenzunge

Fistulina hepatica (Porlinge)

(🍴)

Größe 10–30 cm   Juli–Oktober

Die Ähnlichkeit dieses Pilzes mit einer echten Ochsenzunge ist frappierend. Leider kann man das von seinem Geschmack nicht behaupten. Er ist zwar jung genießbar, doch muss man ihn vorher wässern, um die in ihm enthaltene Gerbsäure zu entfernen. Dann kann er wie ein Schnitzel in der Pfanne gebraten werden. Aber selbst dann schmeckt er vielen Leuten nicht.

Junge Leberreischlinge wachsen zuerst als runde Polster, denen die spätere Form noch nicht anzusehen ist.

Vorkommen *in lichten Eichenwäldern, in Parkanlagen, stets an noch stehenden Eichen, wärmeliebend.*

- ***Poren nicht miteinander verwachsen***
- ***Sporenpulver weiß***
- ***Verbreitung in ganz Europa zerstreut, örtlich häufig***

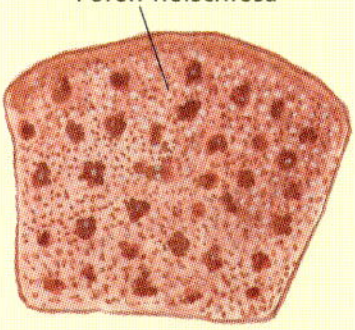

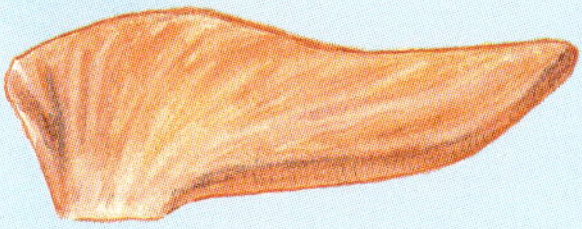

Schon gewusst?

Die Konsistenz erinnert tatsächlich sehr an Zunge. Der Pilz kann sogar „bluten", denn auf Druck entlässt er reichlich rote Flüssigkeit.

Blauer Saftporling

Spongiporus caesius (Porlinge)

Größe 3–8 cm ganzjährig

***Vorkommen** in Wäldern aller Art, vor allem in Fichtenwäldern, stets an morschem Nadelholz, bodenunabhängig.*

- ***Fleisch korkartig hart***
- ***Blaue Färbung oft verblassend***
- ***Verbreitung in ganz Europa häufig***

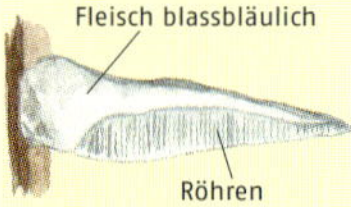

Die Saftporlinge können selbst bei trockener Witterung noch recht viel Flüssigkeit enthalten. Man kann sie durch Drücken regelrecht entsaften, die entwässerten, trockenen Fruchtkörper sind leicht wie Styropor.

Der Bittere Saftporling *(S. stypticus)* ist dicker, reinweiß und gallenbitter.

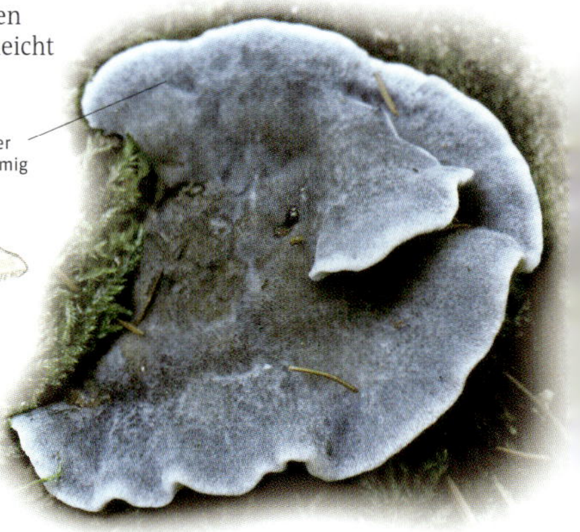

Wurzelschwamm

Heterobasidion annosum (Porlinge)

Größe 6–30 cm ganzjährig

***Vorkommen** an lebenden und toten Laub- und Nadelbäumen, vor allem auf nährstoffreicheren Böden.*

- ***Fruchtkörper hutbildend oder völlig flach***
- ***Geruch stark, säuerlich***
- ***Verbreitung in ganz Europa häufig***

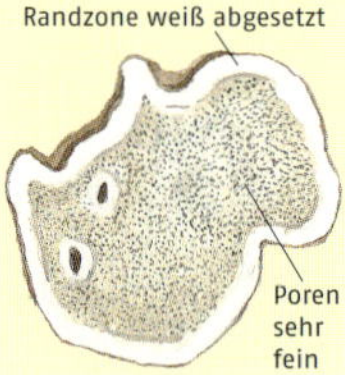

Der Wurzelschwamm ist ein von der Forstwirtschaft sehr gefürchteter Baumparasit. Er verursacht vor allem in Fichtenforsten die sogenannte Rotfäule, die das Kernholz braunrot färbt. Wie der Name schon sagt, bildet er seine Fruchtkörper meist im Wurzelbereich der Bäume aus.

Nicht immer wächst der Wurzelschwamm als Parasit, hier ernährt er sich beispielsweise von einem Fichtenzapfen.

Birken-Zungenporling

Piptoporus betulinus (Porlinge)
Größe 6–20 cm   Juni–Dezember

Der Birken-Zungenporling wurde schon in frühgeschichtlicher Zeit genutzt. So hatte beispielsweise die Gletschermumie „Ötzi" auch diesen Pilz bei sich. Unklar ist allerdings, ob er als Wundstillmittel oder für kräftigende Tees genutzt wurde.

Ein ähnlicher, aber oberseitig borstiger Porling ist der auf alte Eichenstämme beschränkte Eichen-Zungenporling *(Buglossoporus quercinus)*.

Vorkommen *biotopunabhängig, an stehendem und liegendem Totholz von Birken.*

> ***Porenschicht cremeweiß***
> ***Fruchtkörper jung weich***
> ***Verbreitung in ganz Europa häufig***

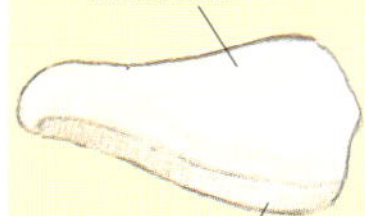

Flacher Lackporling

Ganoderma lipsiense (Porlinge)
Größe 10–40 cm   mehrjährig

Die schneeweiße Unterseite des Pilzes verfärbt sich bei der geringsten Berührung dunkelbraun. So kann man mit einem Ästchen auf dieser Porenschicht schreiben oder zeichnen. Diesem Umstand verdankt der Pilz den bisweilen benutzten Namen „Malerpilz".

Eine glänzende Lackschicht auf dem Hut hat der Glänzende Lackporling *(G. lucdum)*, der in Asien als Heilmittel geschätzt wird.

Vorkommen *biotopunabhängig, an liegendem Totholz oder Stümpfen von diversen Laubbäumen.*

> ***Porenschicht cremeweiß***
> ***Fruchtkörper jung weich***
> ***Verbreitung in ganz Europa häufig***

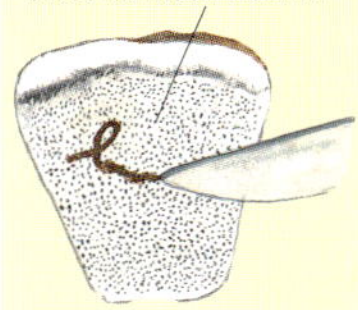

Kastanienbrauner Stielporling

Polyporus badius (Porlinge)

Größe 10–40 cm April–September

***Vorkommen** in Au- und anderen Laubwäldern, an wärmebegünstigten Stellen, stets an totem Laubholz.*

- ***Hut unregelmäßig muschelförmig***
- ***Fruchtkörper korkig zäh***
- ***Verbreitung in ganz Europa zerstreut, im Norden fehlend***

Dieser Porling ist ein Pilz, der von der Zunahme der durchschnittlichen Jahrestemperatur profitiert. War er früher nur auf die warmen Stromtäler beschränkt, so kommt er heute regelmäßig bis in Höhen von 450 Meter vor. Er konnte sein Verbreitungsgebiet in alle Richtungen beträchtlich erweitern.

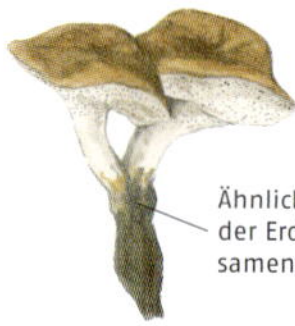

Ähnlich ist der Schwarzfuß-Porling *(P. melanopus)*, der scheinbar auf der Erde wächst und nicht selten mehrere Hüte aus einem gemeinsamen Stiel bildet.

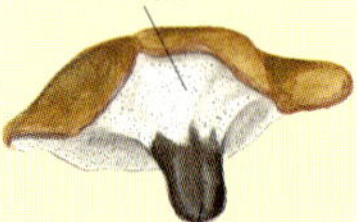

Schuppiger Stielporling

Polyporus squamosus (Porlinge)

Größe 20–40 cm April–Juli

***Vorkommen** in Auwäldern, Alleen und an einzeln stehenden Laubbäumen oder an Stümpfen, selten an liegenden Stämmen.*

- ***Stiel seitlich, sehr kurz***
- ***Geruch stark an Mehl oder Gurke erinnernd***
- ***Verbreitung in ganz Europa häufig***

Junge Exemplare können gegessen werden, sind aber nicht gerade ein Leckerbissen. Bisweilen wird die Art auch zum Auskochen genutzt, als Grundlage für eine Pilzsuppe. Er kommt geschmacklich aber bei weitem nicht an den Sklerotien-Stielporling heran.

Der Sklerotien-Stielporling *(P. tuberaster)*, riecht angenehm pilzartig, wächst zentral gestielt auf Buchenästen und hat etwas abstehende Hutschuppen.

Mai-Stielporling

Polyporus ciliatus (Porlinge)

Größe 5–12 cm April–Juli

Im Gegensatz zu einigen anderen Stielporlingen ist diese Art von jung an ledrig und zäh und somit nicht zum Essen geeignet. Die alten Fruchtkörper verwittern nur langsam und sind oft bis in den Spätherbst zu erkennen.

Der Winter-Stielporling *(P. brumalis)* ist an den viel größeren Poren gut zu unterscheiden.

***Vorkommen** in Auwäldern, Alleen und an einzeln stehenden Laubbäumen oder an Stümpfen, selten an liegenden Stämmen.*

- **> *Stiel genattert***
- **> *Poren nur mit Lupe erkennbar***
- **> *Verbreitung in ganz Europa häufig***

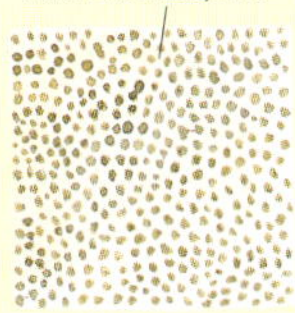

Löwengelber Stielporling

Polyporus varius (Porlinge)

Größe 1–7 cm April–Oktober

Auch wenn die Hutfarbe sehr variabel ist, so kann man diesen Porling an seiner auffallend schwarzen Stielbasis dennoch gut erkennen. Er ist viel kleiner als der etwas ähnliche Schuppige Stielporling (S. 266) und wird schnell ziemlich hartfleischig.

Durch seine zahlreichen, verästelten Hütchen ist der Eichhase *(P. umbellatus)* problemlos zu erkennen. Er ist jung essbar.

***Vorkommen** in Buchenwäldern jeglicher Art, auf am Boden liegenden Ästen.*

- **> *Hutrand fein fransig***
- **> *Poren unregelmäßig vieleckig***
- **> *Verbreitung in ganz Europa häufig***

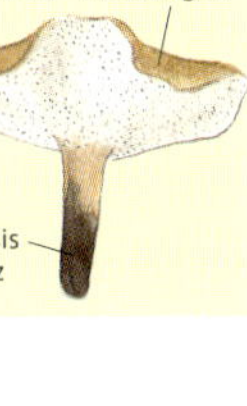

Schwefel-Porling

Laetiporus sulphureus (Porlinge)
Größe 15–30 cm April–September

***Vorkommen** in Auwäldern, Alleen und an einzeln stehenden Laubbäumen oder liegenden Stämmen, selten auch an Nadelbäumen (Eibe).*

- ***Fleisch gelb, saftig***
- ***Poren nur mit Lupe erkennbar***
- ***Verbreitung in ganz Europa häufig***
- ***Doppelgänger Zimtfarbener Weichporling***

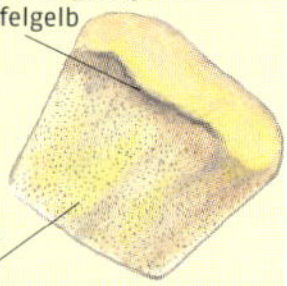

Der Schwefel-Porling bildet oft meterlange Teppiche an den Bäumen, die er parasitisch befällt. Aber nur in jungem Zustand ist er je nach Zubereitung recht schmackhaft. Ein beliebtes Rezept ist es, den Schwefel-Porling wie Hühnerfrikassé zu zubereiten. Sein etwas säuerlicher Geschmack sagt jedoch nicht jedem zu. Dennoch ist er recht beliebt, da er schon früh im Jahr vorkommt.

Mehr ockergelb und auf Druck schwärzend, ist der an Buchen parasitierende Riesen-Porling *(Meripilus giganteus)*, der jung wohlschmeckend ist.

Vorsicht giftig!

Der viel kleinere und regelmäßig geformte Zimtfarbene Weichporling *(S. 269)* *wurde trotz anderer Farbe und Größe schon mit dem Schwefel-Porling verwechselt. Daher weiß man inzwischen, dass er stark giftig ist.*

Zimtfarbener-Weichporling

Hapalopilus nidulans (Porlinge)

Größe 5–15 cm Juli–Oktober

Vorkommen *vor allem in Laubwäldern, auf liegendem, totem Laub-holz, bevorzugt an Buchen.*

Die Art ist aufgrund des hohen Gehaltes an Polyporsäure stark giftig. Diese Säure ist aber auch verantwortlich für die intensive violette Reaktion mit Laugen, was die Art zum Färben von Wolle zu einem der begehrtesten Pilze macht. Weitere giftige Porlinge sind nicht bekannt.

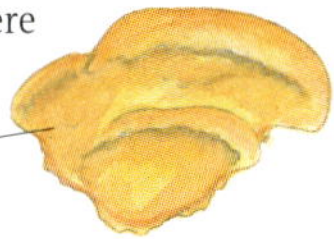

Auf alte Eichen beschränkt ist der viel seltenere, leuchtend orangegelbe Safranfarbene Weichporling *(H. croceus)*.

> ***Fleisch zimtfarben***
> ***Poren nur mit Lupe erkennbar***
> ***Verbreitung in Europa häufig, im Norden fehlend***

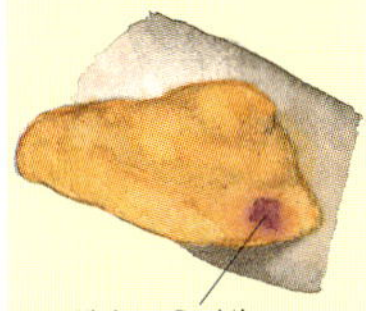

Violette Reaktion mit Lauge (Seife)

Kiefern-Braunporling

Phaeolus schweinizii (Porlinge)

Größe 10–25 cm Juli–Oktober

Vorkommen *bevorzugt in Kiefernwäldern, scheinbar auf dem Boden, den Hauptwurzeln oder Stümpfen von Kiefern aufsitzend.*

Dieser große, meist am Boden sitzende Porling ist im frischen Zustand korkig-weich und lebhaft gelbbraun. Er wird mit zunehmendem Alter aber dunkler und härter und ist zuletzt völlig schwarz. Oft findet man neben frischen Exemplaren noch die alten vom Vorjahr.

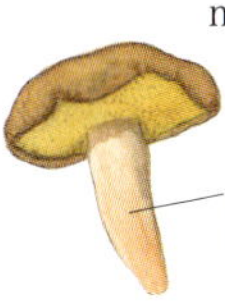

An denselben Wurzeln kann man gelegentlich als Nachfolger des Braunporlings den Nadelholz-Röhrling *(Pulveroboletus lignicola)* beobachten.

> ***Poren fein, etwas labyrinthisch***
> ***Fruchtkörper kreiselförmig***
> ***Verbreitung in ganz Europa häufig***

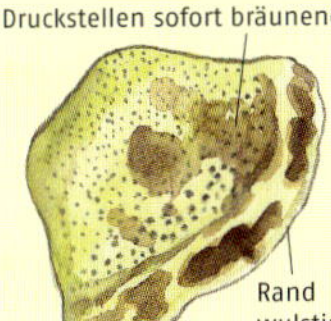

Angebrannter Rauchporling

Bjerkandera adusta (Porlinge)
Größe 5–50 cm ganzjährig

***Vorkommen** in Wäldern aller Art, auf liegendem, morschem Laubholz, seltener an Nadelholz.*

> ***Fleisch beigebraun***
> ***Fruchtkörper korkig zäh***
> ***Verbreitung in ganz Europa häufig***

Wie bei vielen Holzpilzen ist auch bei dieser Art die Form je nach Wuchsort sehr veränderlich. Auf der Unterseite des Substrates werden flächige Fruchtkörper gebildet. Seitlich am Holz wachsend entstehen kleine Hüte. Pilze, die oben auf dem Substrat wachsen, haben neben Hüten oft sogar einen kleinen Stielansatz.

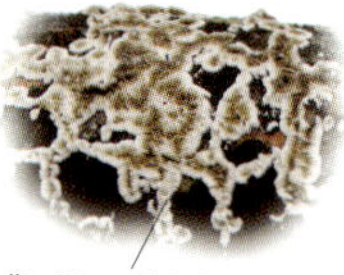

Ähnlich gefärbt ist der Braune Schichtpilz *(Lopharia spadicea)*, der jedoch keine Poren hat.

Buckel-Tramete

Trametes gibbosa (Porlinge)
Größe 7–20 cm ganzjährig

***Vorkommen** in Wäldern aller Art, auf totem, noch hartem Laubholz, vorzugsweise an Buchenstümpfen.*

> ***Fleisch cremeweiß***
> ***Fruchtkörper korkig hart***
> ***Verbreitung in ganz Europa häufig***

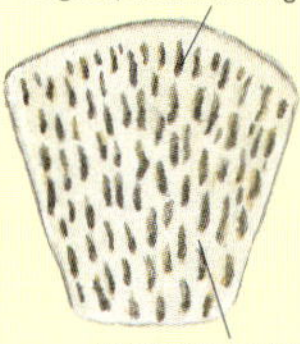

Die namensgebende gebuckelte Ansatzstelle dieses Porlings ist bei älteren Pilzen meist durch Algenbewuchs grün gefärbt. Solche weißlich und grün gefärbten Exemplare sind einfach zu erkennen, während sehr junge, noch knollenförmige Pilze nicht immer sicher bestimmt werden können.

An vergleichbaren Stellen kommt auch die Striegelige Tramete *(T. hirsuta)* vor, die runde Poren hat und oberseits borstig ist.

Schmetterlings-Tramete

Trametes versicolor (Porlinge)

Größe 5–10 cm ganzjährig

Da die Fruchtkörper der Schmetterlings-Tramete recht beständig sind, werden sie häufig für Trockengestecke oder zum Basteln verwendet. Allerdings werden sie oft von Insekten zerfressen. Wer diesen schönen Pilz als Wohnungsschmuck verwenden möchte, sollte ihn daher erst mehrere Tage in die Tiefkühltruhe legen, damit die meist vorhandenen Insekten und ihre Eier abgetötet werden.

Alte Fruchtkörper sind oft von Algen überzogen und dadurch grün.

***Vorkommen** in Wäldern und Gehölzen aller Art, stets auf totem Holz, ohne Einschränkung alle Biotope besiedelnd.*

> ***Fleisch cremeweiß***
> ***Fruchtkörper korkig hart***
> ***Verbreitung in ganz Europa sehr häufig***

Schon gewusst?

Es gibt noch weitere Trameten, denen aber die schönen Blautöne fehlen. Am ähnlichsten ist die Zonen-Tramete (T. multicolor), die entgegen ihrem Namen nur leicht ockerfarben gefärbt ist.

Unterseite cremeweiß

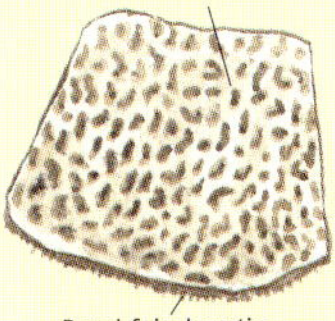

Rand fein borstig

Oberseite blau, braun und weiß gezont

Zonen mit und ohne Behaarung abwechselnd

Rötende Tramete

Daedaleopsis confragosa (Porlinge)
Größe 5–15 cm ganzjährig

Vorkommen *in feuchten Gehölzen, vor allem bachbegleitend oder an Teichrändern, an totem Laubholz, vor allem Weiden und Birken.*

- **Fleisch cremeweiß**
- **Fruchtkörper korkig hart**
- **Verbreitung in ganz Europa häufig**

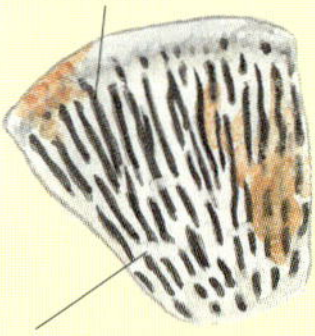

Viele Porlinge sind schwierig zu bestimmen, doch die Rötende Tramete ist dank ihrer fleischrosa Verfärbung recht sicher erkennbar. Lässt man Exemplare langsam im Zimmer trocknen, so wird die gesamte Unterseite nach ein bis zwei Tagen rosarot verfärbt sein.

Von Anfang an intensiv braunrot und mit lamelliger Unterseite ist die Varietät *tricolor*, beide Sippen kommen bisweilen am selben Ast vor.

Veränderlicher Spaltporling

Schizopora paradoxa (Porlinge)
Größe 10–100 cm ganzjährig

Vorkommen *an totem Laubholz jeglicher Art, seltener an Nadelholz, unabhängig von bestimmten Biotopen.*

- **Fleisch cremeweiß**
- **Fruchtkörper kaum ablösbar, hart**
- **Verbreitung in ganz Europa sehr häufig**

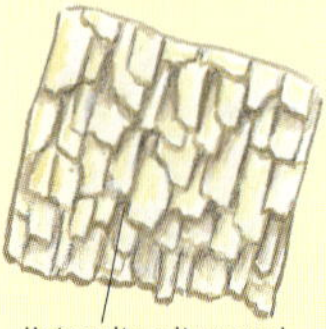

Dieser höckerig-stachelige Überzug ist einer der häufigsten Rindenpilze und tatsächlich sehr veränderlich. Sowohl die Länge und Breite der Stacheln als auch seine Farbe variieren beträchtlich. Bei entsprechendem Substrat kann er sehr lange Fruchtkörper ausbilden.

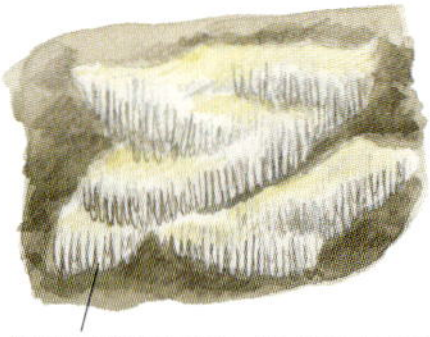

Noch auffallendere, bis 5 cm lange Zähnchen hat die seltene Zarte Zahnhaut *(Dentipellis fragilis)*.

Violetter Lederporling

Trichaptum abietinum (Porlinge)
Größe 1–5 cm   ganzjährig

Zwar sind die einzelnen Hütchen dieser Art recht klein, aber sie fließen zu größeren Flächen zusammen, die dann bisweilen einen Meter und mehr an dem Substrat entlangwachsen können. Auf der Unter- und Oberseite des Holzes werden aber nur flächige Fruchtkörper ohne Hütchen gebildet.

Vorkommen *in Nadelwäldern und -forsten, an totem Nadelholz, vor allem von Fichten und Tannen.*

> ***Fleisch dünn, lederartig***
> ***Fruchtkörper kaum ablösbar***
> ***Verbreitung in ganz Europa sehr häufig***

Oberseite der Hutkanten striegelig

Unterseite mit violetter Tönung

Den oft gleichzeitig vorkommenden Blutenden Schichtpilz *(Stereum sanguinolentum)* erkennt man an der glatten, rötenden Oberfläche.

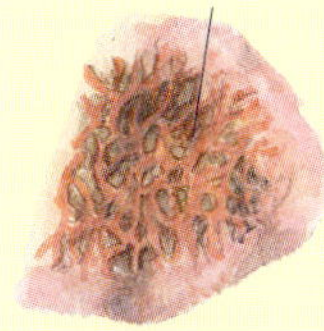

Unterseite mit unregelmäßig gewundenen, oft zerschlitzten Poren

Zinnober-Tramete

Pycnoporus cinnabarinus (Porlinge)
Größe 3–10 cm   ganzjährig

Noch bis vor etwa 50 Jahren war dieser Pilz eher eine Seltenheit. Vermutlich hängt das damit zusammen, dass damals das dürre Holz aus dem Wald gesammelt wurde und somit dem Pilz kaum Substrat zur Verfügung stand. Heutzutage bleibt zur Verrottung viel Holz im Wald liegen, was die Ausbreitung der Art stark begünstigt.

Vorkommen *an lichten Stellen in Wäldern und Forsten, an totem Laubholz, vor allem von Buchen, Trockenheitszeiger.*

> ***Fleisch zinnoberrot***
> ***Fruchtkörper korkig hart***
> ***Verbreitung in ganz Europa häufig***

Oberseite zinnoberrot, etwas filzig

Fruchtkörper konsolenförmig

An Nadelholz findet sich der ähnliche, aber deutlicher orange gefärbte und nicht so harte Leuchtende Weichporling *(Pycnoporellus fulgens)*.

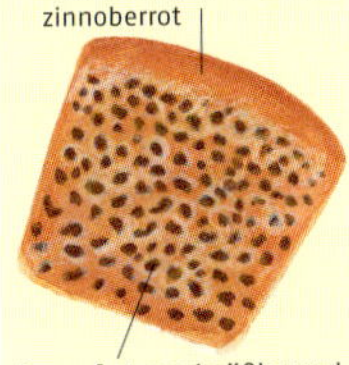

Unterseite gleichfarben zinnoberrot

Poren fast regelmäßig rund

Echter Zunderschwamm

Fomes fomentarius (Porlinge)
Größe 10–50 cm mehrjährig

Vorkommen *in Wäldern und Forsten, an toten, dicken Laubholz-Stämmen, vor allem von Buchen und Birken.*

> ***Geruch stark säuerlich***
> ***Fruchtkörper sehr hart***
> ***Verbreitung in ganz Europa sehr häufig***

Seit alters her wird der Echte Zunderschwamm vom Menschen genutzt. Zum einen wurde er zur Erhaltung und zum Transport der lebensnotwendigen Glut verwendet, da der ausgehöhlte Fruchtkörper zwar nicht brannte, aber stunden- bis tagelang vor sich hin glomm. Zum anderen wurde aus dem wergartigen Inneren, dem Myzelialkern, ein lederartiges Material gewonnen.

Um 90° gedreht weiterwachsender Fruchtkörper, wie sie an liegenden Stämmen oft zu beobachten sind.

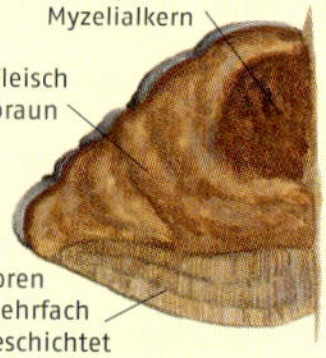

Schon gewusst?

Die Zundelmacherei ist inzwischen ein nahezu ausgestorbenes Handwerk, das früher weit verbreitet war. Aus dem Myzelialkern haben die Zundelmacher lederartige Objekte gearbeitet, beispielsweise Taschen oder Hüte.

Rotrandiger Baumschwamm, Fichten-Porling

Fomitopsis pinicola (Porlinge)

Größe 10–40 cm mehrjährig

Wohl kein anderer Baumpilz hat so ein weit gefächertes Wirtsspektrum wie diese Art. Allein aus Deutschland ist sie von etwa 30 Laub- und 10 Nadelbaumarten bekannt geworden. Da sie zudem auch farblich je nach Alter sehr verschieden aussehen kann, braucht es langjährige Erfahrung, um sie in allen ihren Facetten kennen zu lernen.

***Vorkommen** in nahezu allen Baumbeständen, vom Fichtenwald über Erlenbruch bis zur Obstwiese, an Laub- und Nadelholz.*

> ***Geruch stark säuerlich***
> ***Fruchtkörper sehr hart***
> ***Verbreitung in ganz Europa sehr häufig***

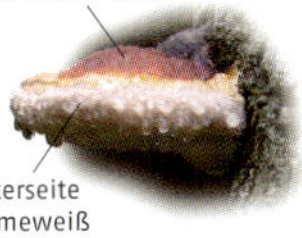

Der seltene Rosenrote Baumschwamm (*F. rosea*) hat rosafarbene Poren.

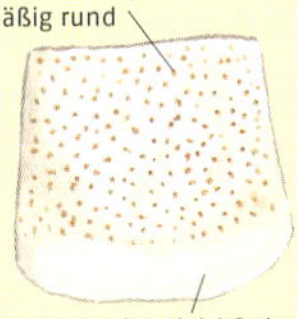

Eichen-Wirrling

Daedalea quercina (Porlinge)

Größe 10–40 cm mehrjährig

Der Eichen-Wirrling ist zusammen mit dem Eichen-Feuerschwamm (S. 262) die wohl härteste einheimische Porlingsart. Daran und an der namensgebenden labyrinthischen Unterseite ist er einfach zu erkennen, selbst wenn er selten einmal flächig wächst und nur kleine Hutkanten ausbildet.

***Vorkommen** in Wäldern und Forsten verschiedener Art, stets an morschen, noch stabilen Stümpfen von Eichen.*

> ***Geruch etwas säuerlich***
> ***Fruchtkörper sehr hart***
> ***Verbreitung in ganz Europa außer Nordeuropa häufig***

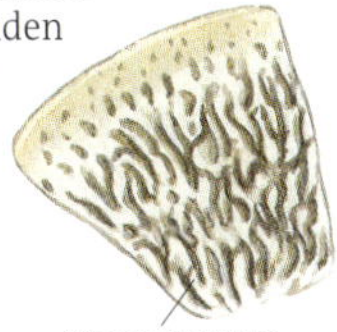

Die verschlungene, „wirre" Porenschicht ist kennzeichnend für die Art.

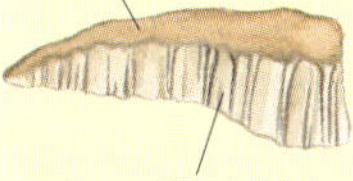

Gemeiner Zaunblättling

Gloeophyllum sepiarium (Porlinge)

Größe 5–20 cm ganzjährig

***Vorkommen** an liegenden, dickeren Ästen und Stämmen von Nadelholz, vor allem Fichten, häufig auch an verbautem Holz.*

- > ***Geruch etwas säuerlich***
- > ***Fruchtkörper sehr hart***
- > ***Verbreitung in ganz Europa sehr häufig***

Diesen Porling hat mit Sicherheit schon jeder einmal gesehen, da er vor allem an verbautem, schlecht imprägniertem Nadelholz vorkommt. Daher wächst er gerne an Zaunpfählen, Balkongeländern, Eisenbahnschwellen oder ähnlich verarbeitetem Holz. Er ist nicht sehr aggressiv, kann aber im Laufe der Jahre doch Schäden an den befallenen Hölzern anrichten.

Die Fenchel-Tramete *(G. odoratum)* hat als einzige Art ihrer Gattung runde Poren und riecht außerdem durchdringend nach Fenchel.

Gemeiner Spaltblättling

Schizophyllum commune (Porlinge)

Größe 5–20 cm ganzjährig

***Vorkommen** an liegenden, dickeren Ästen und Stämmen von frisch gefallenem Laubholz, vor allem Buche, licht- und trockenheitstolerant.*

- > ***Fleisch cremeweiß***
- > ***Fruchtkörper dünn, zäh***
- > ***Verbreitung in ganz Europa sehr häufig***

Die einzigartigen, längs gespaltenen Lamellen machen diese Art systematisch schwer fassbar, und man weiß immer noch nicht genau, mit welchen anderen Arten sie näher verwandt ist. Durch das Einrollen der Lamellen schützt sich der Pilz vor zu starker Sonneneinstrahlung und kann daher auch an sehr sonnigen Standorten wachsen.

Die beiden Lamellenhälften können sich seitlich ausklappen und bedecken dann die gesamte Fruchtschicht.

Klebriger Hörnling

Calocera viscosa (Gallertpilze)
Größe 3–10 cm Juni–Dezember

Dieser Pilz ist zwar nicht giftig, jedoch sehr gummiartig und völlig geschmacksneutral. Aufgrund seiner attraktiven Farbe verwenden ihn manche zur Garnierung, beispielsweise von kalten Platten, wobei er auch gefahrlos mitgegessen werden kann.

Vorkommen *in Nadelwäldern und -forsten, auch in Mischwäldern, stets an totem, stark vermodertem Nadelholz.*

> ***Fleisch orangegelb***
> ***Fruchtkörper gummiartig zäh***
> ***Verbreitung in ganz Europa sehr häufig***

Es gibt auch einen Laub-holz-Hörnling *(C. cornea)*, der kleiner und nicht verzweigt ist.

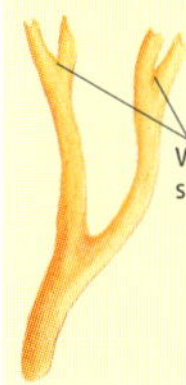

Gemeine Gallerttränе

Dacrymyces stillatus (Gallertpilze)
Größe 0,5–1 cm ganzjährig

Zwar sind die einzelnen Fruchtkörper dieser Art sehr klein, doch wachsen sie in großen Mengen dicht gedrängt und fließen oft zu mehreren zusammen. So bilden sich gelborangefarbene Flächen auf dem besiedelten Holz, die bei feuchtem Wetter dann doch recht auffällig sind.

Vorkommen *unabhängig von bestimmten Biotopen, stets an totem, morschem Laub- und Nadelholz.*

> ***Fleisch gelb bis orange***
> ***Fruchtkörper trocken hornartig hart***
> ***Verbreitung in ganz Europa sehr häufig***

An seiner Zweifarbigkeit erkennt man den größeren Gelbweißen Gallertkreisel *(Femsjonia peziziformis)*.

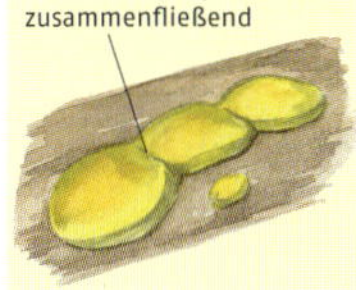

Gemeines Judasohr

Auricularia auricularia-judae (Gallertpilze)

Größe 2–10 cm   ganzjährig

***Vorkommen** in Wäldern, Gebüschen und an Waldrändern, vor allem an toten Holunderästen, seltener an Buchen und anderen Laubbäumen.*

> ***Fleisch gallertartig***
> ***Fruchtkörper trocken hornartig hart***
> ***Verbreitung in ganz Europa sehr häufig***

Aufgrund ihrer etwas knorpeligen Konsistenz sind diese und ähnliche asiatische Arten ein wichtiger Bestandteil der chinesischen Küche. In China wird die Art Muh-Err genannt, was „Wolkenohr" bedeutet, bei uns kommen die Pilze meist unter der (irreführenden) Bezeichnung Chinesische Morchel in den Handel.

Flächig wie ein Schichtpilz statt ohrförmig wächst der Gezonte Ohrlappenpilz *(A. mesenterica)*.

Schon gewusst?

Auf toten Pappel- und Weidenästen wächst das Pappel-Judasöhrchen (Auriculariopsis ampla). Es sieht wie eine Miniaturausgabe des Gemeinen Judasohrs aus, ist aber nicht als Speisepilz bekannt.

Flacher Drüsling, Hexenbutter

Exidia plana (Gallertpilze)
Größe 10–100 cm   ganzjährig

Bei sehr jungen Exemplaren dieser Art kann man die einzelnen rundlichen Fruchtkörper erkennen, doch fließen sie bald zu langen Flächen zusammen. Der Name Hexenbutter wird bisweilen auch für einen Schleimpilz, die Gelbe Lohblüte, verwendet.

***Vorkommen** unabhängig von bestimmten Biotopen, stets an totem, morschem Laubholz, vor allem Eiche.*

> ***Fleisch gallertartig***
> ***Fruchtkörper trocken eine hornartige Schicht***
> ***Verbreitung in ganz Europa häufig***

Fast weiße Flächen bildet der nur auf Lindenholz wachsende Knorpelige Drüsling *(E. cartilaginea)*.

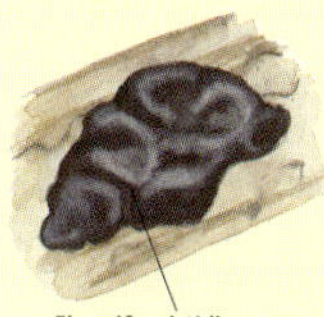

Goldgelber Zitterling

Tremella mesenterica (Gallertpilze)
Größe 2–5 cm   ganzjährig

Der Name Zitterling für diese Pilze kommt nicht von ungefähr, denn ihre Konsistenz erinnert an Gelee oder Wackelpudding. Allerdings trifft dies nur bei entsprechend feuchter Witterung zu, bei Trockenheit werden solche Arten hornartig hart und schrumpfen fast unsichtbar zusammen.

***Vorkommen** in diversen Biotopen mit hoher Luftfeuchtigkeit, stets an totem, meist noch in der Luft hängendem Laubholz.*

> ***Fleisch gallertartig***
> ***Fruchtkörper trocken hornartig hart***
> ***Verbreitung in ganz Europa häufig***

Der Rotbraune Zitterling *(T. foliacea)* sieht auf den ersten Blick wie brauner Tang aus.

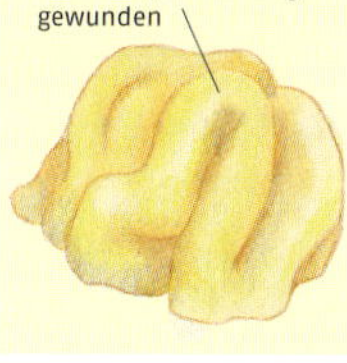

Roter Gallerttrichter

Tremiscus helvelloides (Gallertpilze)

Größe 3–7 cm Juli–November

***Vorkommen** in Nadelwäldern auf Kalkböden, oft an kalkgeschotterten Wegrändern auch über saurem Untergrund.*

- > ***Fleisch gallertartig***
- > ***Fruchtkörper trocken hornartig hart***
- > ***Verbreitung in Europa überwiegend selten, örtlich zerstreut***

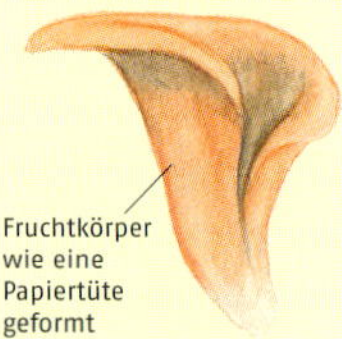

Der Rote Gallerttrichter ist eine der wenigen Pilzarten, die auch roh gegessen werden können. Man kann ihn beispielsweise für einen Obstsalat verwenden oder auch mit anderem Gemüse als Sülze verarbeiten. Er hat allerdings kaum Eigengeschmack und seine gallertig etwas an Weingummi erinnernde Konsistenz ist auch nicht jedem angenehm.

Auch bei den Schlauchpilzen bildet die Gattung der Öhrlinge ähnliche Fruchtkörper aus.

Schon gewusst?

Es gibt noch weitere tütenartig geformte Pilze aus ganz anderen Verwandtschaftskreisen, beispielsweise den Erd-Muscheling (Hohenbuehelia geogenium). Er ist sogar essbar, aber selten!

Zitterzahn, Eispilz

Pseudohydnum gelatinosum (Gallertpilze)

Größe 2–5 cm Juli–November

Auch dieser Pilz wird bisweilen als essbare Dekoration auf kalten Platten, in Salaten oder Nachspeisen verwendet. Es gibt ihn übrigens ihn zwei Farben, braun oder weiß, die nie gemeinsam an den gleichen Holzstümpfen vorkommen.

Hart wie Kork ist der nur auf Kiefernzapfen wachsende Ohrlöffelstacheling.

Fruchtkörper zungenförmig

Stiel kurz, seitlich

Vorkommen *in Nadelwäldern, vor allem in höheren Lagen, stets auf morschen Nadelholzstümpfen.*

- ***Fleisch gallertartig, elastisch***
- ***Fruchtkörper trocken hornartig hart***
- ***Verbreitung in ganz Europa zerstreut, örtlich häufig***

Unterseite mit gummiartigen Zähnchen

Tintenfischpilz

Clathrus archeri (Rutenpilze)

Größe 5–12 cm Juli–November

Dieser Pilz wurde aus Australien mit Schafwolle eingeschleppt und erstmals etwa 1920 in den Westvogesen entdeckt. Seine rasante Ausbreitung durch ganz Europa konnte man aufgrund seiner Auffälligkeit gut verfolgen. In Süddeutschland ist er heute ein verbreiteter Pilz, in Ostdeutschland hingegen gehört er (noch) zu den Seltenheiten.

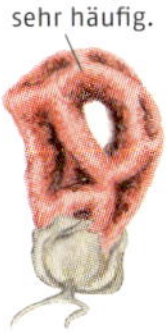

Im Mittelmeerraum ist der Rote Gitterling *(C. ruber)* sehr häufig.

4–7 rote Arme mit leicht olivfarbener Sporenmasse

Die dicht gedrängten Hexeneier des Tintenfischpilzes erinnern an ein Vogelgelege. Sie haben eine gallertartige Außenhülle.

Vorkommen *in Wäldern und Gebüschen, auf Wiesen und Weiden, biotopunabhängig, vorwiegend atlantisch.*

- ***aasartig stinkend***
- ***Basis mit weißen Myzelsträngen***
- ***Verbreitung in Zentraleuropa meist häufig, im Norden und Osten selten***

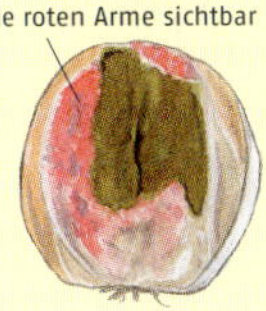

Schon im Hexenei sind die roten Arme sichtbar

Gemeine Stinkmorchel (🍴)

Phallus impudicus (Rutenpilze)

Höhe 12–20 cm   Juni–November

***Vorkommen** in Wäldern und Gebüschen, biotopunabhängig, etwas häufiger auf sauren Böden.*

- > ***Fruchtkörper aus einem Hexenei wachsend***
- > ***Basis mit weißen Myzelsträngen***
- > ***Verbreitung in ganz Europa bis Süd-Finnland häufig***

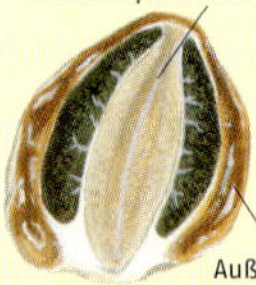

Der reife Fruchtkörper mit seiner bemerkenswerten Gestalt und dem widerlich stinkenden olivfarbenen Kopfteil ist unverwechselbar. Ausgewachsen ist dieser Pilz ungenießbar, aber im Hexenei-Zustand ist er durchaus essbar. Roh schmeckt die Stinkmorchel kräftig rettichartig, man kann die in Scheiben geschnittenen Hexeneier aber auch braten, die Gelhülle wird dabei kross und knusprig.

Gelegentlich findet man die kleinere, orange gefärbte Hundsrute *(Mutinus caninus)*.

Schon gewusst?

Die Sporenverbreitung dieser Art wird von Fliegen, Mistkäfern und anderen Insekten übernommen, die durch den aasartigen Geruch der Sporenmasse angelockt werden und diese abfressen. Nach ein bis zwei Tagen bleibt nur noch der weiße, gekammerte Hut übrig.

Rötender Erdstern

Geastrum rufescens (Bauchpilze)

Größe 4–8 cm Juli–November

Erdsterne gehören zu den absonderlichsten Gestalten des Pilzreiches. Mit ihren auf Stelzen stehenden Kugeln erinnern sie etwas an Raumfähren. Dabei dient dieses Prinzip der Sporenverbreitung: Durch nach oben Schieben des kugeligen Kopfteils gelangen die Sporen besser in den Luftstrom.

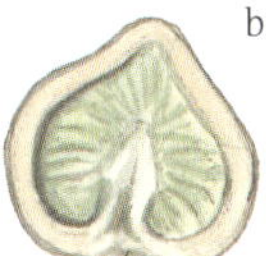

Erdsterne entstehen aus einer unterirdisch wachsenden Knolle und schieben sich erst im Laufe der Entwicklung über den Erdboden.

***Vorkommen** in Wäldern und Gebüschen, besonders in Fichtenwäldern, auf Kalkböden.*

> ***Sporenmasse bei Druck ausstäubend***
> ***Sporenpulver olivbraun***
> ***Verbreitung in Europa häufig bis zerstreut, im Norden sehr selten***

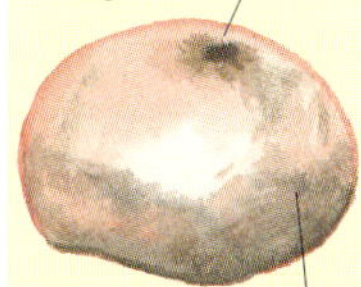

Kleiner Nest-Erdstern

Geastrum quadrifidum (Bauchpilze)

Größe 3–6 cm Juli–November

Die Fruchtkörper der Erdsterne, vor allem von dieser Art, verwittern nur langsam und bleiben oft über den Winter hinweg erhalten. Somit kann man fast das ganze Jahr über Erdsterne finden, frische jedoch nur im Sommer und Herbst.

Ein ähnliches Prinzip der Sporenverbreitung haben die Stelzen-Stäublinge, die zwar keine Stelzen, aber einen langen Stiel ausbilden.

***Vorkommen** in Wäldern und Gebüschen, besonders in Fichtenwäldern, auf Kalkböden.*

> ***Sporenmasse bei Druck ausstäubend***
> ***Sporenpulver olivbraun***
> ***Verbreitung in Europa häufig bis zerstreut***

Bleigrauer Zwergbovist

Bovista plumbea (Bauchpilze)

Größe 3–8 cm Juli–November

***Vorkommen** in nicht zu stark gedüngten Wiesen, Grünflächen und auf Weiden verschiedenster Art.*

> ***Sporenmasse bei Druck ausstäubend***
> ***Sporenpulver olivbraun***
> ***Verbreitung in Europa häufig***

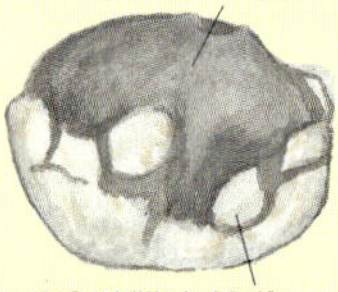

Während die frischen Zwergboviste relativ schwer sind, sind reife Fruchtkörper ohne die abgeblätterte Außenhaut sehr leicht. So werden sie vom Wind über die Wiesen gerollt und verlieren dabei stets etwas von ihrem Sporenpulver. Auf diese Weise verbreiten sich die Sporen im weiten Umkreis.

An vergleichbaren Stellen wächst der Wiesen-Staubbecher *(Vascellum pratense)*, der in einen sterilen Stielteil und einen sporentragenden Kopfteil gegliedert ist.

Gemeiner Beutelstäubling

Handkea excipuliformis (Bauchpilze)

Größe 3–8 cm Juli–November

***Vorkommen** in Laub- und Nadelwäldern, unabhängig von bestimmten Bodenverhältnissen.*

> ***Sporenmasse bei Druck ausstäubend***
> ***Sporenpulver olivbraun***
> ***Verbreitung in Europa häufig***

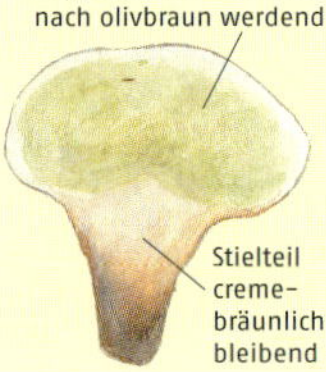

Für alle Stäublinge gilt die Faustregel, dass sie essbar sind, solange ihr Inneres noch weiß ist. Wenn sie zu alt sind, ist dieses durch die vielen reifen Sporen oliv gefärbt. Aber auch junge Exemplare schmecken nicht jedermann gleich gut, am besten sind sie scheibenweise gebraten.

Der sterile Stielteil bleibt oft noch jahrelang stehen, während vom Kopfteil nur die zusammengesunkene Hülle übrig bleibt.

Riesenbovist

Calvatia gigantea (Bauchpilze)

Größe 20–50 cm   Juli–November

Aufgrund seiner enormen Größe ist dieser Pilz unverwechselbar, große Exemplare können bis 15 Kilo schwer werden. Wie alle Stäublinge kann auch er gegessen werden, solange er innen noch weiß ist. Man bereitet ihn zu, indem man ihn in daumendicke Scheiben schneidet, diese paniert und dann in heißem Fett brät. Gedünstet schmeckt er unangenehm.

***Vorkommen** auf Obstwiesen und gedüngten Grünflächen, auch in Gebüschen, stets an stickstoffreichen Stellen, besonders auf Klärschlamm.*

> ***Sporenmasse bei Druck ausstäubend***
> ***Sporenpulver olivbraun***
> ***Verbreitung in Europa zerstreut***

Schon gewusst?

Bis 20 cm groß kann der ebenfalls essbare Hasen-Stäubling (Handkea utriformis) werden. Die pokalförmigen alten Fruchtkörper (re.) werden häufig über den Trockenrasen geweht.

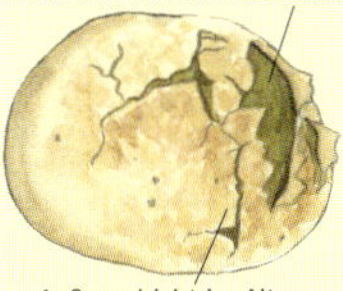

Flaschen-Stäubling

Lycoperdon perlatum (Bauchpilze)

Größe 4–7 cm Juni–Dezember

***Vorkommen** in Laub- und Nadelwäldern aller Art, in der Laub- und Nadelstreu, bodenunabhängig.*

> ***Sporenmasse bei Druck ausstäubend***
> ***Sporenpulver olivbraun***
> ***Verbreitung in Europa sehr häufig***
> ***giftiger Doppelgänger junge Fliegenpilze***

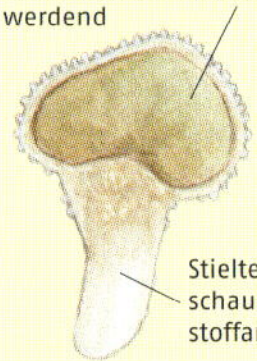

Diesen Stäubling kann man an den körnigen, abwischbaren Warzen erkennen. Nach deren Abfallen bleib eine mehreckige Vertiefung zurück, die dem dann kahlen Stäubling ein wabenartiges Äußeres verleiht. Auch er ist essbar, solange er innen weiß ist, eignet sich aber nur gebraten als separates Gericht.

Der Schwärzende Stäubling *(L.nigrescens)* ist durch die dunklen Warzen zu unterscheiden.

Vorsicht giftig!

Junge Fliegenpilze können täuschend ähnlich aussehen (li.), doch zeigt der Längsschnitt bereits die rote Huthaut in Form einer orangeroten Linie (re.).

Birnen-Stäubling

Lycoperdon pyriforme (Bauchpilze)
Größe 3–6 cm   Juni–Dezember

Zwar kann man auch den Birnen-Stäubling im jungen Zustand essen, doch schmeckt er ziemlich unangenehm und ist daher nicht empfehlenswert. Übrigens ist er die einzige Art dieser Gattung, die auf Holz vorkommt.

Vorkommen *in Laub- und Nadelwäldern aller Art, stets in Verbindung mit morschem Holz, bodenunabhängig.*

> ***Wurzelstränge weiß, auffallend***
> ***Sporenpulver olivbraun***
> ***Verbreitung in Europa sehr häufig***

Der seltene Flocken-Stäubling *(L. mammiforme)* ist durch die großen, flach aufliegenden Flecken gekennzeichnet.

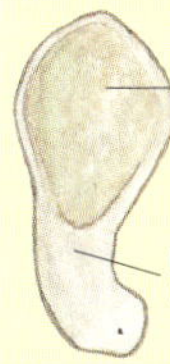

Igel-Stäubling

Lycoperdon echinatum (Bauchpilze)
Größe 3–6 cm   Juli–November

Der Igel-Stäubling hat im Gegensatz zu den anderen Arten dieser Gattung sehr lange fest angewachsene Stacheln, die ihm ein wollig-stacheliges Aussehen verleihen. Da diese kaum zu entfernen sind, kommt er für Speisezwecke eher nicht in Frage.

Vorkommen *in Buchenwäldern, auf meist basenreichen, lehmigen Böden.*

> ***Sporen auf Druck ausstäubend***
> ***Sporenpulver olivbraun***
> ***Verbreitung in Europa zerstreut***

Alte Igel-Stäublinge verlieren nach und nach die Stacheln, zurück bleibt ein Mosaik aus mehreckigen Vertiefungen.

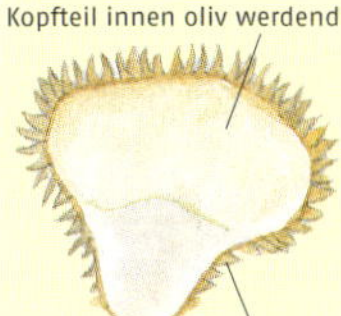

Dickschaliger Kartoffelbovist ☠

Scleroderma citrinum (Bauchpilze)

Größe 5–15 cm Juli–Dezember

***Vorkommen** in Nadelwäldern, seltener im Laubwald, stets auf sauren, eher nährstoffarmen Böden.*

- ***Fruchtkörper unregelmäßig aufplatzend***
- ***Sporenpulver olivbraun***
- ***Verbreitung in Europa sehr häufig***

Kartoffelboviste sind die einzigen Bauchpilze, die, herkömmlich zubereitet, giftig sind. Getrocknet darf er aber in kleiner Menge zum Würzen verwendet werden. Da diese Arten bereits jung innen violett gefärbt sind, kann man sie gut von den essbaren Stäublingen unterscheiden.

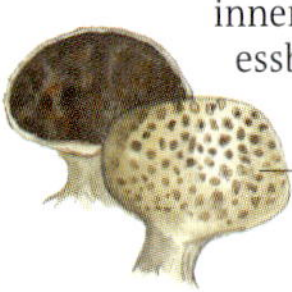

Der Dünnschalige Kartoffelbovist *(S. verrucosum)* ist kleiner, brauner und hat eine dünnere Rindenschicht.

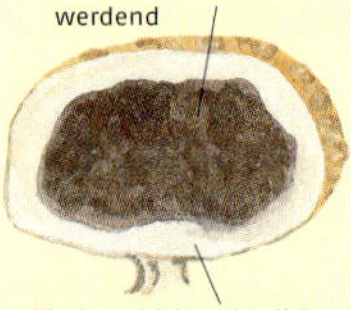

Erbsenstreuling 🍴

Pisolithus arrhizus (Bauchpilze)

Größe 5–20 cm Juli–November

***Vorkommen** in Biotopen mit Pioniervegetation, häufig auf Abraumhalden, stets auf nährstoffarmen, sandigen Böden.*

- ***Fruchtkörper pulverig zerfallend***
- ***Sporenpulver rötlichbraun***
- ***Verbreitung in Europa meist selten, örtlich häufig***

Dort wo der Erbsenstreuling häufiger vorkommt, wird er als „Böhmische Trüffel" oder „Schiefer-Trüffel" gehandelt. Zwar kann man sein Aroma nicht mit dem der echten Trüffeln vergleichen, doch ist er, trotz seiner eher unappetitlichen Gestalt, ein sehr beliebter Würzpilz. Man sollte bei seiner Verwendung bedenken, dass er die Speisen tief schwarzbraun färbt.

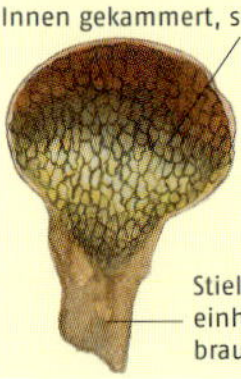

Der nicht essbare Mittelmeer-Kartoffelbovist *(S. meridionalis)* ist ähnlich geformt, aber innen einheitlich violettschwarz gefärbt.

Preiselbeer-Nacktbasidie

Exobasidium vaccinii (Nacktbasidien)
Größe 0,5–1 cm Juli–November

Die Nacktbasidien ernähren sich allesamt parasitisch, meistens an Beerensträuchern und Rhododendren. Sie befallen Blätter oder ganze Triebe, die dadurch rot gefärbt werden und oft stellenweise anschwellen. Sie stellen jedoch für die Pflanzen keine lebensbedrohliche Gefahr dar.

Vorkommen *in feuchten Nadelwäldern, Mooren, auf nährstoffarmen, sandigen Böden, stets an Blättern der Preiselbeere (Vaccinium vitis-idaea).*

> ***Fruchtschicht im Blattinneren***
> ***Schwellungen reif außen weiß***
> ***Verbreitung in Europa häufig***

Auf Rauschbeeren wächst die Rauschbeeren-Nacktbasidie *(E. vacinii-uliginosi)*, die nicht nur Blätter, sondern ganze Sprosse befällt.

289

Mutterkorn

Claviceps purpurea (Kernpilze)
Größe 1–3 cm Juli–November

Das Mutterkorn war vor der Saatgutreinigung für epidemieartige Vergiftungswellen verantwortlich, von denen ganze Landstriche betroffen waren. Die Erkrankten litten an Durchblutungsstörung, die sich in unerträglichem Jucken äußerte und anschließend zum Absterben ganzer Gliedmaßen führte. Inzwischen wird das Gift des Mutterkorns sogar medizinisch eingesetzt.

Vorkommen *in Getreidefeldern, in Wiesen und anderen Grünflächen mit höheren Süßgräsern, bodenunabhängig.*

> ***Fruchtkörper purpurviolett***
> ***Köpfchen mit pustelartiger Oberfläche***
> ***Verbreitung in Europa häufig, örtlich selten geworden***

Ein weiterer vom Landwirt gefürchteter Parasit ist der Mais-Beulenbrand *(Ustilago maydis)*. In anderen Ländern wird er sogar gegessen.

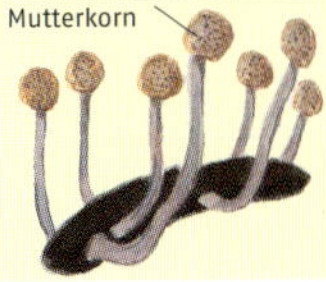

Im Frühjahr entwachsen mehrere Fruchtkörper dem Mutterkorn

Speise-Morchel

Morchella esculenta (Schlauchpilze)

Größe 10–20 cm April–Mai(Juni)

Vorkommen *in Auwäldern und bachbegleitenden Gehölzen, fast immer unter Eschen, bisweilen unter Obstbäumen, auf Kalkböden.*

- > ***Fleisch wachsartig, im Stiel knorpelig***
- > ***Sporenpulver cremefarben***
- > ***Verbreitung in Europa zerstreut***
- > ***Doppelgänger Lorcheln***

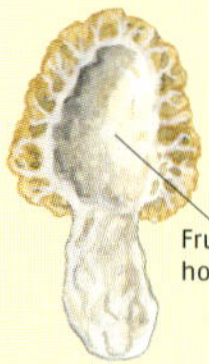

Morcheln gehören zu den meistgeschätzten Speisepilzen und in der Tat gibt es kaum einen höheren Pilzgenuss als Morchelrahmsoße zu Nudeln und Kalbsfilet. Ihre Suche ist allerdings jedes Jahr aufs Neue ein Glücksspiel, denn ihre ungewöhnliche Form lässt sie nur schwer erkennen.

Von der Speise-Morchel gibt es verschiedene Farbformen.

Morcheln entwickeln getrocknet ein besonders intensives Aroma.

Vorsicht giftig!

Die Lorcheln (S. 291), hier die Riesen-Lorchel (Gyromitra gigas, li.), dürfen nicht mit der Speise- (re.) oder der Spitz-Morchel (Mi.) verwechselt werden, da sie giftig sein können.

Spitz-Morchel

Morchella conica (Schlauchpilze)

Größe 8–15 cm März–Juni

Die Spitz-Morchel findet man oft auch innerhalb von Ortschaften auf gemulchten Beeten und Grünflächen. Hier bildet sie meist riesige Bestände mit Hunderten von Exemplaren, die dann oft büschelig zusammenstehen. Wie alle Morchelarten ist sie geschützt und darf nur für den eigenen Bedarf gesammelt werden.

Kopf wabenartig, länglich, grauschwarz

Stiel creme-weißlich

Bei der Halbfreien Morchel *(M. gigas)* ist der Hutrand frei herabhängend, was man besonders im Schnittbild gut erkennen kann. Sie ist essbar, aber nicht sehr wohlschmeckend.

Vorkommen *in moosigen Fichten- und Tannenwäldern, auf Holzlagerplätzen und Rindenmulch, kalkliebend.*

- ***Fleisch wachsartig, im Stiel knorpelig***
- ***Sporenpulver creme-farben***
- ***Verbreitung in Europa zerstreut bis häufig***

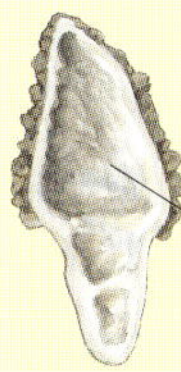

Fruchtkörper hohl

Frühjahrs-Lorchel

Gyromitra esculenta (Schlauchpilze)

Größe 8–15 cm April–Juni

Gyromitrin, das Gift der Frühjahrs-Lorchel, wirkt leberschädigend, ist allerdings nicht hitzebeständig. Kocht man diesen Pilz lange genug oder trocknet ihn, dann verflüchtigt sich dieser Stoff. Er ist daher in manchen Ländern auch heute noch Marktpilz. Da der Zeitpunkt der vollständigen Entgiftung allerdings schwer abzuschätzen ist, bleibt der Genuss dieses Pilzes riskant.

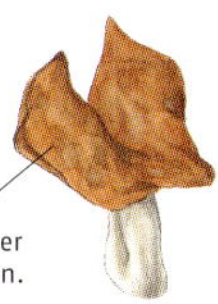

Die Bischofsmütze *(G. infula)* ist an ihrer namensgebenden Hutform zu erkennen.

Kopf hirnartig gewunden

Stiel creme-weißlich

Vorkommen *in Kiefernwäldern, auf vorwiegend nährstoffarmen Sandböden, kalkmeidend.*

- ***Fleisch wachsartig, im Stiel knorpelig***
- ***Sporenpulver creme-farben***
- ***Verbreitung in Europa zerstreut***

Fruchtkörper gekammert, hohl

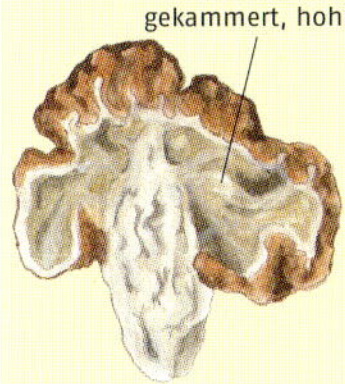

Scheiben-Lorchel

Gyromitra ancilis (Schlauchpilze)
Größe 3–10 cm   April–Juni

***Vorkommen** in Nadelwäldern, stets auf stark zersetzten Holzresten, vorwiegend von Fichten, selten auf Rindenmulch.*

- > ***Fleisch wachsartig brüchig***
- > ***Geruch unauffällig pilzartig***
- > ***Verbreitung in Europa zerstreut***

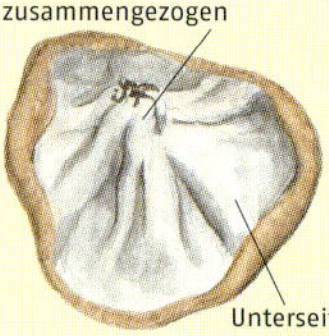

Mit ihren flach am Holz angedrückten Fruchtkörpern ist die Scheiben-Lorchel nur schwer zu entdecken. Im Gegensatz zum ähnlichen Morchel-Becherling, der im Aroma mit den Morcheln vergleichbar ist, schmeckt die Scheiben-Lorchel nicht besonders gut und ist auch wenig ergiebig.

Der ähnliche Morchel-Becherling *(Disciotis venosa)* wächst auf der Erde und riecht auffallend nach Chlor. Er ist trotzdem ein wohlschmeckender Speisepilz.

Pokal-Rippenbecherling

Helvella acetabulum (Schlauchpilze)
Größe 3–15 cm   April–Juni

***Vorkommen** in Laubwäldern, an Wegrändern im Laub- und Nadelwald, auf basenreichen Böden.*

- > ***Fleisch wachsartig brüchig***
- > ***Fruchtkörper pokalförmig***
- > ***Verbreitung in Europa zerstreut***

Die Art ist, vor allem was die Größe betrifft, sehr vielgestaltig. Zudem ist der Stiel nicht immer gut zu erkennen, denn er kann auch sehr kurz und fast vollständig im Boden vergraben sein. Daher ist der Pilz nicht immer so einfach zu erkennen, wie sein Aussehen vermuten lassen würde.

Ungerippter Stiel und sattelförmiger Hutteil sind die Kennzeichen der Elastischen Lorchel *(H. elastica)*.

Herbst-Lorchel

(🍴)

Helvella crispa (Schlauchpilze)
Größe 5–20 cm   August–November

Diese Lorchel ist zwar nicht besonders geschmacksintensiv, durch ihr wachsartig-knorpeliges Fleisch passt sie aber in der Konsistenz sehr gut zu asiatischen Gerichten. Doch Vorsicht: Man muss sie wirklich gut erhitzen, da sie ungenügend gegart giftig ist.

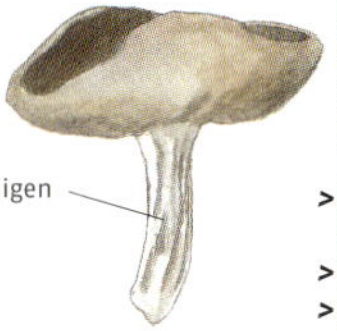

Einen dünneren Stiel und regelmäßig sattelförmigen Hut hat die Sattel-Lorchel *(H. queletii)*.

Vorkommen *in Laubwäldern, an Weg- und Waldrändern, vorwiegend auf etwas nährstoffreicheren Böden.*

> ***Fleisch wachsartig, im Stiel knorpelig***
> ***Geruch pilzartig***
> ***Verbreitung in Europa häufig***

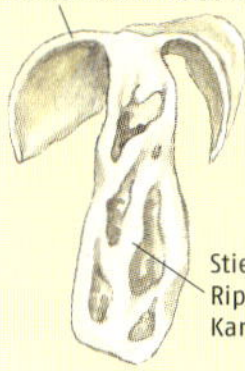

Schon gewusst?

Die Gruben-Lorchel (H. lacunosa) sieht – bis auf die grauschwarze Färbung – wie ein Spiegelbild der Herbst-Lorchel aus. Sie wächst vor allem im Laubwald, wo sie im Falllaub nur schwer zu entdecken ist. Sie ist gut erhitzt essbar.

Violetter Kronenbecherling

Sarcosphaera crassa (Schlauchpilze)

Größe 5–15 cm   Juni–August

***Vorkommen** in Nadelwäldern und an Wegrändern, vor allem unter Kiefern, vorwiegend auf Kalkboden.*

- ***Fleisch wachsartig, brüchig***
- ***Außenseite etwas gelb fleckend***
- ***Verbreitung in Europa zerstreut bis selten***

Junge Fruchtkörper wachsen unter dem Erdboden heran

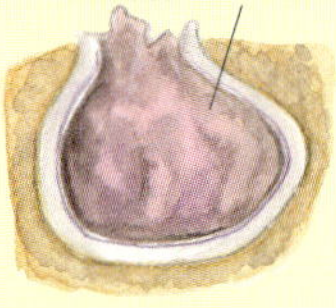

Der Kronenbecherling ist der einzige schlüsselförmige Schlauchpilz, von dem bekannt ist, dass er giftig ist. Es gibt auch etliche violette, nicht giftige Becherlingsarten, die jedoch nicht unterirdisch heranwachsen und nur in Ausnahmefällen sternförmig aufreißende Fruchtkörper haben. Außerdem werden diese auch nie so groß und dickfleischig.

Schon gewusst?

Von dieser Art gibt es selten auch Albinos, die dann reinweiß sind. Dabei handelt es sich nicht um witterungsbedingt ausgeblasste Exemplare, sondern um eine genetische Anlage. Diese Albinos treten an ihren Standorten immer wieder auf.

Kastanienbrauner Becherling

Peziza badia (Schlauchpilze)
Größe 5–15 cm   Juli–November

Entlang der Wege im sandigen, sauren Nadelwald kann dieser Becherling bisweilen in großen Mengen vorkommen, sodass sich ein Sammeln lohnen würde. Er ist aber weder wohlschmeckend, noch appetitlich, sodass er kaum gegessen wird. Zudem ist er sehr zerbrechlich und kommt daher meist völlig zerfallen zu Hause an.

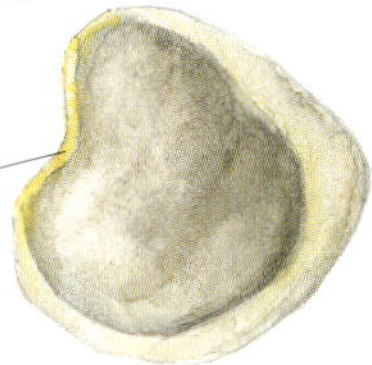

Am wässrigen, einen gelb verfärbenden Saft ausscheidenden Fleisch ist der Gelbmilchende Becherling *(P. succosa)* gut zu erkennen.

***Vorkommen** in Nadelwäldern und an Wegrändern, auf sauren, sandigen, eher trockenen Böden, vor allem unter Fichten.*

- > ***Fleisch wachsartig, brüchig***
- > ***Geruch schwach, nichtssagend***
- > ***Verbreitung in Europa häufig***
- > ***Doppelgänger Kronenbecherling***

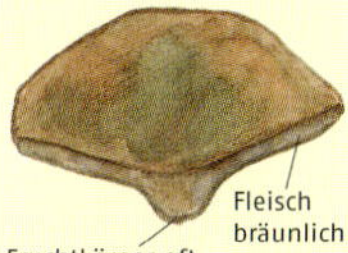

Vorsicht giftig!

Der giftige Kronenbecherling (S. 294) ist statt olivbraun violett gefärbt und wächst an ganz anderen Standorten, nämlich unter Kiefern auf kalkreichen Böden. Er entwickelt sich zunächst halb unterirdisch.

Eselsohr

Otidea onotica (Schlauchpilze)
Größe 3–7 cm Juli–November

***Vorkommen** in Laubwäldern, vor allem unter Buchen, seltener im Nadelwald, auf basenreichen, lehmigen Böden.*

- ***Fleisch dünn, brüchig***
- ***Wuchs gesellig bis büschelig***
- ***Verbreitung in Europa zerstreut***

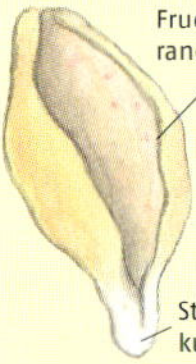

Es gibt mehrere Öhrlingsarten, die an ihren einseitig eingeschnittenen Fruchtkörpern zu erkennen sind. Manche erinnern tatsächlich an die Ohren bestimmter Tiere, beispielsweise das Hasenohr. Sie gelten als essbar, sind jedoch alle relativ selten und sollten daher geschont werden.

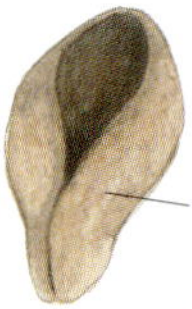

Einer der dunkelsten Öhrlinge ist der Kröten-Öhrling *(O. bufonia)*, der seinen Namen seiner Färbung verdankt.

Kerbrandiger Napfbecherling

Tarzetta cupularis (Schlauchpilze)
Größe 2–4 cm Mai–Juli(September)

***Vorkommen** in Laubwäldern, an Böschungen, Bachufern und Wegrändern, auf lehmigen, bewuchsfreien Böden.*

- ***Fleisch geruchlos***
- ***Wuchs gesellig***
- ***Verbreitung in Europa häufig***

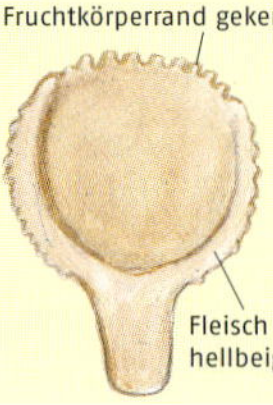

Vielleicht ist dieser kleiner Becherling essbar, aber sein Speisewert ist nicht genau bekannt. Vorsichtshalber sollte man ihn daher nicht sammeln, zumal er aufgrund seiner kleinen Fruchtkörper sowieso nicht ergiebig ist.

Etwas ähnlich ist der halb eingesenkt wachsende Zedern-Sandborstling *(Geopora sumneriana)*, der unter Zedern vorkommt.

Halbkugeliger Borstling

Humaria hemisphaerica (Becherlingsartige)

Größe 1–2 cm   Mai–November

Borstlinge haben ihren Namen wegen ihrer haarigen Außenseite. Diese Haare können anliegend und fast wollig sein, wie bei dieser Art, aber auch abstehend borstig wie beim Gemeinen Schild-Borstling. Aufgrund ihrer geringen Größe kommen Borstlinge aber nicht als Speisepilze in Betracht.

Diese Art wird im Alter oft von einem anderen Pilz befallen, der die Innenseite als weißen Belag überzieht.

***Vorkommen** vorwiegend an lehmigen, bewuchsfreien Stellen auf dem Erdboden, oft an Böschungen oder Erdrutschen.*

- ***Fruchtkörper halbkugelig schüsselförmig***
- ***Stiellos sitzend***
- ***Verbreitung in ganz Europa häufig***

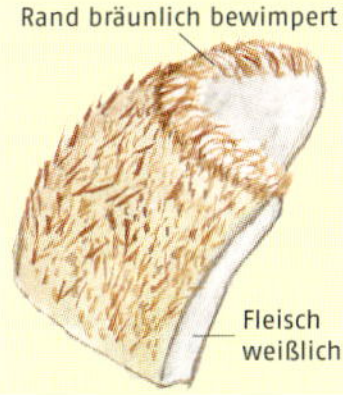

Gemeiner Schild-Borstling

Scutellinia scutellata (Becherlingsartige)

Größe 1–2 cm   Mai–November

Die Haare dieser Pilze sind erst mit einer Lupe gut zu sehen und bei entsprechend starker Vergrößerung wirken sie geradezu bedrohlich. Die sehr spitz zulaufenden, fast schwarzen Borsten sind allerdings so dünn und biegsam, dass sie nicht durch die Haut dringen.

Viele Becherlinge haben eine borstige Außenseite, beispielsweise der wenige Millimeter große Kot-Becherling *(Lasiobolus ciliatus)* mit durchsichtigen Härchen.

***Vorkommen** vorwiegend auf morschem Laub- und Nadelholz, verwandte Arten auch an lehmigen Stellen auf dem Erdboden.*

- ***Fruchtkörper flach schüsselförmig***
- ***Stiellos sitzend***
- ***Verbreitung in ganz Europa häufig***

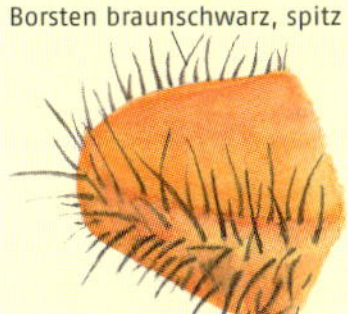

Orange-Becherling

Aleuria aurantia (Becherlingsartige)

Größe 2–7 cm   August–November

Vorkommen *entlang von befestigten Waldwegen, an spärlich bewachsenen Gräben, Rändern und grasigen Plätzen, selten im Wald.*

- ***Fruchtkörper unregelmäßig lappig***
- ***Fleisch orange, brüchig***
- ***Verbreitung in ganz Europa häufig***

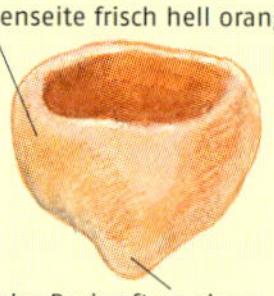

Der Orange-Becherling ist eine der wenigen Becherlingsarten, von denen man weiß, dass sie essbar sind. Er ist zwar fast geschmacklos, kann aber als interessante Dekoration für Obstsalate, Nachspeisen oder kalte Platten verwendet werden.

Leuchtender Prachtbecher

Caloscypha fulgens (Becherlingsartige)

Größe 2–5 cm   März–Mai

Vorkommen *in Fichten-Weißtannenwäldern auf Kalkboden, aber auch in Erlenbrüchen und anderen Laubwäldern.*

- ***Fruchtkörper unregelmäßig schüsselförmig***
- ***Fleisch orange, brüchig***
- ***Verbreitung in ganz Europa selten und sporadisch***

Diese wunderschöne Frühlings-Art wird oft jahre- bis jahrzehntelang nicht gefunden und bildet dann plötzlich in einem Jahr an vielen Stellen Massenvorkommen. Der Grund für dieses unregelmäßige Auftreten ist unbekannt. Außerdem ist nicht bekannt, ob der Pilz essbar ist. Da er aber so selten ist, ist es besser ihn zu schonen.

Scharlachroter Kelchbecherling

Sarcoscypha austriaca (Becherlingsartige)

Größe 3–6 cm (Dezember)Januar–März

Dieser prächtige Pilz erscheint im zeitigen Frühjahr direkt nach der Schneeschmelze. Man hat festgestellt, dass winzige Fruchtkörperanlagen aber bereits im Spätherbst gebildet werden und diese dann nach längerem Frost in milden Perioden weiterwachsen. So benötigen Fruchtkörper manchmal mehrere Monate, bis sie reif sind.

Ebenfalls im zeitigen Frühjahr tritt der düster braunschwarz gefärbte Schwarze Kelchpilz *(Urnula craterium)* auf.

***Vorkommen** in humusreichen, feuchten Laubwäldern und bachbegleitenden Gehölzen, stets auf liegendem Laubholz.*

- ***Fleisch dünn, cremeweiß***
- ***Fruchtkörper korkig hart***
- ***Verbreitung in ganz Europa sehr häufig***

Schon gewusst?

Selten treten Albinoformen auf, denen ein oder mehrere Pigmente fehlen und die dann weiß oder gelb gefärbt sind. Da sie an ihren Standorten jedes Jahr wieder auftreten, kann man ein witterungsbedingtes Entfärben ausschließen.

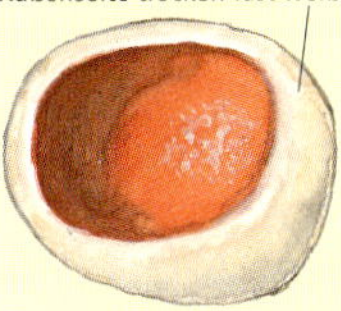

Perigord-Trüffel

Tuber melanosporum (Becherlingsartige)
Größe 2–8 cm   November–März

***Vorkommen** im Laubwald oder unter Einzelbäumen, auf kalkreichen Böden, besonders unter Eichen und Hasel.*

- ***Fruchtkörper knollig, unterirdisch wachsend***
- ***Geruch mit zunehmender Reife stärker***
- ***Verbreitung vor allem im westlichen Mittelmeerraum, selten***

Fruchtkörper innen fast schwarz, von dünnen weißen Adern durchzogen

Weil Perigord-Trüffeln so teuer sind, wird bisweilen ihr Gewicht manipuliert. Z. B werden Steine in die Knolle gedrückt oder Höhlungen mit Erde gefüllt. Manchmal werden auch minderwertige Trüffeln oder sogar ganz andere Pilzarten verwendet.

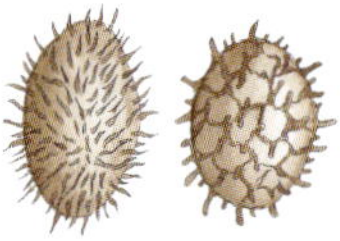

Die Indische Trüffel *(T. indicum)* wird oft betrügerisch verwendet, da sie kaum 10% des Preises der Perigord-Trüffeln kostet. Der Fachmann erkennt sie am Sporenornament: stachelig bei der Perigord-Trüffel (li.), netzig-gratig bei der Indischen (re.)

Außenseite schwarz, höckerig

Die bräunlichen Anteile im Inneren nehmen bei Reife mehr und mehr zu

Sommer-Trüffel

Tuber aestivum (Becherlingsartige)
Größe 2–8 cm   September–November

***Vorkommen** an Waldrändern oder unter Einzelbäumen, auf kalkreichen Böden, besonders unter Buchen, Eichen und Haselsträuchern.*

- ***Fruchtkörper knollig, unterirdisch wachsend***
- ***Geruch mit zunehmender Reife stärker***
- ***Verbreitung in Südeuropa zerstreut, nördlich der Alpen selten***

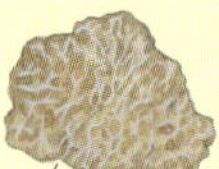

Fruchtkörper innen bräunlich, von dünnen weißen Adern durchzogen

Die Sommer-Trüffel ist die einzige schwarze Trüffel, die man auch in Mitteleuropa gelegentlich antreffen kann. Sie wird meist zum Aromatisieren von Leberwurst, Pasteten und Ähnlichem verwendet. In Deutschland steht sie wie alle echten Trüffeln unter Artenschutz und darf weder verkauft, noch für den Eigengebrauch gesammelt werden, selbst dann nicht, wenn sie im eigenen Garten wächst!

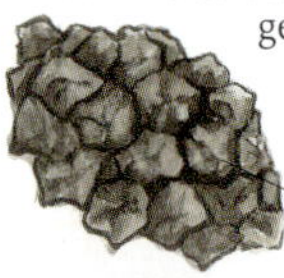

Die Oberfläche der echten schwarzen Trüffeln ist hart und von pyramidenartigen Warzen bedeckt.

Außenseite schwarz, höckerig

Weiße Trüffel, Alba-Trüffel

Tuber magnatum (Becherlingsartige)

Größe 2–15 cm   November–März

Die Alba-Trüffel gilt als die feinste aller Trüffeln und übertrifft im Preis sogar noch die Perigord-Trüffel. Kilopreise von 6000 Euro sind keine Ausnahme und eine Rekordtrüffel mit über einem Kilo Gewicht erreichte sogar den sagenhaften Preis von 50.000 Euro! Sie wird nur in Mittel- und Norditalien, z. B. Piemont, Lombardei, Umbrien gefunden. Eine Kultur wie bei der Perigord-Trüffel gelang bei ihr bisher noch nicht.

Die meisten anderen unterirdisch wachsenden Pilzarten sind im Inneren nicht marmoriert, beispielsweise die Bunte Schleimtrüffel (*Melanogaster broomeianus*).

Vorkommen *in jungen Laubwäldern, auf kalkreichen, flachgründigen Böden, besonders unter Eichen und Haselsträuchern.*

> ***Fruchtkörper kartoffelartig, unterirdisch wachsend***
> ***Geruch mit zunehmender Reife stärker, knoblauchartig***
> ***Verbreitung nur in Italien, dort selten***
> ***Doppelgänger Mäandertrüffel***

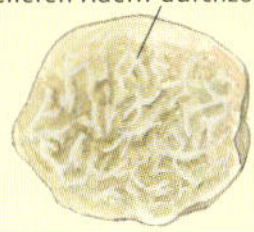

Fruchtkörper innen von helleren Adern durchzogen

Vorsicht giftig!

Die auch bei uns vorkommende Mäandertrüffel (Choiromyces maeandriformis) sieht sehr ähnlich aus, ist aber nicht gerade wohlschmeckend und roh sogar giftig!

Außenseite schmutzig weißlich bis beige, glatt

Gallertkäppchen

Leotia lubrica (Becherlingsartige)

Größe 3–6 cm   Juli–Oktober

***Vorkommen** in Laubwäldern auf eher nährstoffreicheren Böden, besonders in der Laubstreu von Buchen.*

- ***Fruchtkörper gummiartig-gallertartig***
- ***Verbreitung in ganz Europa zerstreut, örtlich häufig***

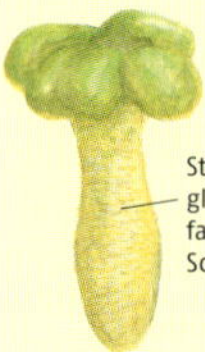

In früheren Pilzbüchern wird dieser Pilz als essbar eingestuft. Seine Zubereitung erforderte eine Pfanne mit Deckel, da die gallertartigen Pilze wie Popcorn in der Pfanne hüpfen. Heute wird die Essbarkeit der Art von manchen Fachleuten in Frage gestellt und man sollte sie besser meiden.

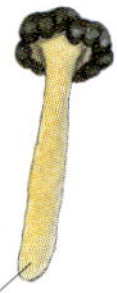

Bei schwärzlich grünen Fruchtkörpern handelt es sich um einen Virenbefall.

Der Sumpf-Haubenpilz *(Mitrula paludosa)* wächst an sehr nassen Stellen auf totem pflanzlichen Material. Sein Kopfteil ist stärker keulenförmig.

Gemeine Haarzunge

Trichoglossum hirsutum (Becherlingsartige)

Größe 2–5 cm   Juli–Oktober

***Vorkommen** in nährstoffarmen Feuchtwiesen, Magerrasen und in Mooren, stickstoffmeidend.*

- ***Fruchtkörper an Lakritze erinnernd***
- ***Fleisch blass cremegrau***
- ***Verbreitung in Mittel- und Nordeuropa zerstreut bis selten, stark rückläufig***

Haar- und Erdzungen sind an nährstoffarme Biotope angepasste Pilze, die keine Stickstoffzufuhr vertragen. Bereits ein einmaliges Düngen dieser Magerrasen führt zu sofortigem Verschwinden, ebenso wie bei vielen Saftlingsarten (S. 46ff) und Wiesenkorallen (S. 247).

An feuchten Bachböschungen oder unter großen Buchen, auf nährstoffarmen, sauren Böden findet man die seltene Grüne Erdzunge *(Microglossum viride)*.

Anemonen-Sklerotienbecherling

Dumontinia tuberosa (Becherlingsartige)

Größe 0,5–2 cm April–Mai

Es gibt eine ganze Anzahl parasitischer Becherlingsarten auf unterschiedlichen Wirten (z. B. Gräser, Beeren oder Blütenpflanzen). Viele davon legen ein Sklerotium an, ein knollenartiges Gebilde aus Pilzhyphen und Wirtsgewebe. Dieses kann den Winter überdauern und im Frühjahr wachsen daraus wieder neue Fruchtkörper.

Vorkommen in Laubwäldern auf lehmigem Boden, auf den unterirdischen Wurzelteilen des Buschwindröschens (Anemone nemorosa) parasitierend.

Auf Weidenkätzchen wächst im zeitigen Frühjahr der Kätzchen-Stromabecherling *(Ciboria caucus)*.

Meist wachsen aus einem Sklerotium mehrere Fruchtkörper.

> **Fruchtkörper wachsartig weich**
> **Fleisch wässrig braun**
> **Verbreitung in ganz Europa verbreitet**

Mitte runzelig zusammengezogen

Fruchtkörper braun, schüsselförmig

Fruchtkörper direkt aus dem Sklerotium entstehend

Sklerotium knollig, schwarz, innen weiß

Fleischroter Gallertbecher

Ascocoryne sarcoides (Becherlingsartige)

Größe 0,5–2 cm November–März

Erstaunlicherweise wird der wässrige und sehr weiche Fruchtkörper beim Eintrocknen hart wie ein Fingernagel. Er lässt sich dann nicht mehr schneiden, sondern nur in Stücke brechen. Durch die auffallende Farbe ist dieser Pilz unverwechselbar.

Vorkommen in Laubwäldern aller Art, auf nicht zu morschem Laubholz, vor allem Buchen.

> **Fruchtkörper gallertartig**
> **Verbreitung in ganz Europa verbreitet**

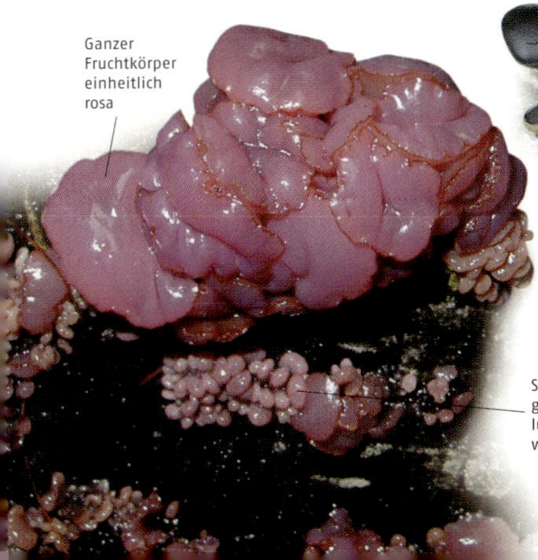

Ganzer Fruchtkörper einheitlich rosa

Schüsselförmige und gewundene Entwicklungsstadien gleichzeitig wachsend

Eine ähnliche Konsistenz hat der schwarz gefärbte Schmutz-Becherling *(Bulgaria inquinans)*. Streicht man mit dem Finger über seine Oberfläche, färbt diese schwarz ab.

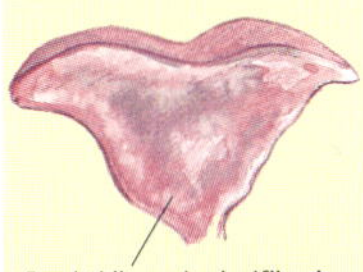

Fruchtkörper kreiselförmig, innen wässrig-gallertartig

Wasser-Kreisling

Cudoniella clavus (Becherlingsartige)
Größe 0,5–1 cm März–Juli

Vorkommen *in schnell fließenden Bächen auf untergetauchtem, hartem Laubholz.*

> ***Fruchtkörper gallertig***
> ***Verbreitung in ganz Europa in den Berglagen zerstreut***

Es gibt wohl keinen Lebensraum, den die Pilze nicht erobert haben. So verwundert es nicht, dass auch auf in Bächen liegendem Holz eine eigene Pilzgesellschaft zu finden ist, deren Arten ganz oder zeitweise unter der Wasseroberfläche wachsen. Diese Pilze sind nur in schnell fließendem, sauberem Wasser zu finden und können sogar zur Einschätzung der Wassergüte herangezogen werden.

Ein weiterer im Wasser wachsender Becherling ist das Gestielte Tentakelkeulchen *(Vibrissea truncorum)*.

Ganzer Fruchtkörper einheitlich milchig weiß

Grünspan-Becherling

Chlorosplenium aeruginascens (Becherlingsartige)
Größe 0,2–0,5 cm Juni–Oktober

Vorkommen *in Laubwäldern aller Art, auf totem, liegendem Laubholz.*

> ***Fruchtkörper wachsartig weich***
> ***Verbreitung in ganz Mitteleuropa häufig***

Das Myzel des Grünspan-Becherlings färbt das befallene Holz wunderschön türkis. Da es durch den Befall kaum an Festigkeit verliert, wird es gerne zu Intarsienarbeiten und anderen Verzierungen verwendet. Das verfärbte Holz ist weitaus häufiger zu finden als Fruchtkörper des Pilzes.

Vom Grünspan-Becherling gefärbtes Holz

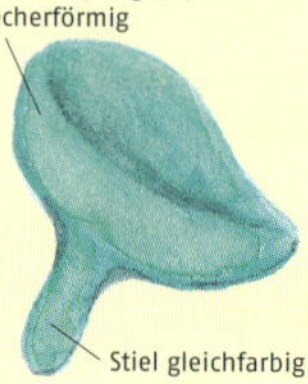

Ganzer Fruchtkörper einheitlich türkis

Zungen-Kernkeule

Cordyceps ophioglossoides (Kernpilze)

Größe 4–7 cm Juli–Oktober

Vorkommen *in feuchten Nadelwäldern, auf saurem Boden, besonders im Heidelbeer-Fichtenwald, stets auf Hirschtrüffeln wachsend.*

> ***Fruchtkörper korkig***

> ***Verbreitung in ganz Europa zerstreut***

Die Zungen-Kernkeule parasitiert auf unterirdisch wachsenden Hirschtrüffeln. Da die Kernkeule überirdisch wächst, zeigt sie die ansonsten recht verborgenen Standorte der Hirschtrüffel an. Diese sind allerdings nur für Wildschweine und Hirsche, nicht aber für Pilzsammler interessant. Denn im Gegensatz zu den gesuchten echten Trüffeln (S. 300) sind Hirschtrüffel für den Menschen ungenießbar.

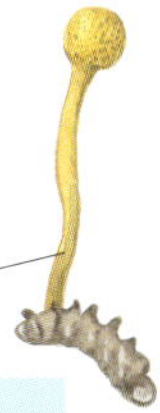

Die Puppen-Kernkeule *(C. gracilis)* ist im Frühsommer häufig anzutreffen.

Schon gewusst?

Fast alle anderen der zahlreichen Kernkeulenarten parasitieren auf Insekten und deren Larven, beispielsweise die Laufkäfer-Kernkeule (C. entomorrhiza). Zur Bestimmung ist oft das Ausgraben des in der Erde verborgenen Wirtes nötig.

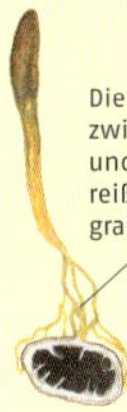

Die Wurzelfäden zwischen Kernkeule und Hirschtrüffel reißen beim Ausgraben leicht ab.

Fruchtkörper keulenförmig, fast schwarz

Basis und Wurzelfäden gelb

Ahorn-Runzelschorf

Rhytisma acerinum

Größe 1–2 cm ganzjährig

Vorkommen *auf den Blättern von Spitz- und Bergahorn, ohne spezielle Biotopbindung.*

> ***Fruchtkörper mit spröder Oberfläche, innen weich***
> ***Verbreitung in ganz Europa sehr häufig***

Einzelfruchtkörper unregelmäßig labyrinthisch, bei feuchter Witterung offen

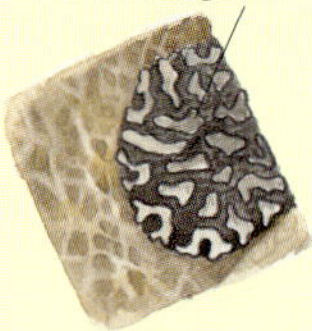

Vermutlich kommt der Ahorn-Runzelschorf in jedem Ahorn vor und man erkennt ihn schon von Weitem an den schwarzen, teerartigen Flecken auf den Blättern. Diese Flecken entwickeln sich im Laufe des Frühsommers weiter, werden dicker und bekommen eine harte Außenseite, die sich bei Trockenheit schließt, bei feuchter Witterung jedoch aufklappt und die weiche Fruchtschicht erkennen lässt.

Ähnliche Arten kommen auf Rhododendren und Azaleen vor, aber auch auf Weidenblättern, z. B. der Weiden-Runzelschorf *(R. salicina)*.

Fruchtkörper zunächst als schwarze Flecken

Zinnoberroter Pustelpilz

Nectria cinnabarina (Kernpilze)

Größe 0,2–0,3 cm ganzjährig

Vorkommen *auf frisch gefälltem Laubholz, bisweilen an noch stehenden Laubbäumen.*

> ***Fruchtkörper mit spröder Außenschale***
> ***Verbreitung in ganz Europa sehr häufig***

Einzelfruchtkörper rot, rund, mit kleiner Spitze

Der Zinnoberrote Pustelpilz beginnt bereits auf der Rinde noch stehender Bäume zu wachsen und kann diesen schädigen. Er ist daher auch der erste Pilz an frisch gefälltem Holz. Dabei besiedelt er alles, von dünnem Reisig bis hin zu meterdicken Stämmen.

erst rosa, dann rot gefärbt

Fruchtkörper winzig, dicht gedrängt

Der Polster-Pustelpilz *(Hypocrea gelatinosa)* hat grüne Sporen, ein nahezu einzigartiges Merkmal in der Pilzwelt!

Ziegelrote Kohlenbeere

Hypoxylon fragiforme (Kernpilze)
Größe 1–2 cm ganzjährig

Eine der ersten Arten, die totes Buchenholz besiedeln, ist die Ziegelrote Kohlenbeere. Man kann sie oft schon an den, erst wenige Monate zuvor gefällten, Buchenstämmen sehen, die zum Abtransport am Wegrand lagern.

***Vorkommen** auf totem Buchenholz, unabhängig von bestimmten Biotopen.*

> **Fruchtkörper spröde, hart**
> **Verbreitung in ganz Europa sehr häufig**

Der wesentlich größere, schwarze Holzkohlenpilz *(Daldinia concentrica)* ist im Inneren konzentrisch gezont.

Im Inneren mit zahlreichen runden Höhlungen

Geweihförmige Holzkeule

Xylaria hypoxylon (Kernpilze)
Größe 2–5 cm ganzjährig

Die Geweihförmige Holzkeule ist vielleicht der häufigste Großpilz Mitteleuropas und in kaum einem Gehölz dürfte diese Art fehlen. Ihre Hauptwuchszeit ist Frühjahr bis Herbst, doch kann man die langlebigen Fruchtkörper auch im Winter finden.

***Vorkommen** auf nicht zu morschem Holz jeglicher Art, unabhängig von bestimmten Biotopen.*

> **Fleisch weiß, zäh-korkig**
> **Verbreitung in ganz Europa sehr häufig**

Weniger verzweigt und fädig-dünn ist die häufige Bucheckern-Holzkeule *(X. carpophila)*, die in der Laubstreu auf den Fruchthüllen von Buchen wächst.

Fruchtkörper meist geweihförmig verzweigt (Name!)

Register der Pilze

Wegen des Umfangs des Registers wurden zweiteilige deutsche Namen nur einmal, und zwar mit vorgestellten Gattungsnamen aufgeführt. So ist z.B. der „Grüne Knollenblätterpilz" nur unter „Knollenblätterpilz, Grüner" zu suchen.

Ackerling, Geschwänzter 161
– Leberbrauner 161
– Raustieliger 160
– Südlicher 161
– Voreilender 160
– Weißer 160
Agaricus arvensis 139
– *augustus* 143
– *benesii* 144
– *bernardii* 142
– *bitorquis* 142
– *campestris* 138
– *comptulus* 142
– *macrocarpus* 143
– *porphyrizon* 142
– *praeclaresquamosus* 141
– *silvaticus* 144
– *silvicola* 140
– *vaporarius* 144
– *xanthoderma* *139*, 141
Agrocybe arvalis 161
– *cylindracea* 161
– *dura* 160
– *erebia* 161
– *pediades* 160
– *praecox* 160
Albatrellus cristatus 255
– *ovinus* 255
Aleuria aurantia 298
Amanita battarrae 125
– *caesarea* 121
– *citrina* 118
– *crocea* 125
– *franchetii* 122
– *fulva* 125
– *gemmata* 118
– *muscaria* 120, 121, 286
– *pantherina* 119, 122, 123
– *phalloides* 116, 124, 140, 231
– *porphyrea* 119
– *regalis* 120
– *rubescens* 122
– *solitaria* 124
– *spissa* 123
– *strobiliformis* 124
– *submembranacea* 125
– *verna* 133
– *virosa* 117
Amylostereum chailetii 273
Andromeda, Nacktbasidie- 289
Anemonenbecherling, Gemeiner 303
Armillaria mellea 79
– *ostoyae* 78
Ascocoryne sarcoides 303
Auricularia auricula-judae 278
– *mesenterica* 278
Auriculariopsis ampla 278
Auriscalpium vulgare 281

***B**aeospora myosurus* 96
– *myriadophylla* 97
Baumschwamm, Rosenroter 275
– Rotrandiger 275
Becherling, Gelbmilchender 295
– Kastanienbrauner 295
– Kot- 297
– Schmutz- 303
Becherlorchel, Hochgerippte 292
Beulenbrand, Mais- 289
Birkenpilz 26
– Buntverfärbender 26
Bischofsmütze 291
Bitterpilz 19
Bjerkandera adusta 270
Blättling, Zaun- 276
Bolbitius reticulatus 159
– *vitellinus* 159
Boletinus cavipes 35
Boletopsis grisea 254
Boletus aereus 20
– *appendiculatus* 25
– *calopus* 24, 29
– *edulis* 18
– *erythropus* 21
– *fechtneri* 24
– *fuscoroseus* 25
– *impolitus* 25
– *junquilleus* 21
– *luridus* 22
– *pinophilus* 20
– *radicans* 24
– *regius* 25
– *reticulatus* 20
– *rhodoxanthus* 23
– *rubrosanguineus* 23
– *satanas* 23, 22
Borstenkoralle, Starkriechende 251
Borstling, Halbkugeliger 297
Bovist, Bleigrauer 284
– Riesen- 285
Bovista nigrescens 284
Brätling 218
Braunporling, Kiefern- 269
Brennnesselbecherchen, Orangefarbenes 308
Bulgaria inquinans 303
Büschelrasling, Brauner 83
– Weißer 83
Butterpilz, Ringloser 37

***C**alloria neglecta* 308
Calocera cornea 277
– *viscosa* 277
Calocybe carnea 68
– *chrysenteron* 68
– *gambosa* 67
– *ionides* 68
Caloscypha fulgens 298
Calvatia excipuliformis 284
– *gigantea* 285
Cantharellus aurora 243
– *cibarius* 242
– *cinereus* 244
– *ianthinoxanthus* 243
– *subpruinosus* 242
– *tubaeformis* 243
Catathelasma imperiale 81
Chalciporus piperatus 33
Chamaemyces fracidus 135
Champignon, Anis- 140
– Blut- 144
– Karbol- 141
– Riesen- 143
– Schaf- 139
– Stadt- 142
– Weinrötlicher Zwerg- 142
– Wiesen- 138
Chlorophyllum molybdites 131
– *rhacodes* 131
– *venenata* 131
Chlorosplenium aeruginascens 304
Choiromyces maeandriformis 301
Chroogomphus rutilus 41
Ciboria caucus 303
Clathrus archeri 281
– *ruber* 281
Clavaria argillacea 247
– *vermicularis* 247
Clavariadelphus pistillaris 246
– *truncatus* 246
Clavulina coralloides 252
Clavulinopsis helveola 247
Clitocybe agrestis 56
– *alexandri* 58
– *amoenolens* 63
– *candicans* 59
– *clavipes* 61
– *costata* 62
– *diatreta* 62
– *ditopa* 61
– *foetens* 60
– *fragrans* 60
– *geotropa* 58
– *gibba* 62
– *metachroa* 61
– *odora* 60
– *phaeophthalma* 59
– *phyllophila* 57, 58, 106
– *radicellata* 53, 59
– *rivulosa* 56, 90
– *sinopica* 59
Clitocybula lacerata 94
Clitopilus prunulus 106
Coltricia perennis 260
Conocybe aurea 157
– *lactea* 157

– *subovalis* 157
– *tenera* 157
Coprinus angulatus 150
– *atramentarius* 145, 146
– *auricomus* 149
– *cinereus* 150
– *comatus* 145
– *disseminatus* 149
– *domesticus* 148
– *ellisii* 147
– *erythrocephalus* 148
– *insignis* 146
– *lagopus* 148
– *micaceus* 147
– *picaceus* 147
– *plicatilis* 149
– *stanglianus* 147
– *stercoreus* 150
Cordyceps entomorrhiza 305
– *gracilis* 305
– *ophioglossoides* 305
Cortinarius acutus 202
– *albovariegatus* 202
– *anomalus* 200
– *armillatus* 201
– *atrovirens* 196
– *brunneus* 202
– *caerulescens* 195
– *calochrous* 199
– *camphoratus* 200
– *camptoros* 192
– *caperatus* 201
– *cinnamomeus* 188
– *collinitus* 192
– *croceocaeruleus* 193
– *croceus* 188
– *delibutus* 193
– *elegantissimus* 197
– *evernius* 203
– *flexipes* 203
– *glaucopus* 198
– *hemitrichus* 203
– *hinnuleus* 202
– *infractus* 199
– *limonius* 191
– *multiformis* 197
– *odorifer* 197
– *orellanus* 190
– *patibilis* 201
– *praestans* 194
– *purpurascens* 65, 195
– *salor* 193
– *sanguineus* 189
– *scutulatus* 203
– *semisanguineus* 189
– *sodagnitus* 195
– *speciosissimus* 41, 191
– *spilomeus* 200
– *splendens* 74, 196
– *stillatitius* 192
– *suaveolens* 199
– *subtortus* 199
– *torvus* 201
– *traganus* 200
– *triumphans* 197
– *variecolor* 65, 194, 195
– *variiformis* 198
– *varius* 198
– *venetus* 190
– *vibratilis* 193
– *violaceus* 189
Craterellus cornucopiae 244
Creopus gelatinosus 306
Crepidotus cesatii 175
– *mollis* 175
Cudoniella clavus 304
Cystoderma amianthinum 136
– *carcharias* 136
– *granulosum* 137
– *superbum* 137
Cystolepiota bucknallii 134
– *seminuda* 134

Dachpilz, Gelbstieliger 115
– Grünlichgrauer 114
– Hirschbrauner 114
– Knolliger 115
– Löwengelber 115
– Runzeliger 115, 159
– Schwarzgezähnelter 114
Dacrymyces stillatus 277
Daedalea quercina 275
Daedaleopsis confragosa 272
– *tricolor* 272
Daldinia concentrica 307
Dauerporling 260
Delicatula integrella 97
Dentipellis fragilis 272
Dickfuß, Bocks- 200
– Rotschuppiger 200
– Safranfleischiger 200
Disciotis venosa 292
Drüsling, Flacher 279
– Knorpeliger 279
Dumontinia tuberosa 303
Düngerling, Behangener 151
– Dunkelrandiger 151
– Heu- 151
– Ring- 151

Echinoderma asperum 132
– *calcicola* 132
Egerling, Dünnfleischiger Anis- 140
– Großer Anis- 143
– Karbol- 139, 141
– Kleiner Wald- 144
– Kompost- 144
– Purpurfaseriger 142
– Rebhuhn- 141
– Riesen- 143
– Salzwiesen- 142
– Schaf- 139
– Stadt- 142
– Weißschuppiger Blut- 144
– Wiesen- 48, 138
Egerlingsschirmling, Rosablättriger 133
Eichhase 267
Ellerling, Gelbfüßiger 48
– Juchten- 48
– Schneeweißer 48
Entoloma ameides 108
– *bloxamii* 111
– *cetratum* 109
– *clypeatum* 108
– *euchroum* 111
– *griseocyaneum* 110
– *hirtipes* 109
– *incanum* 109
– *lividoalbum* 83, 107
– *nitidum* 111
– *rhodopolium* 108
– *roseum* 110
– *sepium* 108
– *sericeum* 110
– *sinuatum* 64, 107
– *vernum* 110
Erbsenstreuling 288
Erdritterling, Gemeiner 69
– Gilbender 71
Erdstern, Kleiner Nest- 283
– Rötender 283
Erdwarzenpilz, Gemeiner 256
Erdzunge, Grüne 302
Erlenschnitzling, Honiggelber 186
Eselsohr 296
Exidia plana 279
– *thuretiana* 279
Exobasidium karstenii 289
– *vacinii* 289

Fälbling, Bräunender 184
– Braunscheibiger 182
– Grosser Rettich- 184
– Großer Weiden- 183
– Krummstieliger 182
– Marzipan- 185
– Moos- 183
– Sumpf- 183
– Süßriechender 185
– Tonblasser 183
Faltenschirmling, Gelber 134
– Zwiebelfüßiger 133
Fältling, Ledriger 259
Farbrindenpilz, Blauer 258
Faserling, Behangener 152
– Beringter 152
– Büscheliger 154
– Dünen- 154
– Flockiger Mist- 155
– Huthaar- 154
– Pinsel- 156
– Schmalblättriger 153
– Süßriechender 155
– Wegrand- 154
– Zwerg- 149
Faserrübling, Fransiger 94
Femsjonia pezizaeformis 277
Feuerschwamm, Eichen- 262
– Kiefern- 262
– Rostbrauner 262
– Weiden- 262
Filzkrempling, Gemeiner 56
Filzröhrling, Aprikosenfarbener 30
– Brauner 31
– Eichen- 30
– Robuster 30
– Rothütiger 30

Fistulina hepatica 263
Flämmling, Beringter 186
– Geflecktblättriger 187
– Purpurschuppiger 187
Flammulaster carpophilus 175
– *ferruginosus* 175
Flammulina velutipes 104
Flechtennabeling, Gefalteter 54
Fliegenpilz 120
– Brauner 120
– Königs- 120
– Roter 121
Flockenschnitzling, Buchen- 175
Fomes fomentarius 274
Fomitopsis pinicola 275
– *rosea* 275

Gabeltrichterling, Kaffeebrauner 80
Galerina graminum 205
– *marginata* 104, 173, 204
– *paludosa* 205
– *stylifera* 204
– *unicolor* 204
– *vittiformis* 205
Gallertbecher, Fleischroter 303
Gallertkäppchen 302
Gallertkreisel, Gelbweißer 277
Gallertträne, Gemeine 277
Gallerttrichter, Fleischroter 280
Ganoderma lipsiense 265
– *lucidum* 265
Geastrum quadrifidum 283
– *rufescens* 283
Gelbfuß, Kupferroter 41
Geopora sumneriana 296
Geopyxis carbonaria 84
Gitterling, Roter 281
Glimmerkopf, Blaugrauer 200
Glimmerschüppling, Goldfarbener 137
Glöckchennabeling, Bitterer 103
– Geselliger 103
– Frühlings- 158
– Rotbrauneer 158
– Runzeliger 158
– Säuerlicher 158
Glöckling, Scherbengelber 109
– Seidiger 110
– Süßriechender 108
– Traniger 109
Gloeophyllum odoratum 276
– *sepiarium* 276
Glucke, Breitblättrige 248
– Krause 248
Goldblatt 32
Gomphidius glutinosus 40
– *maculatus* 41
– *roseus* 39
Gomphus clavatus 245
Graublatt, Kohlen- 84
– Olivgraues 85
– Sumpf- 84
Grübling, Erlen- 35
Grünling 74
Grünspanbecherling, Kleinsporiger 304
Grünsporschirmling, Giftiger 131
Gürtelfuß, Brauner 202
– Erdigriechender 202
– Geranien- 203
– Rettich- 203
– Violetter Rettich- 203
– Weißflockiger 203
– Wohlriechender 201
Gymnopilus junonius 186
– *penetrans* 187
– *purpuratus* 187
Gymnopus confluens 88
– *dryophilus* 87
– *fuscopurpureus* 89
– *fusipes* 86
– *hariolorum* 87
– *peronatus* 88
Gyrodon lividus 35
Gyromitra ancilis 292
– *esculenta* 291
– *gigas* 290
– *infula* 291
Gyroporus castaneus 28
– *cyanescens* 35

Haarbecherchen, Tannen- 305
Haarzunge, Gemeine 302
Habichtspilz 254
Hallimasch, Dunkler 78
– Honiggelber 79
Handkea utriformis 285
Hapalopilus croceus 269
– *nidulans* 268, 269
Hasenpfote 148
Haubenpilz, Sumpf- 302
Häubling, Gelblicher Rasen- 205
– Geschmückter Braun- 205
– Gift- 104, 173, 204
– Vielgestaltiger Moos- 205
– Weißflockiger Sumpf- 205
– Weißgenatterter 204
Hausschwamm, Gemeiner 257
– Wilder 257
Hautkopf, Blut- 189
– Blutblättriger 189
– Gelbblättriger 188
– Zimt- 188
Hebeloma bruchetii 182
– *crustuliniforme* 183
– *edurum* 184
– *helodes* 183
– *incarnatulum* 183
– *leucosarx* 183
– *mesophaeum* 182
– *radicosum* 185
– *sacchariolens* 185
– *sinapizans* 184
Heftelnabeling, Blaustieliger 54
– Orangeroter 54
Helminthosporium clavarioides 252
Helmling, Buntstieliger 101
– Dehnbarer 100
– Fichtenzapfen- 96
– Gelbstieliger Nitrat- 101
– Gemeiner Rettich- 98
– Großer Blut- 99
– Grünschneidiger 102
– Orangemilchender 99
– Orangeschneidiger 102
– Rettich- 55
– Rosa 102
– Rosa Rettich 98
– Rosablättriger 100
– Rostfleckiger 103
– Rotschneidiger 102
– Schwarzgezähnelter Rettich- 98
– Voreilender 101
– Weissmilchender 99
Helvella acetabulum 292
– *crispa* 293
– *elastica* 292
– *lacunosa* 293
– *queletii* 293
Hemimycena cucullata 97
Herbsttrompete 244
Hericium erinaceum 256
– *flagellum* 256
Heringstäubling, Gemeiner 236
Herrenpilz 18
Hexenbutter 279
Hohenbuehelia petalodes 280
Holzkeule, Bucheckern- 307
– Geweihförmige 307
Holzkohlenpilz 307
Holzritterling, Olivgelber 68
– Purpurfilziger 68
Holzrübling, Breitblättriger 94
Hörnling, Klebriger 277
– Laubholz- 277
Humaria hemisphaerica 297
Hundsrute 282
Hydnellum peckii 255
– *suaveolens* 255
Hydnum albidum 253
– *repandum* 253
– *rufescens* 253
Hydropus fluvialis 95
– *subalpinus* 97
Hygrocybe miniata 47
– *coccinea* 47
– *conica* 46
– *irrigata* 46
– *lacmus* 48
– *mucronella* 47
– *nivea* 48
– *pratensis* 48
– *psittacina* 46
– *punicea* 47
– *russocoriacea* 48
– *subglobispora* 46
Hygrophoropsis aurantiaca 44
Hygrophorus agathosmus 50
– *chrysodon* 49

– *discoideus* 50
– *discoxanthus* 49
– *eburneus* 49
– *erubescens* 52
– *hypothejus* 53
– *latitabundus* 51
– *marzuolus* 51
– *olivaceoalbus* 51
– *pudorinus* 52
– *pustulatus* 50
– *roseodiscoideus* 50
– *russula* 52
– *speciosus* 53
– *unicolor* 52
Hypholoma aurantiacum 168
– *capnoides* 166
– *elongatum* 169
– *fasciculare* 167
– *fasciculare* 166
– *fasciculare* 167
– *lateritium* 168
– *marginatum* 169
– *radicosum* 169
– *udum* 169
Hypomyces lateritius 207
Hypoxylon fragiforme 307

Inocybe adaequata 176
– *calamistrata* 179
– *cervicolor* 179
– *corydalina* 179
– *dulcamara* 180
– *erubescens* 67, 178
– *flocculosa* 177
– *fuscidula* 177
– *geophylla* 181
– *godeyi* 178
– *haemacta* 179
– *lanuginosa* 177
– *maculata* 176
– *napipes* 177
– *phaeocomis* 180
– *pusio* 180
– *rimosa* 176
– *sindonia* 181
– *terrigena* 170, 180
Inonotus dryadeus 261
– *hispidus* 261
– *nodulosus* 260

Judasohr 278
Judasöhrchen, Pappel- 278

Kahlkopf,
Spitzkegeliger 165, 191
– Stattlicher 165
Kaiserling 121
Kammkoralle, Gemeine 252
Kammpilz,
Orangefarbener 259
Kartoffelbovist,
Dickschaliger 288
– Dünnschaliger 288
– Mittelmeer- 288
Kelchbecherling,
Scharlachroter 299
– Schwarzer 299
Kerbrandiger
Napfbecherling 296
Kernkeule, Laufkäfer- 305
– Puppen- 305
– Zungen- 305
Keule, Heide- 247
– Röhrige 246
– Wurmförmige 247
Klumpfuß,
Amethystblättriger 199
– Anis- 197
– Blauer 195
– Dottergelber 74, 196
– Duftender 199
– Eleganter 197
– Reihiger 198
– Rosavioletter 195
– Sägeblättriger 197
– Schwarzgrüner 196
Knäueling, Buchen- 245
– Herber Zwerg- 92
Knollenblätterpilz,
Frühlings- 133
– Gelber 118
– Grüner 116, 124, 140, 231
– Spitzkegeliger 117
Kohlenbecherling,
Gemeiner 84
Kohlenbeere, Rötliche 307
Koralle, Bauchweh- 249, 251
– Blasse 249, 251
– Blutrotfleckende 250
– Dreifarbige 250
– Flattrige Fichten- 252
– Gelbbräunende 251
– Grünfleckende Fichten- 252
– Hahnenkamm- 249
– Orangefarbene Gebirgs- 250
– Rosenrote 250
– Steife 251
– Violettgraue 249
Korkstacheling, Scharfer 255
– Wohlriechender 255
Körnchenschirmling,
Amianth- 136
– Rostroter 137
– Starkriechender 136
– Weinroter 137
Kraterelle, Krause 244
Kreisling, Wasser- 304
Krempentrichterling,
Bitterer 80
– Riesen- 80
– Erlen- 42
– Muschel- 43
– Samtfuß- 43
– Verkahlender 42
Kronenbecherling 294
– Violetter 295
Kuhmaul 40

Laccaria amethystina 55
– *bicolor* 55
– *laccata* 55
Lackporling, Flacher 265
– Glänzender 265
Lacktrichterling, Roter 55
– Violetter 55
– Zweifarbiger 55
Lacrymaria lacrymabunda 156
– *pyrotricha* 156
Lactarius acerrimus 211
– *albocarneus* 216
– *aurantiacus* 220
– *badiosanguineus* 217
– *blennius* 213
– *camphoratus* 212
– *chloroides* 222
– *chrysorrheus* 216
– *circellatus* 214
– *citriolens* 210
– *controversus* 222
– *cremor* 220
– *deliciosus* 207
– *deterrimus* 206
– *fulvissimus* 218, 219
– *glaucescens* 221
– *glyciosmus* 215
– *helvus* 212
– *hortensis* 214
– *hysginus* 217
– *insulsus* 211
– *intermedius* 211
– *lignyotus* 209
– *lilacinus* 212
– *mammosus* 215
– *obscuratus* 215
– *pallidus* 213, 216
– *picinus* 210
– *piperatus* 221
– *porninsis* 206
– *pterosporus* 209
– *pubescens* 208
– *quietus* 216
– *repraesentaneus* 210
– *rubrocinctus* 219
– *rufus* 217
– *rugatus* 218
– *salmonicolor* 207
– *sanguineus* 207
– *scrobiculatus* 211
– *semisanguifluus* 206
– *sphagneti* 220
– *spinosulus* 212
– *subdulcis* 220
– *torminosus* 206, 208
– *trivialis* 214
– *turpis* 213
– *uvidus* 210
– *vellereus* 221, 222
– *violascens* 210
– *volemus* 218
Laetiporus sulphureus 268
Lasiobolus ciliatus 297
Leberreischling 263
Leccinum aurantiacum 27
– *carpini* 26
– *nucatum* 26
– *quercinum* 27
– *scabrum* 26
– *variicolor* 26
– *versipelle* 27
– *vulpinum* 27
Lederkoralle, Stinkende 256

Lederporling, Violetter 273
Leistling, Goldstieliger 243
Leotia lubrica 302
Lepiota acutesquamosa 143
– *brunneoincarnata* 128
– *castanea* 127
– *clypeolaria* 129
– *cristata* 126
– *elaiophylla* 134
– *felina* 127
– *grangei* 127
– *ignivolvata* 129
– *lilacea* 126
– *magnispora* 129
– *subincarnata* 128
Lepista flaccida 63
– *gilva* 63
– *glaucocana* 66
– *nebularis* 64
– *nuda* 65
– *panaeolus* 66
– *saeva* 66
Leucoagaricus leucothites 133
Leucocoprinus birnbaumii 134
– *cepistipes* 133
Leucopaxillus gentianeus 80
– *giganteus* 80
Lichenomphalia ericetorum 54
Liliputseitling, Dichtblättriger 92
Limacella guttata 135
– *subfurnacea* 135
Lopharia spadicea 270
Lorchel, Elastische 292
– Frühjahrs- 291
– Herbst- 293
– Riesen- 290
– Scheiben- 292
Lycoperdon echinatum 287
– *foetidum* 286
– *mammaeforme* 287
– *perlatum* 286
– *pyriforme* 287
Lyophyllum anthracophilum 84
– *connatum* 83
– *decastes* 83
– *inolens* 85
– *palustris* 84

Macrolepiota mastoidea 130
– *procera* 130
– *venenata* 130
Macrotyphula contorta 246
– *fistulosa* 246
Maggipilz 212
Marasmiellus ramealis 92
Marasmius alliaceus 91
– *androsaceus* 92
– *cohaerens* 89
– *oreades* 88, 90
– *prasiosmus* 91
– *rotula* 92
– *scorodonius* 91
– *wynnei* 89
Medusenhaupt 156
Mehlschirmling, Behangener 134
– Violetter 134
Melanogaster broomeianus 301
Melanoleuca cognata 81
– *melaleuca* 82
– *stridula* 82
– *subpulverulenta* 82
– *verrucipes* 82
Meripilus giganteus 268
Merulius corium 259
Microglossum viride 302
Micromphale brassicolens 89
– *perforans* 91
Milchling, Birken- 206
– Blasser 213, 216
– Blasser Birken- 208
– Dunkler Kokos- 215
– Eichen- 216
– Erlen- 215
– Flatter- 220
– Filziger 212
– Flügelsporiger- 209
– Fransen- 210
– Goldflüssiger 216
– Graugrüner 213
– Grubiger Fichten- 211
– Grubiger Tannen- 211
– Grünender Pfeffer- 221
– Hainbuchen- 214
– Hasel- 214
– Kampfer- 212
– Klebriger 216
– Klebriger Violett- 210
– Kleiner Kokos- 215
– Kuhroter 217
– Lärchen- 206
– Lila- 212
– Nordischer 214
– Olivbrauner 213
– Orangeblättriger 217
– Orangefuchsiger 218, 219
– Pechschwarzer 209
– Pfeffer- 221
– Queradriger 211
– Rosascheckiger 222
– Rotbrauner 217
– Rotgegürtelter 219
– Runzliggezonter 218
– Schöner Zonen- 211
– Schüppchen- 212
– Süßlicher Buchen- 220
– Torfmoos- 220
– Trockener Violett- 210
– Wolliger 221, 222
– Zottiger Birken- 208
– Zottiger Violett- 210
– Zwerg- 220
Mistpilz, Gold- 159
– Netzadriger 159
Mitrula paludosa 302
Mohrenkopf 209
Mönchskopf 58
Morchel, Gruben- 293
– Halbfreie 291
– Sattel- 293
– Speise- 290
– Spitz- 291
Morchelbecherling 292
Morchella conica 291
– *esculenta* 290
– *gigas* 291
Mousseron 91
Muscheling, Erd- 280
Muschelseitling, Gelbstieliger 93, 105
Mutinus caninus 282
Mycena abramsii 101
– *aurantiomarginata* 102
– *crocata* 99
– *epipterygia* 100
– *galericulata* 100
– *galopus* 99
– *haematopus* 99
– *inclinata* 101
– *pelianthina* 98
– *pura* 55, 98
– *renati* 101
– *rosea* 98
– *rosella* 102
– *rubromarginata* 102
– *strobilicola* 96
– *viridimarginata* 102
– *zephirus* 103
Mycoacia uda 259

Nabeling, Schuppiger Torfmoos- 54
Nacktbasidie, Preiselbeer- 289
Naucoria escharoides 186
– *salicis* 186
Nebelkappe 64
Nectria cinnabarina 306
Nyctalis parasiticus 223

Ohrlappenpilz, Gezonter 278
Öhrling, Kröten- 296
Ohrlöffelstachling, Gemeiner 281
Omphalina gerardiana 54
Omphalotus illudens 45
– *olearius* 44, 45, 242
Orangebecherling 298
Otidea 280
– *abietinum* 296
– *onotica* 296
Oudemansiella mucida 93
– *platyphylla* 94

Panaeolus cinctulus 151
– *foenisecii* 151
– *semiovata* 151
– *sphinctrinus* 151
Panellus serotinus 93
– *serotinus* 105
Pantherpilz 119, 122, 123
Panus conchatus 245
Parasol 130
Paxillus filamentosus 42
– *involutus* 42
Peniophora incarnata 258
– *incarnata* 258
Perlpilz 122
Peziza badia 295

– *succosa* 295
Pfifferling, Echter 242
– Falscher 44
– Grauer 244
– Laubwald- 242
– Rosagelber 243
– Trompeten- 243
Phaeogalera stagnina 205
Phaeolepiota aurea 137
Phaeolus schweinizii 269
Phaeomarasmius erinaceus 171
Phallus impudicus 282
Phellinus ferruginosus 262
– *pini* 262
– *robustus* 262
– *trivialis* 262
Phlebia marasmioides 259
Pholiota alnicola 170
– *astragalina* 168
– *aurivella* 171
– *destruens* 172
– *flammans* 171
– *gummosa* 172
– *jahnii* 171
– *lenta* 172
– *mutabilis* 173
– *populnea* 161
– *squarrosa* 78, 170
Pholiotina aporos 158
– *arrhenii* 158
– *filaris* 158
– *subnuda* 158
Piptoporus betulinus 265
– *quercinus* 265
Pisolithus arhizus 288
Pleurocybella porrigens 79
Pleurotus ostreatus 105
– *pulmonarius* 79
Pluteus atromarginatus 114
– *cervinus* 114
– *leoninus* 115
– *phlebophorus* 115, 159
– *romellii* 115
– *salicinus* 114
– *semibulbosus* 115
Polyporus badius 266
– *brumalis* 267
– *ciliatus* 267
– *melanopus* 266
– *squamosus* 266
– *tuberaster* 266
– *umbellatus* 267
– *varius* 267
Porling, Angebrannter
Rauch- 270
– Kamm- 255
– Riesen- 268
– Schafeuter- 255
– Schwarzfuß- 266
– Schwefel- 268
Porphyrellus porphyrosporus 34
Prachtbecherling, Leuchtender 298
Psathyrella ammophila 154
– *candolleana* 152
– *caput-medusae* 156
– *conopilea* 154
– *cotonea* 156
– *hirta* 155
– *leucotephra* 152
– *multipedata* 154
– *piluliformis* 155
– *prona* 154
– *pygmaea* 149
– *spadiceogrisea* 153
Pseudoclitocybe cyathiformis 80
Pseudocraterellus sinuosus 244
Pseudohydnum gelatinosum 281
Pseudoplectania nigrella 298
Psilocybe aeruginosa 60, 162
– *aurantiaca* 163
– *azurescens* 165
– *caerulea* 162
– *coronilla* 163
– *hornemannii* 164
– *percevalii* 163
– *rugosoannulata* 164
– *semilanceata* 165, 191
– *squamosa* 163
Pterula multifida 251
Pulveroboletus gentilis 33
– *lignicola* 269
Pustelpilz, Polster- 306
– Zinnoberroter 306
Pycnoporellus fulgens 273
Pycnoporus cinnabarinus 273

R*amaria abietina* 252
– *botrytis* 249
– *fennica* 249
– *flaccida* 252
– *flavobrunnescens* 251
– *formosa* 250
– *largentii* 250
– *pallida* 249, 251
– *sanguinea* 250
– *stricta* 251
– *subbotrytis* 250
Ramariopsis corniculata 247
– *pulchella* 247
Räsling, Mehl- 106
Raufuß, Hainbuchen- 26
– Moor- 26
– Weichritterling 82
Raukopf, Grünfaseriger 190
– Löwengelber 191
– Orangefuchsiger 190
– Spitzgebuckelter 41, 191
Reifpilz, Zigeuner 201
Reizker, Blut- 207
– Edel- 207
– Fichten- 206
– Lachs- 207
– Spangrüner Kiefern- 206
Resupinatus trichotis 92
Rhodocollybia asema 85
– *butyracea* 85
– *distorta* 86
– *maculata* 86
Rhodocybe caelata 112
– *fallax* 106
– *gemina* 112
– *nitellina* 112
– *popinalis* 112
Rhytisma acerina 306
– *salicis* 306
Rickenella fibula 54
– *swartzii* 54
Riesenkeule, Abgestutzte 246
– Herkules- 246
Riesenschirmling, Gemeiner 130
– Gift- 131, 130
– Safran- 131
– Zitzen- 130
Rindensprenger 258
Ripartites metrodii 56
Risspilz, Blaufüßiger 179
– Braunstreifiger 177
– Flockiger 177
– Gefleckter 176
– Grünroter 179
– Grünscheiteliger 179
– Hirschbrauner 179
– Kegeliger 176
– Lilaspitziger 180
– Olivblättriger 180
– Radialrissiger 180
– Rötender 178
– Rübenstieliger 177
– Schuppenstieliger 170, 180
– Seidiger 181
– Weinroter 176
– Wolliger 177
– Wolligfädiger 181
– Ziegelroter 67, 178
Ritterling, Bärtiger 72
– Beringter Erd- 71
– Brandiger 72
– Brennendscharfer 71
– Echter Krokodil- 73
– Falscher Krokodil- 73
– Fastberingter 73
– Galliger 74
– Gilbender Erd- 70
– Grüngelber 75
– Kröten- 75
– Mai- 67
– Nadelwald-Gas- 77
– Orangeroter 73
– Pappel- 72
– Riesen- 69
– Schärflicher Erd- 71
– Schwarzfaseriger 77
– Schwefel- 75
– Seifen- 77
– Seifen- 76
– Strohblasser Gas- 77
– Tiger- 70
Röhrling, Anhängsel- 25
– Blasshütiger Purpur- 23
– Butter- 37
– Düsterer 34
– Fahler 25
– Falscher Königs- 25
– Falscher Rotfuß- 29
– Falscher Satans- 23
– Flockenstieliger Hexen- 21

– Gallen- 18, 19
– Gelber Hexen- 21
– Gold- 36
– Goldporiger 33
– Grauer Lärchen- 36
– Hasen- 28
– Hohlfuß- 35
– Königs- 25
– Kornblumen- 35
– Körnchen- 37
– Kuh- 39
– Maronen- 19, 28
– Nadelholz- 269
– Netzstieliger Hexen- 22
– Parasitischer 32
– Pfeffer- 33
– Rostroter Lärchen- 36
– Rotfuß- 29
– Sand- 38
– Satans- 22, 23
– Schönfuß- 24, 29
– Sommer- 24
– Strubbelkopf- 34
– Wurzelnder Bitter- 24
Rötelritterling, Horngrauer 66
– Lavendelfarbener 66
– Lilastiel- 66
– Violetter 65
– Wasserfleckiger 63
Röteltrichterling, Fuchsiger 63
Rotkappe, Birken- 27
– Eichen- 27
– Espen- 27
– Kiefern- 27
Rötling, Blauer 111
– Frühlings- 110
– Niedergedrückter 108
– Riesen- 64, 107
– Schild- 108
– Schlehen- 108
– Stahlblauer 111
– Weißstieliger 83, 107
Rozites caperatus 201
Rübling, Brennender 88
– Drehstieliger 86
– Fleckender 86
– Horngrauer Butter- 85
– Knopfstieliger 88
– Mäuseschwanz- 97
– Purpurbrauner 89
– Rotbrauner Butter- 85
– Samtfuß- 104
– Spindeliger 86
– Stinkkohl- 89
– Striegeliger 87
– Waldfreund- 87
Runzelschorf, Ahorn- 306
– Weiden- 306
Rußporling, Bitterer 254
Russula aeruginea 230
– *albonigra* 51
– *amara* 239
– *amethystina* 239
– *atropurpurea* 233
– *aurea* 232
– *azurea* 239
– *badia* 237
– *carpini* 233, 234
– *cavipes* 233
– *claroflava* 228
– *consobrina* 226
– *cyanoxantha* 231
– *decipiens* 241
– *decolorans* 228
– *delica* 222
– *densifolia* 223
– *emetica* 227, 229
– *fellea* 225
– *foetens* 224
– *graveolens* 236
– *griseascens* 229
– *heterophylla* 227
– *illota* 224
– *integra* 237
– *lepida* 235
– *maculata* 241
– *mairei* 229
– *melliolens* 233
– *mustelina* 226
– *nauseosa* 234
– *nigricans* 223
– *nitida* 234
– *ochroleuca* 225
– *olivacea* 238
– *paludosa* 232
– *pectinatoides* 224
– *praetervisa* 224
– *pseudointegra* 237
– *puellaris* 234
– *queletii* 240
– *rhodopoda* 235
– *risigallina* 241
– *sanguinea* 235
– *sardonia* 240
– *schaefferi* 236
– *torulosa* 240
– *turci* 239
– *velenovskyi* 232
– *velutipes* 235
– *vesca* 227
– *vinosa* 228
– *violeipes* 226
– *virescens* 230
– *xerampelina* 236

Saftling, Bitterer 47
– Grauer 46
– Größter 47
– Kirschroter 47
– Mennigeroter 47
– Papageien- 46
– Rundlichsporiger 46
– Schwärzender 46
Saftporling, Bitterer 264
– Blauer 264
Samthäubchen, Gold- 157
– Knolliges 157
– Milchweißes 157
– Roststieliges 157
Sandbecherling, Zedern- 296
Sarcodon imbricatus 254
– *scabrosum* 254
Sarcoscypha austriaca 299
– *jurana* 299
Sarcosphaera coronaria 295
– *crassa* 294
Saumpilz, Feuriger 156
– Tränender 156
Scheidenstreifling, Grauhäutiger 125
– Orangegelber 125
– Rotbrauner 125
– Zweifarbiger 125
Scheidling, Blaugraugetönter 114
– Großer 113
– Parasitischer 64
– Wolliger 113
Scheinhelmling, Gipsweisser 97
Schichtpilz, Blutender Laubholz- 259
– Brauner 270
– Nadelholz- 273
– Striegeliger 259
Schildborstling, Gemeiner 297
Schillerporling, Eichen- 261
– Knotiger 260
– Zottiger 261
Schimmel, Gold- 28
– Helmlings- 103
Schirmling, Feuerfüßiger 129
– Fleischbrauner 128
– Gelbflockiger 129
– Grünspan- 127
– Kastanienbrauner 127
– Lila 126
– Olivgelber 134
– Rosaroter 128
– Schwarzschuppiger 127
– Spitzschuppiger 132
– Stink- 126
– Wollstiel- 129
Schizophyllum commune 276
Schizopora paradoxa 272
Schleiereule 194
Schleierhelmling, Genabelter 97
Schleierling, Violetter 189
Schleimfuß, Bitterster 193
– Blaublättriger 193
– Blauer 193
– Blaustiel- 192
– Honig- 192
– Safranblauer 193
Schleimkopf, Bitterer 199
– Braunfleckender 201
– Elastischer 192
– Erdigriechender 194, 195
– Gelbgegürtelter 197
– Purpurfleckender 65
– Purpurfleckender 195
– Semmelgelber 198
– Verschiedengestaltiger 198
– Weihrauch- 199
Schleimrübling, Buchen- 93
– Wurzelnder 95
Schleimschirmling, Getropfter 135
– Graubrauner 135
Schleimtrüffel, Bunte 301

Schmierling, Fleckender 41
– Großer 40
– Rosenroter 39
Schmierschirmling, Fleckender 135
Schneckling, Bitterer 52
– Braunscheibiger 50
– Elfenbein- 49
– Frost- 53
– Geflecktblättriger Purpur- 52
– Goldzahn- 49
– Großer Kiefern- 51
– März- 51
– Natternstieliger 51
– Orangefalber 52
– Orangegelber Lärchen- 53
– Rosabrauner 50
– Schwarzpunktierter 50
– Terpentin- 52
– Verfärbender 49
– Wohlriechender 50
Schönkopf, Dottergelber 68
– Fleischrosa 68
– Veilchenblauer 68
Schüppchenschnitzling, Igel- 171
– Körniger 175
Schuppenwulstling, Goldstiel- 136
Schüppling, Erlen- 170
– Feuer- 171
– Goldfell- 171
– Gummi- 172
– Pappel- 161, 172
– Pinsel- 171
– Safranroter 168
– Sparriger 78, 170
– Tonblasser 172
Schwarzborstling, Glänzender 298
Schwefelkopf, Grünblättriger 166, 167
–, Natternstieliger 169
–, Orangeroter 168
–, Rauchblättriger 166
–, Rausporiger 169
–, Torfmoos- 169
–, Wurzelnder 169
– Ziegelroter 168
Schweinsohr 245
Schwindling, Halsband- 92
– Hornstiel- 89
– Knoblauch- 91
– Nelken- 88, 90
– Rosshaar- 92
– Saitenstieliger 91
– Scharfer Knoblauch- 91
– Violettlicher 89
Scleroderma bovista 288
– *citrinum* 288
– *meridionalis* 288
Scutellinia scutellata 297
Seitling, Austern- 105
– Lungen- 79
– Ohrförmiger 79
Serpula himantoides 257
– *lacrymans* 257
Spaltblättling, Gemeiner 276
Spaltporling, Veränderlicher 272
Sparassis brevipes 248
– *crispa* 248
Spinellus fusiger 103
Spongiporus caesius 264
– *stypticus* 264
Squamanita paradoxa 136
Stachelbart, Ästiger 256
– Igel- 256
Stacheling, Gallen- 254
Stachelschirmling, Kakaobrauner 132
– Spitzschuppiger 143
Stängelbecherling, Gekrönter 305
Staubbecher, Wiesen- 284
Stäubling, Beutel- 284
– Birnen- 287
– Flaschen- 286
– Flocken- 287
– Hasen- 285
– Igel- 287
– Schwärzender 286
Steinpilz 18
– Kiefern- 20
– Schwarzer 20
– Schwarzhütiger 18
– Sommer- 18, 19, 20ssss
Stereum hirsutum 258
– *rugosum* 259
Stielbovist, Winter- 283
Stielporling, Kastanienbrauner 266
– Löwengelber 267
– Mai- 267
– Schuppiger 266
– Sklerotien- 266
– Winter- 267
Stinkmorchel 282
Stockschwämmchen 173
– Weißstieliges 155
Stoppelpilz, Rotgelber 253
– Semmel- 253
– Weißer 253
Strobilomyces strobilaceus 34
Strobilurus esculentus 95
– *tenacellus* 96
Stromabecherling, Kätzchen- 303
Stummelfüßchen, Entferntblättriges 175
– Gallertiges 175
Suillus bovinus 39
– *collinitus* 37
– *granulatus* 37
– *grevillei* 36
– *luteus* 37
– *tridentinus* 36
– *variegatus* 38
– *viscidus* 36
Sumpfschnitzling, Weiden- 186
Tapinella atrotomentosa 43
– *panuoides* 43
Tarzetta cupularis 296
Täubling, Amethyst- 239
– Apfel- 232
– Bleigrauer 226
– Blut- 235
– Brauner Camembert- 224
– Brauner Leder- 237
– Breitblättriger Schwärz- 223
– Buchen-Spei- 229
– Buckel- 239
– Dichtblättriger Schwärz- 223
– Dotter- 241
– Flammenstiel- 235
– Fleischroter Herings- 236
– Frauen- 231
– Gallen- 225
– Gedrungener 240
– Gefleckter 241
– Gelber Graustiel- 228
– Gemeiner Stink- 224
– Gemeiner Weiß- 222
– Geriefter Weich- 234
– Gold- 232
– Grasgrüner 230
– Graustieliger Spei- 229
– Grüner Herings- 236
– Grüner Speise- 227
– Grünfeldriger 230
– Hainbuchen- 234
– Harter Zinnober- 235
– Hohlstiel- 233
– Honig- 233
– Jodoform- 239
– Kirschroter Spei- 229
– Kratzender Kamm- 224
– Milder Glanz- 234
– Milder Wachs- 234
– Morse- 224
– Ocker- 225
– Ockerblättriger Zinnober- 237
– Orangeroter Graustiel- 228
– Purpurschwarzer 233
– Rosa 235
– Rotstieliger Leder- 238
– Spei- 227
– Speise- 227
– Stachelbeer- 240
– Violettstieliger Pfirsich- 226
– Wechselfarbiger Spei- 233
– Weinroter Dotter- 241
– Weinroter Graustiel- 228
– Weißblättriger Reif- 239
– Wiesel- 226
– Zedernholz- 237
– Ziegelroter 232
– Zitronenblättriger 240
Tausendblatt 97
Tellerling, bereifter 112
– Gelbfuchsiger 112
– Rissiger 112
– Täuschender 106

– Würziger 112
Tentakelkeulchen, gestieltes 304
Terana caerulea 258
Thelephora palmata 256
– *terrestris* 256
Tintenfischpilz 281
Tintling, Beigegrauer 147
– Brauner Kohlen- 150
– Braunhaariger 149
– Falscher Holz- 147
– Falten- 146
– Gesäter 149
– Glimmer- 147
– Grauer Falten- 145
– Haus- 148
– Rotbestäubter 148
– Scheibchen- 149
– Schopf- 145
– Silbergrauer Falten- 146
– Specht- 147
– Struppiger Mist- 150
Tramete, Buckel- 270
– Fenchel- 276
– Reihige 260
– Rötende 272
– Schmetterlings- 271
– Striegelige 270
– Zinnober- 273
– Zonen- 271
Trametes hirsuta 270
– *suaveolens* 270
– *versicolor* 271
– *zonata* 271
Träuschling, Blauer 162
– Feuerfüßiger 163
– Grünspan- 60, 162
– Krönchen- 163
– Orangeroter 163
– Riesen- 164
– Schuppiger 163
– Üppiger 164
Tremella foliacea 279
– *mesenterica* 279
Tremiscus helvelloides 280
Trichaptum abietinum 273
Trichoglossum hirsutum 302
Tricholoma aestuans 74
– *argyraceum* 70, 71
– *aurantium* 73
– *bufonium* 75
– *caligatum* 73
– *cingulatum* 71
– *equestre* 74
– *fracticum* 73
– *inamoenum* 77
– *lascivum* 77
– *nauseosum* 73
– *pardinum* 69, 70
– *populinum* 72
– *portentosum* 77
– *saponaceum* 76, 77
– *sciodes* 71
– *sejunctum* 75
– *sulphureum* 75
– *terreum* 69
– *ustale* 72
– *vaccinum* 72
– *virgatum* 69, 71
Tricholomopsis decora 68
– *rutilans* 68
Trichterling, Bleiweisser 57
– Bleiweißer 57, 106
– Buxblättriger 58
– Feld- 56
– Fleischblasser 62
– Grüner Anis- 60
– Kerbrandiger 62
– Keulenfuß- 61
– Kleinsporiger Mehl- 61
– Kohlen- 59
– Langstieliger Duft- 60
– Leuchtender Ölbaum- 44, 242
– Ockergelber 62
– Ölbaum- 45
– parfümierter 63
– Ranziger 59
– Rinnigbereifter 56, 90
– Staubfüßiger 61
– Stinkender 60
– Wachsstieliger 59
– Würzelchen- 53, 59
Trompetenschnitzling, Flockiger 174
– Gemeiner 174
– Weissdorn- 174
– Winter- 174
Trüffel, Alba- 301
– Indische 299
– Italienische 301
– Mäander- 301
– Perigord- 300
– Sommer- 300
Tubaria conspersa 174
– *dispersa* 174
– *furfurea* 174
– *hiemalis* 174
Tuber aestivum 300
– *magnatum* 301
– *melanosporum* 300
Tulostoma brumale 283
Tylopilus felleus 19

U*rnula craterium* 299
Ustilago maydis 289
Ustulina maydis 289

V*ascellum pratense* 284
Vibrissea truncorum 304
Volvariella bomycina 113
– *caesiotincta* 114
– *gloiocephala* 113
– *surrecta* 64

Wasserfuß, Tropischer 95
Wasserkopf, Buchenwald- 95
– gegürtelter 201
– Spitzer 202
– Weißgenatterter 202
Weichporling, Leuchtender 273
– Safranfarbener 269
– Zimtfarbener 268, 269
Weichritterling, Bereifter 82
– Frühlings- 81
– Gemeiner 82
– Wegrand- 82
Wiesenkoralle, Gemeine 247
– Goldgelbe 247
– Hübsche 247
Wirrling, Eichen- 275
Wulstling, Fransen- 124
– Grauer 123
– Narzissengelber 118
– Porphyr- 119
– Rauer 122
– Spitzkegeliger 124
Wurzelmöhrling, Doppelring-Trichterling 81
Wurzelrübling, Braunhaariger 95
Wurzelschwamm 264

X*erocomus armeniacus* 30
– *badius* 19, 28
– *chrysenteron* 29
– *ferrugineus* 31
– *parasiticus* 32
– *pelletieri* 32
– *porosporus* 29
– *pruinatus* 30
– *quercinus* 30
– *rubellus* 30
– *subtomentosus* 31
Xeromphalina campanella 103
– *cauticinalis* 103
Xerula pudens 95
– *radicata* 95
Xylaria carpophila 30
– *hypoxylon* 307

Zahnhaut, Zarte 272
Zapfenrübling, Bitterer Kiefern- 96
– Fichten- 96
Zärtling, Braungrüner 109
– Flockenschuppiger 110
– Rosa 110
– Violetter 111
Ziegenlippe 31
Zitterling, Goldgelber 279
– Rotbrauner 279
Zitterzahn 281
Zunderschwamm 274
Zungenporling, Birken- 265
– Eichen- 265
Zwergegerling, Wiesen- 142
Zwergschwindling, Nadel- 91
Zwitterling, Beschleierter 223
Zystidenrindenpilz, Eichen- 258
– Fleischroter 258

Alle Illustrationen von **Tanja Böhning**. Alle Fotos von **Andreas Gminder**, außer den nachfolgend aufgeführten.

Legende (vgl. S. 4/5)
B = Biotopbild, H = Hauptbild, K = Kasten, Z = Zusatzabbildung
Position im Kasten: l = links, m = Mitte, r = rechts

Ayer: 45Z; **Barth**: 207uZ; **Bineau**: 45H, 142uH; **Böhning**: 18B, 18H, 19Km, 23B, 26uB, 27B, 27H, 27Km, 30uB, 30uH, 31B, 32oB, 43H, 47uB, 66oB, 69H, 76H, 80uH, 84uB, 87K, 88oB, 90B, 94K, 95uB, 98H, 99oH, 99u alle, 102oZ, 108oB, 109uH, 109uZ, 110oB, 110uB, 112oH, 113oH, 113oB, 113uZ, 115oZ, 115uZ, 120K, 122Z, 123H, 129B, 133B, 138Z, 142oH, 147oH, 148uZ, 152H, 153B, 153Z, 154uB, 158oZ, 159uZ, 167K, 171oZ, 178B, 178K, 182H, 185oH, 207uB, 209B, 212oB, 213uB, 215oB, 215uB, 216uB, 217H, 220u alle, 226oH, 226uH, 231H, 234oH, 237oZ, 239uH, 247oH, 249B, 256oZ, 259uB, 260oB, 261H, 263Z, 265o alle, 269uH, 270oZ, 271Z, 272oB, 273oZ, 274H, 275oZ, 278K, 283oH, 284uH, 286Z, 288uH 297oZ, 302oZ, 303oZ, 304oH, 304uH, 306K, 307uH, 307uZ; **Bollmann**: 18K, 19Kr, 20oH, 20uH, 21H, 21Z, 22K, 23H, 23K, 24oH, 24uH, 24uZ, 25oH, 25uH, 25uZ, 26oH, 26oZ, 26uH, 26uZ, 27Klr, 28H, 28Z, 29Kl, 32oH, 32uH, 33oH, 33uH, 33uZ, 34uH, 35uH, 37oH, 37oZ, 37uH, 37uZ, 38K, 40H, 41oH, 41uH, 41uZ, 43K, 44Z, 46oH, 46uH, 47oH, 47oZ, 47uH, 48oH, 48uH, 48uZ, 49K, 50oH, 50uH, 51uH, 52oH, 52uH, 52uZ, 53H, 53K, 54oH, 56uZ, 58K, 59oH, 59uH, 60oZ, 61uH, 62H, 62Z, 63H, 63Z, 64H, 64K, 64Z, 65H, 65K, 66oZ, 66uH, 67H, 68oH, 68uH, 69K, 69Z, 70H, 70K, 71oH, 71uH, 71uZ, 72uZ, 74K, 75oH, 75oZ, 75uH, 75uZ, 77oH, 78K, 79uH, 80oH, 81uH, 81uZ, 82oH, 82oZ, 82uH, 82uZ, 83oH, 83oZ, 84oZ, 85uH, 86uH, 88oH, 89u alle, 90H, 92uH, 93o alle, 93uH, 93uB, 95oH, 95oZ, 95uH, 97oH, 98K, 99oZ, 101H, 101K, 102uH, 102uZ, 103oH, 104H, 105H, 105K, 105Z, 107H, 107K, 107Z, 108oH, 108oZ, 109oZ, 110oH, 111H, 111K, 114oH, 114uH, 114uZ, 115oH, 115uH, 116H, 116K, 117H, 118Z, 119H, 119Z, 120H, 120Z, 121H, 122K, 123K, 124H, 124K, 124Z, 125oZ, 125uH, 125uZ, 126K, 127oH, 127oZ, 127uH, 127uZ, 129H, 129K, 130H, 130Z, 131oH, 131oZ, 132H, 132K, 132Z, 133H, 133K, 133Z, 134oH, 134uH, 136oH, 136uH, 137uZ, 138H, 138K, 139H, 140H, 140K, 143K, 148oH, 148oZ, 149uZ, 151oH, 151uH, 152Z, 154oH, 155H, 156uH, 156uZ, 157uH, 159oH, 160H, 161uZ, 162H, 162K, 163uH, 164H, 164Z, 165H, 165K, 166H, 167H, 168H, 169oH, 169uZ, 170H, 170K, 171oH, 172uH, 173K, 174oH, 176K, 177oH, 177oZ, 177uZ, 179oH, 179uH, 180oH, 180uH, 181H, 181K, 184Z, 185uH, 187H, 187K, 188H, 189oH, 189uH, 191H, 191K, 192H, 192K, 193oH, 193uZ, 194H, 195uH, 196H, 196Z, 197uZ, 198H, 198K, 199oH, 199uH, 199uZ, 200oH, 200oZ, 200uH, 201H, 201K, 202oH, 202uH, 203oH, 203oZ, 203uH, 203uZ, 204H, 206K, 206Z, 207oZ, 207uH, 208H, 208K, 209H, 209K, 209Z, 210oH, 201uH, 211oH, 211oZ, 211uH, 211uZ, 212oH, 212uH, 212uZ, 213oH, 213uH, 213uZ, 214oZ, 214uH, 215oH, 215uH, 216oZ, 216uH, 217K, 217Z, 218H, 219H, 219K, 219Z, 220oH, 220oZ, 221H, 221K, 222oH, 223Z, 224oH, 225H, 225K, 227H, 228oH, 229Z, 230H, 230Z, 231K, 231Z, 232oH, 232uH, 233oZ, 235oH, 235uH, 235uZ, 236K, 237oH, 237uH, 238H, 238K, 239uZ, 240H, 240K, 242H, 242Z, 243oH, 243uZ, 244H, 244K, 245H, 245K, 246oH, 246uH, 247uZ, 248H, 249H, 249K, 250oH, 250uH, 251oH, 251uH, 253H, 254H, 255oH, 255oZ, 255uH, 257H, 258oH, 259oH, 259oZ, 259uH, 260oZ, 260uH, 260uZ, 261B, 261K, 261Z, 262oH, 262uH, 264oH, 264uZ, 265uH, 266uH, 267oH, 268K, 269uB, 270uZ, 271H, 271K, 272oZ, 272uH, 273oH, 273uH, 273uZ, 276oZ, 277oZ, 278H, 279uH, 279uZ, 280H, 281oH, 281uH, 281uZ, 282H, 282Z, 284oH, 284uZ, 285H, 285K, 286H, 286K, 287oH, 287oZ, 287uH, 287uZ, 288oH, 288uZ, 290H, 290K, 290Z, 291oH, 291oZ, 291uH, 292oH, 292uH, 293H, 293K, 294H, 294K, 295K, 297oH, 297uH, 298oH, 298uH, 298uZ, 299H, 299K, 300oH, 300uH, 301K, 302oH, 302uH, 303oZ, 303uZ, 304oZ, 305uZ, 306H; **Cheype**: 44K; **Consiglio**: 73uH, 175oH; **Deneyer**: 61oH, 172oH, 182K, 186uH, 196K, 205uH, 239oH, 252oZ, 256uH, 278Z, 296oH; **Emgenbroich**: 289oH; **Fernandez**: 144K; **Ferry**: 258uH; **Fischer**: 28K; **Floriani**: 193uH; **Gebert**: 73oH; **Ghyselinck**: 150oH, 150uH, 230K; **Hermosilla**: 45K; **Keller**: 39uZ; **Kunze**: 91uB, 91uH, 289oZ; **Laurant**: 301H; **Lehr**: 85oH, 137uH, 149uH; **Maurice**: 20uZ; **Morgner**: 274K; **Müller**: 56H, 56Z, 72oH, 78H, 79oH, 83uH, 86oH, 93uZ, 96H, 145Z, 152K, 153K, 158uH, 159uH, 160K, 162Z, 163oH, 168Z, 169uH, 171uH, 177uH, 182Z, 185oZ, 190H, 190K, 190Z, 191Z, 243uZ, 244Z, 247uH, 248K, 267uZ, 268Z, 276uH, 280Kl, 289uH, 289uZ, 296uH, 298oZ, 303uH; **Noguère**: 130K, 131uH; **Pflaum**: 100oH; **Pruss**: 74H; **Schmid**: 51oH; **Schmitz**: 29H, 34oZ, 35oH, 36H, 54uH, 55oH, 55uH, 60oH, 60uH, 66oH, 91oH, 142oZ, 157uZ, 283uH, 292oZ, 297uZ, 305uH; **Schott**: 141K, 143Z, 197uH; **Schreiner**: 29Kr, 38H, 39oH, 39uH; **Sklorz**: 270oH; **Vandercasteele**: 175uH, 241oZ; **Vidonne**: 164K, 256oH; **Wallner**: 250oZ; **Wilhelm**: 238uZ, 242K; **Zajonc**: 188K

Autoren

Andreas Gminder beschäftigt sich seit 1990 intensiv mit Pilzen, seit dieser Zeit ist er Pilzberater der DGfM. Durch seine rund 40 im In- und Ausland erschienenen Publikationen ist er auch international bekannt. Seit 2003 lebt er in Jena und betreibt freiberuflich eine Aus- und Weiterbildungsstätte für Pilzfreunde und Mykologen im Thüringer Wald (www.pilzkurse.de).
Tanja Böhning ist seit 2004 als freischaffende Künstlerin tätig. Ihre Liebe zu Pilzen entdeckte sie während des Studiums 1996 in Jena und wechselte daraufhin zur Biologie. Seit 2002 ist sie geprüfte Pilzberaterin der DGfM und der ThAM (www.naturaquarelle.de).

Impressum

Mit 1264 Fotos und 692 Illustrationen (s. Bildnachweis S. 317)

Foto auf S. 2: Grauer Scheidenstreifling. Fotos auf S. 4 (von oben nach unten): Maronen-Röhrling, Würziger Tellerling, Wechselfarbiger Spei-Täubling, auf S. 5 von oben nach unten: Rosenrote Koralle, Riesenbovist, Leuchtender Prachtbecher. Foto auf S. 16/17: Stockschwämmchen (Hans E. Laux)

Umschlaggestaltung von eStudio Calamar unter Verwendung einer Aufnahme eines Fliegenpilzes von Hans E. Laux.

Wichtige Hinweise für den Benutzer
Auch die genaueste Bestimmung mit einem Pilzbuch kann umfassende Erfahrung nicht ersetzen. Lassen Sie Pilzfunde vorsichtshalber von einem Pilzberater nachbestimmten. Im Zweifelsfall die fragliche Art nicht verwenden. Verlag und Autor tragen keinerlei Verantwortung für Fehlbestimmungen durch den Leser dieses Buches und für individuelle Unverträglichkeiten. Allgemein gilt: Pilze nie roh essen! Sofern nicht anders angegeben, schließt der Hinweis „essbar“ stets ein, dass der Pilz zuvor durch Braten, Kochen etc. eine Hitzebehandlung erfuhr.

Bibliografische Information der Deutschen Nationalbibliothek
Die Deutsche Nationalbibliothek verzeichnet diese Publikation in der Deutschen Nationalbibliografie; detaillierte bibliografische Daten sind im Internet über http://dnb.ddb.de abrufbar.

Gedruckt auf chlorfrei gebleichtem Papier

ISBN 978-3-440-10797-3
Redaktion: Teresa Baethmann
Produktion: Markus Schärtlein / Johannes Geyer
Grundlayout: eStudio Calamar
Printed in Italy/ Impimé en Italie